Birkhäuser

Alberto Pugnale • Alberto Bologna

Oltre la cupola

Architetture e invenzioni di Dante Bini

Birkhäuser

Alberto Pugnale
Faculty of Architecture, Building and Planning
The University of Melbourne
Melbourne, Australia

Alberto Bologna
Dipartimento di Architettura e Progetto
(DiAP), Facoltà di Architettura
Sapienza Università di Roma
Rome, Italy

ISBN 978-3-032-19784-9 ISBN 978-3-032-19785-6 (eBook)
https://doi.org/10.1007/978-3-032-19785-6

This book is a translation of the original English edition "Architecture Beyond the Cupola" by Alberto Pugnale and Alberto Bologna, published by Springer Nature Switzerland AG in 2023. The translation was done with the help of an artificial intelligence machine translation tool. A subsequent human revision was done primarily in terms of content, so that the book will read stylistically differently from a conventional translation. Springer Nature works continuously to further the development of tools for the production of books and on the related technologies to support the authors.
Translation from the English language edition: "Architecture Beyond the Cupola. Inventions and Designs of Dante Bini" by Alberto Pugnale and Alberto Bologna, © The Editor(s) (if applicable) and The Author(s), under exclusive license to Springer Nature Switzerland AG 2023. Published by Birkhäuser Cham. All Rights Reserved.

Immagine di copertina: Dante Bini, villaggio turistico, Isola dei Cappuccini, 1970. Schizzo (copyright Dante Bini).

This book is published under the imprint Birkhäuser, www.birkhauser-science.com by the registered company Springer Nature Switzerland AG
The registered company address is: Gewerbestrasse 11, 6330 Cham, Switzerland

Prefazione

Negli ultimi decenni, l'impatto dei processi di progettazione digitale e delle tecnologie di fabbricazione sull'architettura è cresciuto in maniera esponenziale, come dimostrano, ad esempio, i "BLOB" ameboidi di Greg Lynn e le "forme libere" di Lars Spuybroek. Secondo Lynn, progettare BLOB è strettamente legato all'invenzione di nuovi sistemi costruttivi: è un processo che richiede una costante ridefinizione del rapporto tra forma architettonica e costruzione, poiché la complessità delle geometrie generabili tramite software di modellazione tridimensionale parametrica difficilmente si traduce in realtà attraverso metodi costruttivi convenzionali. Nelle forme libere, l'aggettivo "libero" indica la volontà di creare forme architettoniche indipendentemente dalla loro rispondenza a principi strutturali o costruttivi. Si tratta, cioè, di un approccio progettuale *top-down* che è stato portato all'estremo con la trans-architettura puramente virtuale di Marcos Novak. In parallelo, lo sviluppo della fabbricazione digitale ha messo in discussione i principi della produzione seriale tradizionale: attraverso un processo di comunicazione diretta tra modello virtuale e macchine di fabbricazione denominato "file-to-factory", un singolo modello parametrico può oggi materializzarsi in una moltitudine di variazioni spaziali uniche, senza un incremento significativo dei costi di progettazione e costruzione.

Questi sono solo alcuni dei temi affrontati nella mostra *Architectures non standard*, allestita al Centre Pompidou di Parigi tra dicembre 2003 e marzo 2004. Già dal titolo si può comprendere quanto fosse difficile, per i curatori, catalogare sul piano sia teorico sia storico l'eterogeneo panorama di sperimentazioni e progetti esposti; un compito talmente complesso da portarli a riconoscere un solo punto di continuità tra artefatti tanto diversi tra loro, ovvero la loro natura "non standard".

In uno scenario tanto articolato e frammentato, questo libro presenta un approccio piuttosto unico alla progettazione di gusci sottili in calcestruzzo armato, basato su una tecnica costruttiva pneumatica e automatizzata, capace di definire simultaneamente la forma architettonica e quella strutturale: la Binishell. L'architetto Dante Bini inventa questo singolare sistema costruttivo nel 1964, in Italia. L'idea consiste nel gettare una cupola in calcestruzzo armato direttamente a terra, su un piano orizzontale, per poi sollevare gradualmente il calcestruzzo fresco mediante aria in pressione: tonnellate di materiale si plasmano nella forma strutturale finale grazie all'impiego di una cassaforma pneumatica e di un sistema di armatura auto-formante. La Binishell si colloca perfettamente all'interno di una specifica cultura progettuale degli anni Sessanta, in cui il desiderio di esplorare nuove forme architettoniche procede di pari passo con lo sviluppo tecnologico e con il successo mediatico dei gusci sottili in calcestruzzo.

Il libro si concentra sulle sfide e sulle implicazioni compositive legate alla progettazione di gusci leggeri attraverso tecniche di costruzione automatizzate. L'obiettivo è divulgare le invenzioni, i progetti e le architetture di Dante Bini, contestualizzandone l'opera nel periodo storico e culturale in cui si è sviluppata ed evoluta. Allo stesso tempo, l'intento è esplorare il recente passato per comprendere più a fondo le tendenze e gli sviluppi attuali della progettazione e della fabbricazione digitali, così da ispirare nuovi impieghi delle tecniche di automazione di cantiere e promuovere una nuova generazione di forme e linguaggi architettonici in continuità con la nostra eredità progettuale.

Il Capitolo 1 è dedicato all'invenzione della Binishell. Introduce la figura poliedrica dell'architetto italiano Dante Bini, nei suoi molteplici e sovrapposti ruoli di inventore, progettista e intraprendente imprenditore, e illustra il contesto in cui prendono forma i suoi principali sistemi costruttivi. Il capitolo mette inoltre in evidenza la natura sperimentale ed empirica di una specifica cultura progettuale degli anni Sessanta, di cui Bini è parte attiva.

Il Capitolo 2 elabora un quadro teorico interpretativo attraverso il quale la Binishell può essere letta come una versione contemporanea della capanna primitiva nell'ambito *dell'arte strutturale*, un concetto originariamente sviluppato da Ada Louise Huxtable nel 1960 e successivamente reso popolare da David P. Billington nel 1983. La capanna primitiva può essere definita come una risposta pragmatica e naturale al bisogno umano di rifugio, e come la sintesi perfetta tra forma architettonica, forma strutturale e costruzione. Al tempo stesso, il sistema Binishell può essere considerato una risposta funzionale alla necessità di edificare strutture più efficienti ed economiche, che richiedano meno risorse sia nella fase di realizzazione sia lungo l'intero ciclo di vita. Chiarita la dicotomia terminologica tra *dome* e *cupola* nel contesto dell'*arte strutturale* – termini che in lingua inglese indicano rispettivamente un guscio strutturale e lo spazio architettonico da esso definito – questo capitolo analizza e discute le qualità spaziali e tettoniche della Binishell e dei successivi sistemi di automazione di cantiere da essa derivati.

Il Capitolo 3 si focalizza sul tema dell'abitazione a pianta circolare, costruendo una narrativa che mostra come il sistema Binishell sia evoluto progressivamente per rispondere alla sfida progettuale di organizzare gli spazi della vita domestica all'interno di geometrie prive di elementi rettilinei e ortogonali. Il capitolo descrive come i vincoli del brevetto originario Binishell diventino per Bini un'occasione di ricerca e di leva creativa per lo sviluppo di altri sistemi costruttivi automatizzati, come la Minishell e il Pack-Home. Queste invenzioni hanno successivamente ispirato il figlio Nicolò a ripensare una versione contemporanea, non modulare e a forma libera, del sistema Binishell, con l'obiettivo di investire nell'innovazione costruttiva per affrontare le attuali sfide di sostenibilità dell'ambiente costruito.

Il Capitolo 4 analizza il tema del taglio delle aperture nelle strutture Binishell e, più in generale, le implicazioni architettoniche del perforare cupole e gusci sottili in calcestruzzo armato per consentire l'accesso alle persone e l'ingresso di luce naturale. Il capitolo si apre con una breve ricapitolazione delle principali tecniche tradizionali di *form-finding* strutturale, volta a sottolineare come solo il metodo pneumatico dell'*inflated hill*, ideato da Heinz Isler nel 1954, non preveda la generazione automatica di aperture come parte integrante del processo di ricerca della forma. Come nel metodo di Isler, anche la Binishell utilizza una membrana pneumatica ermetica. La differenza cruciale tra i due sistemi risiede però nel fatto che la Binishell trasforma il processo di *form-finding* condotto su modelli in scala in una vera e propria tecnica costruttiva, generando così una fortezza impenetrabile in calcestruzzo armato che deve essere parzialmente demolita, a erezione avvenuta, per ricavare varchi e poter essere abitata. La parte centrale del capitolo si concentra sugli aspetti compositivi legati all'inserimento delle aperture nelle strutture Binishell e prende spunto dalla tesi di laurea di Ross Styles dedicata all'opera di Dante Bini, nella quale il disegno delle aperture viene suddiviso in due grandi categorie: quelle collocate alla base della struttura – come nella cupola di Hagia Sophia – e quelle situate all'apice, come l'oculo del Pantheon a Roma. La parte conclusiva del capitolo amplia questa analisi ai sistemi costruttivi derivati dalla Binishell, ossia la Minishell e il più recente System A sviluppato da Nicolò Bini. Con entrambi i sistemi, le aperture vengono generate automaticamente durante il processo di sollevamento del calcestruzzo.

Il Capitolo 5 affronta i concetti di modularità e di standardizzazione. Inizia illustrando i progetti in cui le Binishell si ripetono per formare aggregazioni di cupole. Viene poi introdotto il tema dell'intersezione geometrica, per analizzare come il sistema modulare delle Binishell sia stato impiegato per realizzare strutture a grande luce, con una superficie coperta superiore a quella ottenibile con una singola cupola – come nel caso della Narrabeen North Public School o del centro commerciale Space City in Australia. Il capitolo si conclude con una riflessione sul presente, dedicata alla miglior gestione della complessità geometrica e strutturale resa possibile dagli strumenti di modellazione tridimensionale parametrica e dalle tecniche di fabbricazione digitale. In questo contesto, i sistemi di automazione di cantiere e i progetti sviluppati da Nicolò Bini dimostrano come l'eredità di Dante Bini possa costituire una fonte di ispirazione ancora potente per definire strategie future di innovazione progettuale e costruttiva non modulare.

Il Capitolo 6 utilizza le esplorazioni progettuali di Nicolò Bini per discutere come il concetto di innovazione costruttiva possa evolversi in un periodo in cui l'architettura a forma libera – e persino i progetti puramente virtuali – sembrano avere la priorità sugli aspetti tettonici e prestazionali degli edifici. Il capitolo si concentra in particolare su una villa a Malibù, progettata da Nicolò per Robert Downey Jr.: una struttura che rappresenta la più recente evoluzione del sistema Binishell, originariamente inventato da Dante Bini nel 1964. L'obiettivo è indagare il complesso rapporto tra progettazione digitale e automazione di cantiere in un periodo cruciale dell'architettura contemporanea, in cui l'apparente natura anti-tettonica dei BLOB informi di Greg Lynn si rivela, in realtà, più che mai connessa all'invenzione di nuovi sistemi costruttivi e di fabbricazione, rafforzando così il legame tra forma architettonica e costruzione.

In sintesi, sebbene questo libro presenti le invenzioni, i progetti e le architetture di Dante Bini, i temi affrontati sono applicabili all'analisi e all'interpretazione di molti altri gusci sottili e strutture leggere, così come a qualsiasi altro progetto in cui il rapporto tra forma e costruzione rivesta un ruolo centrale. L'ambizione è che, nel tempo, questo testo possa diventare un riferimento per i possibili metodi di ricerca in architettura, dedicati all'analisi critica di casi studio progettuali in cui la relazione tra forma, struttura e tecnica costruttiva ha guidato l'intero processo di progettazione – dalle idee concettuali alla realizzazione – contribuendo così a comprendere meglio il presente e il futuro della disciplina e, più in generale, il rapporto tra teoria e pratica nella definizione dell'ambiente costruito.

Melbourne, Australia
Roma, Italia
2025

Alberto Pugnale
Alberto Bologna

Ringraziamenti

Questo libro è il risultato di una ricerca sulle invenzioni e i progetti di Dante Bini, iniziata nel 2013, circa un anno dopo che Alberto Pugnale si trasferisce dalla Danimarca in Australia per prendere servizio come ricercatore universitario (Lecturer, Level B) presso la University of Melbourne. Durante la preparazione di una domanda per un piccolo bando di ricerca interno, focalizzato su temi di interesse nazionale, Pugnale viene invitato dalla sua ex collega Marianna Nigra a studiare la figura di un architetto e inventore italiano che, negli anni Settanta, emigra in Australia per progettare e costruire cupole in calcestruzzo armato attraverso un sistema costruttivo innovativo basato sull'aria: la Binishell. Poiché il tema è perfettamente in linea con i suoi interessi di ricerca e Pugnale possiede una competenza specifica nella progettazione computazionale di strutture leggere, questo suggerimento gli consente di ottenere un piccolo finanziamento (Early Career Research Grant della Faculty of Architecture, Building and Planning della University of Melbourne) con cui avviare il progetto di ricerca.

Nel luglio 2013, Alberto Pugnale e Alberto Bologna, che in quel periodo è ricercatore post-doc all'École Polytechnique Fédérale de Lausanne, discutono di questo progetto durante la Second International Conference on Structure and Architecture (ICSA) a Guimarães, in Portogallo.

Essendo stati compagni di università presso il Politecnico di Torino ed essendo entrambi impegnati in ricerche sul rapporto tra forma e struttura nell'architettura contemporanea, oltre che in progetti dedicati alla storia della costruzione, Pugnale e Bologna decidono di unire le forze e valorizzare i rispettivi profili scientifici complementari per studiare la figura di Dante Bini.

Nel corso degli anni, questo progetto di ricerca si rivela più ampio e ambizioso di quanto inizialmente immaginato, e porta alla pubblicazione di questo libro in lingua inglese nel 2023, sostenuta nuovamente dalla Faculty of Architecture, Building and Planning (ABP) della University of Melbourne tramite un Publication Grant ottenuto nel 2018, e dal Dipartimento di Architettura e Progetto (DiAP) della Sapienza Università di Roma per l'acquisizione dei diritti di pubblicazione di alcune immagini qui utilizzate. L'edizione italiana del 2026 è tradotta dagli autori, e i diritti di ripubblicazione delle immagini sono stati acquisiti dalla casa editrice.

Nel corso del lavoro di riscrittura in italiano resosi necessario, siamo stati supportati dai commenti e dalle attente riletture svolte da Sofia Colabella e Cinzia Gavello, a cui vanno i nostri più sinceri ringraziamenti.

Desideriamo ancora ringraziare profondamente i curatori della collana che ha accolto la prima edizione in inglese, Kim Williams e Michael J. Ostwald, che hanno sostenuto questo progetto sin dall'inizio – dall'invito a pubblicare i nostri primi risultati sul *Nexus Network Journal* al suggerimento di sviluppare un intero volume dedicato all'opera di Dante Bini. Entrambi hanno revisionato con pazienza le nostre bozze e ci hanno aiutato a perfezionare la struttura, il titolo e la narrativa complessiva del libro.

Il nostro ringraziamento più grande va a Dante Bini, che ha generosamente condiviso con noi disegni, fotografie, ricordi e altro materiale d'archivio – tutti elementi essenziali per completare le diverse edizioni di questa pubblicazione. Pugnale è stato calorosamente ospitato da Bini nella sua casa di St. Helena, in California, nel 2016, ricevendo tutto il supporto necessario per studiare il suo archivio personale; Bologna incontra Bini ad Arezzo nel 2022, occasione in cui può chiarire alcuni dubbi emersi nelle fasi finali della stesura del libro. Bologna promuove inoltre l'organizzazione della lezione magistrale di Dante Bini presso Sapienza Università di Roma il 25 febbraio 2022, preludio al conferimento del Dottorato di ricerca honoris causa in Architettura e costruzione avvenuto il 6 novembre 2023, che ha rappresentato un'altra importante occasione per celebrare la sua opera. Al momento della traduzione italiana del libro, la registrazione della conferenza è disponibile al seguente link: https://www.youtube.com/watch?v=JgE7jKbjFPc&t=919s.

Un ringraziamento altrettanto sentito va a Nicolò Bini, che ci ha aiutato a contestualizzare alcuni aspetti della vasta produzione del padre e ci ha fornito una ricca documentazione di disegni e fotografie di cantiere relativi ai suoi progetti californiani più recenti.

Non siamo gli unici studiosi ad aver indagato e promosso l'opera di Dante Bini negli ultimi anni. Facciamo parte di un gruppo che lo stesso Bini ha amichevolmente definito la "Binigang", del quale fanno parte anche Carlo Dusi, William McLean e Giulia Ricci. A tutti loro va il nostro sincero ringraziamento per aver condiviso storie e materiali d'archivio, permettendoci di arricchire questo libro e di contribuire alla divulgazione dell'eredità di Bini.

Alcuni concetti presentati e discussi in questo libro sono stati sviluppati a partire da testi pubblicati in precedenza in atti di conferenza e articoli su rivista.

Sebbene tali contributi siano stati ampiamente rivisti, ampliati e aggiornati, vale la pena menzionare quanto segue:

- Nel Capitolo 1, il paragrafo dedicato alle origini del sistema Binishell trae ispirazione da: Pugnale, Alberto, e Alberto Bologna. 2014. *Dante Bini's air structures (1964–1979). From early Italian prototypes to the Australian experience.* In *Proceedings of the First Construction History Society Conference*, Queen's College, University of Cambridge, 11–12 aprile 2014, a cura di James W. P. Campbell, Wendy Andrews, Nicholas Bill, Karey Draper, Patrick Fleming, Yiting Pan, 355–365. Cambridge UK: Construction History Society – Short Run Press.
- Nel Capitolo 2, il rapporto tra i concetti discussi nel libro *Why Buildings Stand Up* di Mario Salvadori e quelli esplorati da Bini è stato precedentemente sviluppato e pubblicato in: Pugnale, Alberto, e Alberto Bologna. 2017. *Dante Bini's form-resistant Binishells.* Nexus Network Journal. *Architecture and Mathematics* 3: 681–699.
- Il paragrafo dedicato all'emigrazione di Bini in Australia e alle sue Binishell australiane è stato inizialmente pubblicato in: Pugnale, Alberto, e Alberto Bologna. 2015. *Dante Bini's "new architectural formulae": construction, collapse and demolition of Binishells in Australia 1974–2015.* In *Architecture, Institutions and Change. Proceedings of the Society of Architectural Historians Australia and New Zealand*, Vol. 32, a cura di Paul Hogben e Judith O'Callaghan, 488–499. Sydney: SAHANZ.

È importante ricordare il contributo dei revisori anonimi e dei curatori delle pubblicazioni che hanno preceduto questo libro, poiché il loro lavoro rimane invisibile ai lettori e non sempre riceve il riconoscimento adeguato.

Contributi degli autori Alberto Bologna e Alberto Pugnale hanno concepito e pianificato insieme l'intera struttura del libro, definendo i temi da trattare in ciascun capitolo, le metodologie di ricerca, l'approccio critico-interpretativo da adottare, la narrazione complessiva del testo e la selezione delle figure presenti nel volume.

Alberto Pugnale ha raccolto i documenti d'archivio relativi alle Binishell australiane presso i New South Wales State Archives e ha visitato molte delle strutture ancora presenti nel Paese, alcune delle quali custodiscono archivi locali. Nel 2016, Pugnale ha inoltre incontrato Dante Bini a St. Helena per discutere del suo lavoro e digitalizzare il suo archivio personale. Alberto Bologna ha ricercato e ottenuto le riproduzioni dei vari brevetti depositati da Dante Bini in Italia e in altri Paesi, e ha visitato diverse Binishell sul territorio italiano.

Alberto Bologna ha redatto le bozze preliminari dei Capitoli 1, 2 e 6, mentre Alberto Pugnale ha curato quelle dei Capitoli 3, 4 e 5. Il testo finale di tutti i capitoli è il risultato di un lavoro congiunto, nato dalle discussioni, dalle revisioni e dai contributi condivisi di entrambi gli autori. Pugnale e Bologna hanno inoltre collaborato alla ricerca e alla selezione delle immagini finali del libro. Tutti i disegni CAD dei progetti Binishell presenti nel volume sono stati realizzati da Alberto Pugnale.

La traduzione in italiano è stata svolta secondo una logica analoga: Alberto Bologna ha tradotto le prime bozze dei Capitoli 1, 2 e 6, e Alberto Pugnale quelle dei Capitoli 3, 4 e 5; il testo è poi stato revisionato congiuntamente da entrambi gli autori.

Il testo italiano è stato sviluppato a partire da una traduzione generata dall'intelligenza artificiale, successivamente sostanzialmente riscritta, rifinita e ampliata dagli autori-traduttori per garantire integrità, fedeltà ai contenuti e coerenza stilistica, oltre ad aggiornare alcune parti selezionate del libro. Il risultato è quindi un prodotto umano, sviluppato con l'intelligenza artificiale esclusivamente come strumento di supporto.

Competing Interests The authors have no competing interests to declare that are relevant to the content of this manuscript.

Immagini

Questo libro comprende un ampio numero di disegni e fotografie, molti dei quali inediti o realizzati appositamente per questa pubblicazione. Per i dettagli e i crediti delle immagini, si veda quanto segue.

Agovision (A), MAD Architects (MA): Fig. 6.7

Alberto Pugnale (AP): Figg. 2.18, 3.1, 3.2, 3.5, 3.7, 3.9, 3.10, 3.11, 3.12, 3.13, 3.14, 3.17, 3.18, 3.19, 3.20, 3.21, 3.22, 3.23, 3.24, 3.25, 3.26, 3.27, 3.28, 3.29, 3.32, 3.33, 3.34, 4.2, 4.3, 4.4, 4.5, 4.6, 4.7, 4.8, 4.9, 4.11, 4.21, 4.22, 5.4, 5.5, 5.7, 5.8, 5.12, 5.13, 5.14, 5.17, 5.19, 5.21, 5.22, 5.23, 5.24, 5.25, 5.28

Alo Zanetta fotografo (AZ) e Mario Botta architetto (MB): Fig. 4.30 (in basso)

Amanzio Farris (AF): Figg. 1.31, 2.14

ArchExist (AE), MAD Architects (MA): Fig. 6.8

Atelier Frei Otto (FO): Figg. 6.14, 6.15

Carlo Dusi (CD): Fig. 4.12

Collection Frac Centre-Val de Loire, Donation Pascal Häusermann, fotografo Philippe Magnon (CFCVL): Fig. 3.4

Dante Bini (DB): Immagine di copertina, Figg. 1.6, 1.11, 1.12, 1.13, 1.14, 1.15, 1.16, 1.17, 1.18, 1.19, 1.20, 1.21, 1.22, 1.23, 1.24, 1.25, 1.28, 1.29, 2.1, 2.13, 2.15 (fotografo Max Dupain), 2.21, 2.22, 2.23, 2.24, 2.25, 3.8, 3.15, 3.16, 3.30, 3.31, 4.1, 4.15, 4.16, 4.17, 4.18, 4.19, 4.23, 4.24, 4.25,

4.31, 4.32, 4.33, 4.34, 4.35, 4.36, 4.37, 4.38, 4.39, 4.40, 5.1, 5.2, 5.6, 5.9, 5.10, 5.11, 5.15, 5.18, 5.26, 5.27, 5.29, 5.30

De Rebus Sardois (DRS): Fig. 4.30 (in alto)

Diana Lanciotti, https://www.dianalanciotti.it (DL): Fig. 1.30

Ekkehard Ramm (ER): Fig. 4.10

The Frank Lloyd Wright Foundation Archives (The Museum of Modern Art | Avery Architectural & Fine Arts Library, Columbia University, New York) (FLWFA): Fig. 1.5

Giulia Ricci (GR): Figg. 1.26, 2.20

Gregory Burgess Architects (GBA): Fig. 3.2

Hotel Ariston Molino Buja (HAMB): Fig. 4.20

The Huntington Library, San Marino, California, fotografo Maynard L. Parker (MLP, HLSM): Fig. 1.4

John M. Johansen (JMJ): Fig. 6.9

Kawaguchi & Engineers (KE): Fig. 5.20

Library of Congress, Prints and Photographs Division, Washington D.C., Paul Rudolph Collection, PR 13 CN 2001:126 (LC, PRC): Fig. 5.3

Lurati Muttoni Partner (LMP): Figg. 6.1, 6.2

Malvern Girls' College (MGC). Gli autori ringraziano Manuel Cresciani per aver fornito la fotografia originale: Fig. 1.27

The Museum of Modern Art, New York/Scala, Firenze (MoMA): Figg. 2.2, 2.3, 2.4, 6.10

Nicolò Bini (NB): Figg. 1.32, 5.31, 5.32, 5.33, 6.11, 6.12, 6.13, 6.16, 6.17, 6.18, 6.19, 6.20, 6.21, 6.22, 6.23, 6.24, 6.25, 6.26, 6.27, 6.28, 6.29, 6.30

OPEN Architecture (OA): Figg. 6.4, 6.5, 6.6

Pino Appeddu per De Rebus Sardois (PA, DRS): Fig. 4.14

Romain Courtemanche (RC): Figg. 2.17, 4.13

Ross Styles (riprodotte dalla sua tesi): Figg. 4.26, 4.27, 4.28, 4.29

Sergio Poretti (SP). Gli autori ringraziano Tullia Iori per aver fornito la fotografia originale: Fig. 2.19

Simone Mengani, fotografo (SM). Lurati Muttoni Partner (LMP): Fig. 6.3

Steve Kornher e Lloyd Turner (LT): Fig. 3.6

Vittorio Garatti (VG): Fig. 5.16

William McLean (WML): Fig. 1.1

Si è cercato di rintracciare, con ogni ragionevole sforzo, i titolari dei diritti d'autore del materiale riprodotto in questo libro. L'editore, insieme ad Alberto Pugnale e Alberto Bologna, si scusa per eventuali errori o omissioni e invita a segnalarli per le future correzioni.

Indice

1

L'invenzione del sistema Binishell

1.1 L'uomo delle cupole

Il sistema Binishell è un metodo costruttivo ideato da Dante Bini nel 1964. Rappresenta una soluzione capace di dare forma a un'idea di architettura nata dallo sviluppo di una tecnica talmente visionaria da sembrare quasi utopica: dopo quasi sessant'anni dalla sua prima applicazione, tale sistema è infatti ancora in grado di sorprendere e lasciare increduli i giovani ingegneri e architetti che per la prima volta s'imbattono in fotografie o video della costruzione di una cupola Binishell.

L'invenzione di Bini consiste nella realizzazione di gusci sottili in calcestruzzo armato gettati a terra e poi gradualmente sollevati mediante una cassaforma pneumatica: 300 o più tonnellate di conglomerato cementizio liquido che, dal livello del terreno, grazie all'introduzione di una particolare armatura metallica estensibile, assumono la configurazione strutturale finale mediante il medesimo soffio d'aria necessario per fumare una sigaretta. Ma non solo: non si tratta di un semplice esperimento destinato a rimanere nella mente di un sognatore, su un tecnigrafo, o che ha portato al massimo alla costruzione di qualche prototipo sperimentale. Il metodo costruttivo di Bini è stato impiegato in più di venti paesi per la concezione e la successiva realizzazione di un numero impressionante di edifici che, sino ad oggi, non è ancora possibile determinare con precisione[1]. Oltretutto, si tratta di una tecnica costruttiva che, seppur evoluta, è ancora adottata per la progettazione e il successivo getto in opera dei gusci sottili realizzati negli Stati Uniti da Nicolò Bini, il figlio di Dante (Bini 2016).

[1] Bini all'interno dei suoi scritti e delle sue conferenze riferisce di 1600 cupole costruite in tutto il mondo attraverso il sistema che ha inventato; tuttavia, un censimento preciso non è ancora stato effettuato.

A. Pugnale, A. Bologna, *Oltre la cupola*, https://doi.org/10.1007/978-3-032-19785-6_1

Dunque, chi è Dante Bini, l'inventore di questa tecnica per costruire gusci sottili in calcestruzzo armato che, ad oggi, rappresenta l'unica modalità al mondo pensata per ricercare una forma strutturale e allo stesso tempo costruirla (Fig. 1.1)[2]?

Bini nasce in Italia, a Castelfranco Emilia, il 22 aprile 1932. Proveniente da una famiglia di imprenditori che opera in Emilia Romagna nel settore vinicolo, s'iscrive alla Facoltà di Architettura dell'Università di Firenze nel 1952, dove si laurea il 9 marzo 1962: la sua tesi di laurea riguarda il progetto di ricostruzione di un impianto enologico a Marsala, caratterizzato da una cupola in calcestruzzo armato, pensata per proteggere la linea di imbottigliamento[3]. Nel corso dei suoi studi, Bini lavora nell'azienda di famiglia e progetta un sistema di imballaggio per bottiglie che si aggiudica prestigiosi premi, quali l'*Oscar for Packaging Design* conferito dall'Istituto Italiano Imballaggio di Padova nel 1962 e l'*Eurostar for Packaging* nel 1963 e 1964.

Il 1963 rappresenta un anno cruciale nella carriera di Bini: con un amico, fonda la società "Old Home", che si occupa della ristrutturazione di vecchi immobili nei dintorni di Bologna e, al contempo, inizia a progettare, in qualità di architetto libero professionista (con la collaborazione di un costruttore locale), vari edifici ex novo. L'opera di quel periodo che, a suo giudizio, può dirsi maggiormente riuscita è localizzata al numero 8 di via dell'Osservanza a Bologna: una palazzina di quattro piani caratterizzata da solai aggettanti che definiscono caratteristici marcapiani e da tamponamenti esterni in laterizio. Questa tipologia edilizia della palazzina residenziale isolata non anticipa la 'maniera di fare architettura' che Bini svilupperà seguendo l'intuizione che segna in modo decisivo il suo percorso professionale: secondo un racconto ormai leggendario, alimentato negli anni dallo stesso Bini, l'idea della Binishell nasce nell'inverno del 1963, mentre l'architetto gioca una partita di tennis con un amico negli impianti sportivi dei Giardini Margherita a Bologna. Bini scrive "a copertura dei campi da gioco, era stato montato un grande pallone verde e bianco, gonfiato a bassa pressione: una cosiddetta pressostruttura" (2009a: 28). "Alla fine di una interminabile partita [...] non riuscivamo più a uscire dalla porta a tenuta pneumatica del 'pallone': in quelle poche ore, Bologna era stata coperta da ben quaranta centimetri di neve". Secondo Bini, è proprio a partire da questo evento casuale che egli matura l'idea costruttiva in grado di dar forma a tutte

[2] Le informazioni biografiche e professionali qui riportate su Dante Bini sono state tratte dal volume scritto dallo stesso Bini (2009a), successivamente rivisto e tradotto in inglese (2014a), ma anche da un elenco intitolato "Sequenza Temporale delle Attività" redatto da Bini e messo a disposizione agli Autori di questo volume.

[3] La tesi è stata redatta da Bini con Giuseppe Gori nel ruolo di relatore, Paolo Tincolini come correlatore e Pier Giovanni Garoglio e Ludovico Quaroni in qualità di supervisori esterni.

Figura 1.1 Dante Bini alla "fungaia", San Cesario sul Panaro, Italia, nel febbraio 2013 (WML)

le architetture Binishell che lo renderanno famoso nel mondo intero: "mentre spalavamo per aprirci il varco di ritorno, mi domandavo perché all'interno del 'pallone' non avevo avvertito l'incremento di pressione dovuto a quella pesantissima massa di neve che si era via via accumulata sullo stesso. Feci un rapido calcolo del peso approssimato della neve che caricava la superficie della struttura pressostatica che era sostenuta solo da pochi millimetri d'acqua in pressione d'aria (in termini tecnici: pochi centesimi di atmosfera di pressione sostenevano tonnellate di peso!)" (Bini 2009a: 28). È da questa osservazione che nasce la grande intuizione di Bini: "mi resi immediatamente conto che tutto il peso della cupola in cemento armato che avevo progettato per la mia tesi di laurea si sarebbe potuto sollevare con una pressione di poco superiore a quella eccezionalmente bassa che sosteneva la neve sopra quella pressostruttura". Al di là di questo racconto, come si vedrà più avanti in questo Capitolo e anche nel Capitolo 2, l'idea costruttiva di Bini non rappresenta una novità assoluta al momento della leggendaria partita di tennis nel 1963: infatti, la sua invenzione si colloca in un contesto già ampiamente consolidato all'epoca, e nel quale, nei vent'anni precedenti, progettisti come Normand W. Mohr, Wallace Neff e James H. Marsh avevano depositato brevetti e realizzato numerosi edifici negli Stati Uniti, la cui diffusione è documentata da numerose pubblicazioni sulla stampa generalista. A Bini va tuttavia riconosciuto il merito di aver sviluppato con coraggio, in Italia e in completa autonomia, un approccio sperimentale per generare forme e spazi architettonici attraverso gusci sottili in calcestruzzo armato. Questa tecnica, come vedremo più avanti, si rivela più efficace, pragmatica e diffusa rispetto a quelle utilizzate da Mohr, Neff e Marsh, consentendo di ottenere risultati architettonici di maggiore impatto e qualità.

Pochi mesi dopo la partita di tennis ai Giardini Margherita di Bologna, il 4 luglio 1964, Bini realizza a Crespellano la sua prima cupola sperimentale utilizzando una cassaforma pneumatica. Si tratta di un edificio destinato ad ospitare la sede amministrativa dell'Unipack, un'azienda fondata nel 1961 dallo stesso Bini per la progettazione e produzione di imballaggi per le bottiglie prodotte dall'azienda vinicola di famiglia. Tra il 1964 e il 1966 realizza altre cupole tra Pegola e un cantiere sperimentale che allestisce su un terreno di sua proprietà a San Cesario sul Panaro, vicino a Castelfranco Emilia. Questo terreno viene presto soprannominato "fungaia" per la presenza di numerose cupole e gusci sottili in calcestruzzo armato di varie forme e dimensioni, che crescono rapidamente proprio come funghi[4]. Nel 1966, Bini, insieme ad un gruppo di investitori milanesi, fonda la Società per Azioni *Binishells S.p.A.*, detenendo una quota del 30%. Convinto del valore della sua invenzione e delle sue potenzialità imprenditoriali, Bini avvia così lo studio e la progettazione di architetture a cupola di varie dimensioni e destinazione d'uso, spesso in collaborazione con altri professionisti.

[4] Bini riporta che il termine "fungaia" è stato coniato da Salvadori durante la sua visita ai primi prototipi di cupole Binishell. L'indirizzo della fungaia è: Via Castel Leone, San Cesario sul Panaro, Modena, Italia.

Sarà proprio la costruzione della prima cupola di Crespellano a catturare l'attenzione di Mario Salvadori, all'epoca considerato un'autorità accademica nel campo dei gusci sottili. Salvadori, infatti, viene a conoscenza della costruzione di questa cupola leggendo per caso una notizia pubblicata su un giornale locale di Modena, arrivato al Consolato Italiano di New York. Tra Bini e Salvadori s'instaurerà un rapporto di stima e collaborazione che porterà alla costruzione, nel maggio 1967, di una cupola dimostrativa all'interno del campus della Columbia University a New York e che conferirà a Bini fama e visibilità a livello internazionale (Whitehouse 1967).

"Gli anni che seguirono la felice esperienza americana mi videro molto occupato nella promozione del sistema Binishell in vari paesi e nella sua divulgazione in diversi congressi, dai paesi dell'Est Europeo al Centro e Sudamerica, ma ero anche impegnato a sviluppare e sperimentare nuove forme architettoniche", scrive Bini (2009a: 55). In questi anni di intensa attività prende forma anche la celebre villa a Costa Paradiso di Gallura, in Sardegna, costruita per Michelangelo Antonioni e Monica Vitti. Progettata tra il 1969 e il 1970 e completata nel 1971, questa villa resta il progetto più noto e iconico di Bini. Rem Koolhaas, in occasione della XIV Biennale di Architettura di Venezia, la definisce "una delle migliori architetture domestiche degli ultimi cento anni" (Docomomo 2021).

Nel 1970, a seguito della rottura coi suoi soci milanesi, Bini viene prima rimosso dalla carica di Vice Presidente della società *Binishells S.p.A.* e, nello stesso anno, obbligato a lasciarne definitivamente la gestione. Come risultato degli accordi stabiliti con i suoi ex soci, Bini potrà utilizzare autonomamente il sistema costruttivo da lui inventato solo in Asia, Australia e negli Stati Uniti: è anche per questa ragione che, ad oggi, non è stato ancora possibile stilare un regesto completo delle Binishell realizzate in quegli anni. La società *Binishells S.p.A.*, infatti, costruisce moltissime cupole, il cui numero è difficile da definire con precisione, non solo in Italia, ma anche in Angola, Austria, Brasile, Cuba, Francia, Germania, Giappone, Giamaica, Messico, Iraq, Pakistan, Perù, Arabia Saudita, Regno Unito e Venezuela. Un elenco di queste opere, insieme ai fattori locali sulla base dei quali sono state concepite e realizzate, richiederà una ricerca complessa e accurata, che si auspica possa essere intrapresa nel prossimo futuro: un lavoro che, senza dubbio, sarà in grado di rivelare ulteriori potenzialità e complessità del sistema Binishell, a seconda delle diverse circostanze specifiche in cui è stato applicato.

Inoltre, sebbene la paternità del brevetto di Bini sia indiscutibile, è complesso attribuirgli in modo esclusivo il progetto di ciascuna delle Binishell realizzate dalla *Binishells S.p.A.* prima del 1970. Questa difficoltà deriva dalla varietà di applicazioni del sistema costruttivo, sviluppate grazie alla collaborazione con altri professionisti, sia ingegneri che architetti. Come si vedrà nei prossimi capitoli, tra le figure professionali che vengono coinvolte da Bini e dalla *Binishells S.p.A.* per la progettazione di cupole di vario tipo, si possono sicuramente menzionare: Michael Godwin e John Faber, Alexandre Jeleff, Furio Nordio, Vittorio Casini, Riccardo Merlo, Mario De Franchis, Anna d'Alessandris Pazzi con Angelo Berardi, lo studio De Franchis-Verni a Firenze, lo studio Edilizia Mediterranea a Napoli, lo studio Bonfiglioli, Evangelisti e Vacchi a Bologna, l'Ufficio Tecnico Concari a Parma e molti altri[5].

Bini continuerà a svolgere il ruolo di consulente esterno per la *Binishells S.p.A.*; nel frattempo, nel 1970, fonda, insieme all'architetto Eros Parmeggiani, lo studio di architettura "Dante Bini & Associati", con cui progetterà sino al 1972 varie ville in Sardegna, in Costa Paradiso e in Costa Smeralda, di cui dirigerà pure i lavori di costruzione.

Gli anni Settanta rappresentano il decennio in cui Bini riuscirà finalmente a dare una svolta significativa alla sua carriera, grazie all'esportazione della sua invenzione in Australia. Egli riporta come "la fortuna volle che all'inizio dell'autunno 1971, l'Agent General del Nuovo Galles del Sud con sede a Londra, Sir Davis Hughes, avesse ricevuto una richiesta, da parte del ministro dei Lavori pubblici on. Leon As(h)ton [sic] Punch, affinché gli comunicasse quale fosse, in Europa, il sistema edificatorio più rapido per costruire 'Multi-Purpose Centres', biblioteche e altri edifici scolastici necessari per il Nuovo Galles del Sud (NSW), promessi dal ministro stesso durante la campagna elettorale, ma mai realizzati, con la conseguenza di un certo disagio politico" (Bini 2009a: 58). La Binishell si rivela il sistema costruttivo più adeguato per la rapida realizzazione di questi edifici: dopo la visita di un delegato del Ministero in Italia e un viaggio preliminare di Bini a Sydney nel 1973, l'architetto, accompagnato dalla moglie Adria e dai suoi due figli, Stefano e Nicolò, si trasferisce in Australia (Pugnale e Bologna 2015: 360–362). Come si vedrà in seguito, il figlio Nicolò oggi lavora negli Stati Uniti dove sviluppa progetti di architetture in gusci di calcestruzzo armato sottile.

In Australia, Bini svilupperà ulteriormente le sue tecniche costruttive e il suo manierismo architettonico, perfezionando sul piano tecnico diversi sistemi di sollevamento pneumatico di strutture in calcestruzzo armato gettato in opera e realizzando oltre venti edifici con cupole dal diametro compreso tra i 18 e i 36 metri. Tra le realizzazioni australiane più note, progettate da Bini

[5] Al momento della redazione dei testi destinati alla prima edizione di questo volume, vari cataloghi promozionali della società *Binishells S.p.A.* risultano conservati nell'archivio privato di Dante Bini presso la sua abitazione di St. Helena, California, USA: questi materiali inediti sono stati messi a disposizione degli Autori per lo svolgimento della loro ricerca.

stesso o sotto la sua diretta supervisione, vale la pena ricordare le cupole della Narrabeen North Public School, studiate in dettaglio nei Capitoli 4 e 5, il centro polifunzionale del Georges River College a Peakhurst e lo Space City Shopping Centre a Kallangur. Non essendo iscritto all'ordine professionale australiano, nel 1974 Bini fonda la "Bini Consultants Australia", che opera insieme alla società d'ingegneria Taylor Thomson Whitting (TTW), con l'intento di promuovere e monopolizzare l'impiego del sistema Binishell in tutta l'Australia. Nell'aprile 1976, Bini firma un accordo con la Jennings Industries Ltd a Melbourne, riuscendo così a diffondere la sua tecnica costruttiva in tutto il paese.

Dalla fine degli anni Settanta, dopo essersi stabilito definitivamente negli Stati Uniti, Bini amplia ulteriormente la sua ricerca progettuale, esplorando nuove applicazioni dell'automazione nel campo delle costruzioni. In particolare, applica il principio dell'architettura "autoformante"[6] – ossia strutture realizzate mediante casseforme pneumatiche – a una varietà di edifici, spaziando dalle strutture geodetiche in acciaio a quelle prefabbricate in legno, fino all'invenzione di altre soluzioni pneumatiche, concepite persino per l'utilizzo sulla Luna.

Nel 2022, anno della stesura definitiva del testo destinato alla prima edizione inglese di questo volume, Bini risulta ancora impegnato nella sperimentazione con tecniche di automazione di cantiere, tra le quali un recente brevetto per una nuova tipologia di armatura per strutture cementizie. Alla luce di queste premesse, questo capitolo introduttivo ha lo scopo d'indagare il rapporto tra la tecnica costruttiva e la forma architettonica e strutturale degli edifici a cupola realizzati tramite il sistema Binishell: viene dunque presentata l'evoluzione del metodo costruttivo brevettato da Bini e, a partire dalle istanze tecniche che caratterizzano l'invenzione della cupola Binishell, si sviluppa una riflessione sul rapporto che s'instaura nel corso del processo progettuale tra le questioni compositive e la ricerca formale complessiva. L'intenzione è introdurre il sistema Binishell nel quadro di una cultura del progetto basata sulla costruzione, attraverso il rapporto che sussiste tra tettonica, aspetti compositivi e concezione dello spazio architettonico.

[6] Si tratta di un termine che Bini utilizza in maniera ricorrente per indicare, nello specifico, edifici costruiti mediante i sistemi da lui inventati e che prevedono l'impiego di casseforme pneumatiche e di armature capaci di assumere progressivamente la sagoma della cassaforma stessa, man mano che quest'ultima viene gonfiata. *L'Architettura Autoformante* è anche il sottotitolo di uno dei suoi libri, pubblicato nel 2009.

1.2 Alle radici del sistema Binishell

L'idea di realizzare strutture monolitiche in calcestruzzo tramite casseforme pneumatiche può essere attribuita all'architetto Normand W. Mohr che, nel febbraio 1927 a San Francisco, propone di realizzare un tunnel sottomarino in calcestruzzo armato come alternativa alla costruzione del Golden Gate Bridge. La struttura avrebbe dovuto essere realizzata con una cassaforma pneumatica, una soluzione che doveva sembrare ai limiti dell'utopia per i lettori della rivista americana *The Architect and the Engineer*, che ne presenta l'idea[7]. Mohr ha già esperienza nella fabbricazione di palloni aerostatici: nell'aprile 1916 deposita un brevetto per un *Combined aeroplane and dirigible balloon*, in cui vengono chiaramente descritte le caratteristiche, le potenzialità e le procedure costruttive per la realizzazione di strutture gonfiabili (Mohr 1916). Nonostante la sua intuizione di applicare tale sistema anche per il sollevamento di strutture per edifici a pianta circolare, le idee di Mohr cadono nell'oblio per circa sei anni[8]; nell'agosto 1933, *The Architect and the Engineer* dà ancora spazio alla sua invenzione, pubblicando un breve articolo in cui, attraverso uno schizzo, fornisce ulteriori dettagli connessi alla sua idea costruttiva[9]. L'armatura in acciaio, così come prevista da Mohr, è del tipo tradizionale ed è assemblata al di sopra della cassaforma pneumatica in pressione. Solo nel 1964, Bini riuscirà a introdurre un'innovazione sostanziale, ovvero realizzare i suoi gusci cementizi attraverso un'armatura estensibile in acciaio, assemblata al di sopra di una cassaforma pneumatica ancora non pressurizzata, che poi prende la forma della cupola a mano a mano che la membrana viene pressurizzata.

Le ipotesi avanzate da Mohr vengono però sviluppate con successo dall'architetto californiano Wallace Neff, le cui case a guscio in calcestruzzo armato, costruite con casseforme pneumatiche riutilizzabili, riescono ad avere un grande successo commerciale (Neff, Clark 1986: 177–186). Nel 1934, Neff realizza i primi progetti per una casa pneumatica e, nel 1939, redige una descrizione della sua cassaforma gonfiabile (Head 2011: 18). Occorre specificare come il brevetto di Neff, depositato nell'aprile 1941, rifletta il clima sociopolitico di

[7] "Grazie all'uso dei più moderni sistemi di casseforme pneumatiche pressurizzabili e sgonfiabili, getti a secco, varo e posizionamento galleggiante e immersione sul posto, è possibile costruire tunnel sottomarini a un terzo del costo dei ponti sospesi" (Mohr 1927: 83).

[8] "Curvati in linea col cielo, sia nella massa che nei dettagli, grazie ai miglioramenti nei metodi di costruzione (in particolare l'uso delle casseforme pneumatiche [...]). Con questo metodo, gli edifici di forma circolare saranno più economici da costruire rispetto all'attuale sistema rettangolare. Inoltre, essendo più vicini alle forme naturali, risulteranno anche più belli" (Mohr 1927: 84).

[9] "Dopo che il guscio di intonaco si è solidificato, la cassaforma in gomma viene sgonfiata e rimossa insieme alla sua copertura in tela, per essere utilizzata più volte. La carta isolante, che impedisce all'intonaco di aderire alla copertura di tela, viene lavata via, lasciando un intradosso di intonaco rifinito" (Mohr 1933: 4).

quel periodo, che spinge anche altri architetti a lavorare sullo stesso tema e sviluppare case a basso costo o "rifugi". Obiettivo del brevetto è infatti la realizzazione di strutture a guscio sottile in calcestruzzo per coperture a botte e a cupola, da applicare a progetti per abitazioni, hangar e caserme. Sul piano operativo, Neff prevede di annegare una serie di tasselli ad uncino nel getto di una platea di fondazione in calcestruzzo, attraverso i quali fissare una membrana gonfiabile, che può essere modellata per assumere la dimensione e la curvatura desiderate (Fig. 1.2).

La cassaforma pneumatica di Neff è progettata con un materiale impermeabile e, sostanzialmente, non estensibile, abbastanza resistente da sopportare un uso intensivo, simile a una tela impregnata di gomma. Una volta pressurizzata, la cassaforma viene ricoperta con una rete di armatura in fil di ferro; in questo modo, attraverso un getto realizzato con la tecnica della cosiddetta 'gunite', viene spruzzato uno strato continuo di calcestruzzo, spesso circa tre pollici (un conglomerato cementizio ottenuto ricorrendo ad aggregati molto fini), contro la membrana gonfiata, utilizzando una pistola per calcestruzzo. Questo processo garantisce che il conglomerato, ancora fresco, aderisca e rimanga in opera nella posizione desiderata. Il calcestruzzo penetra così attraverso la rete metallica per giungere a contatto diretto con la superficie di gomma della cassaforma. Prima dell'indurimento, la superficie esterna del guscio viene livellata con delle barre, così da ottenere la curvatura finale e una superficie più liscia. Dopo la presa del calcestruzzo, la membrana viene prima sgonfiata e poi rimossa attraverso una delle aperture create nella struttura. I successivi brevetti depositati da Neff tra novembre 1941 e giugno 1952 (Fig. 1.3) mirano a migliorare le fasi di getto del calcestruzzo e a ottenere la fabbricazione di una cassaforma pneumatica economica e riutilizzabile. Neff suggerisce l'uso di materiali come nylon, mussoline di cotone o carta trattata, simile a quella sviluppata all'epoca per i paracadute, oltre a un progressivo perfezionamento nel posizionamento delle armature in acciaio (Neff 1941a, b, 1942, 1952). È proprio attraverso l'impiego di un tale sistema costruttivo che nel 1941 Neff costruisce dodici case sperimentali all'interno del cosiddetto *villaggio dei funghi* a Falls Church, Virginia (*Life* 1941 e *The Architectural Forum*, 1941). Una volta compreso il potenziale dell'invenzione, nel 1945 Neff fonda una società di costruzioni, chiamata *The Airform International Construction Company*, con la quale realizzerà centinaia di strutture a guscio in calcestruzzo armato (Fig. 1.4) nel mondo intero (*The Architectural Forum* 1947 e Muntz 1989).

Durante gli anni Cinquanta, non si registrano ulteriori innovazioni significative in questo campo. Le strutture a guscio nate dalla collaborazione tra Neff e l'architetto Eliot Noyes vengono erette ricorrendo ad una tecnica di costruzione ormai ben consolidata che, negli Stati Uniti, permette di realizzare

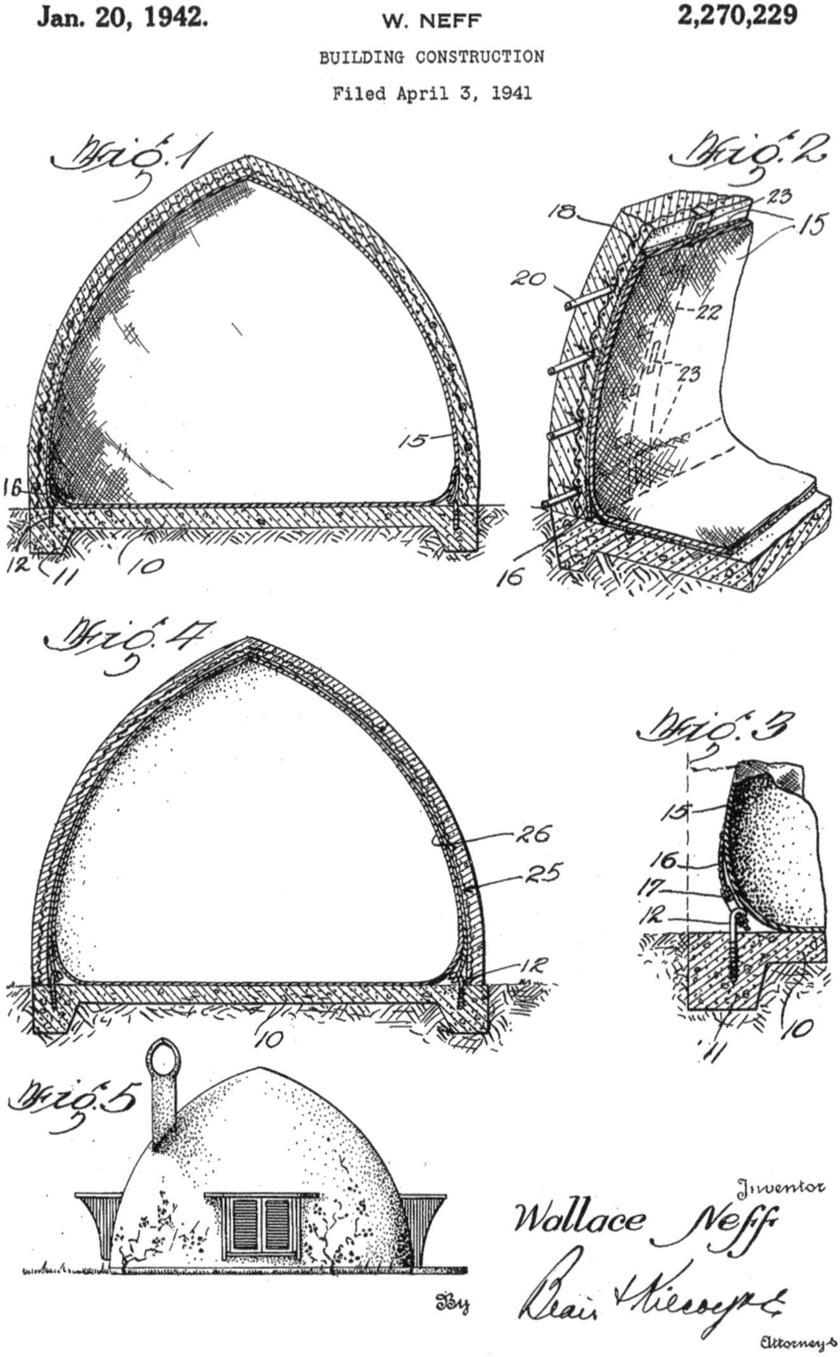

Figura 1.2 Wallace Neff, *Building construction*, brevetto US 2,270,229, depositato il 3 aprile 1941. Disegni

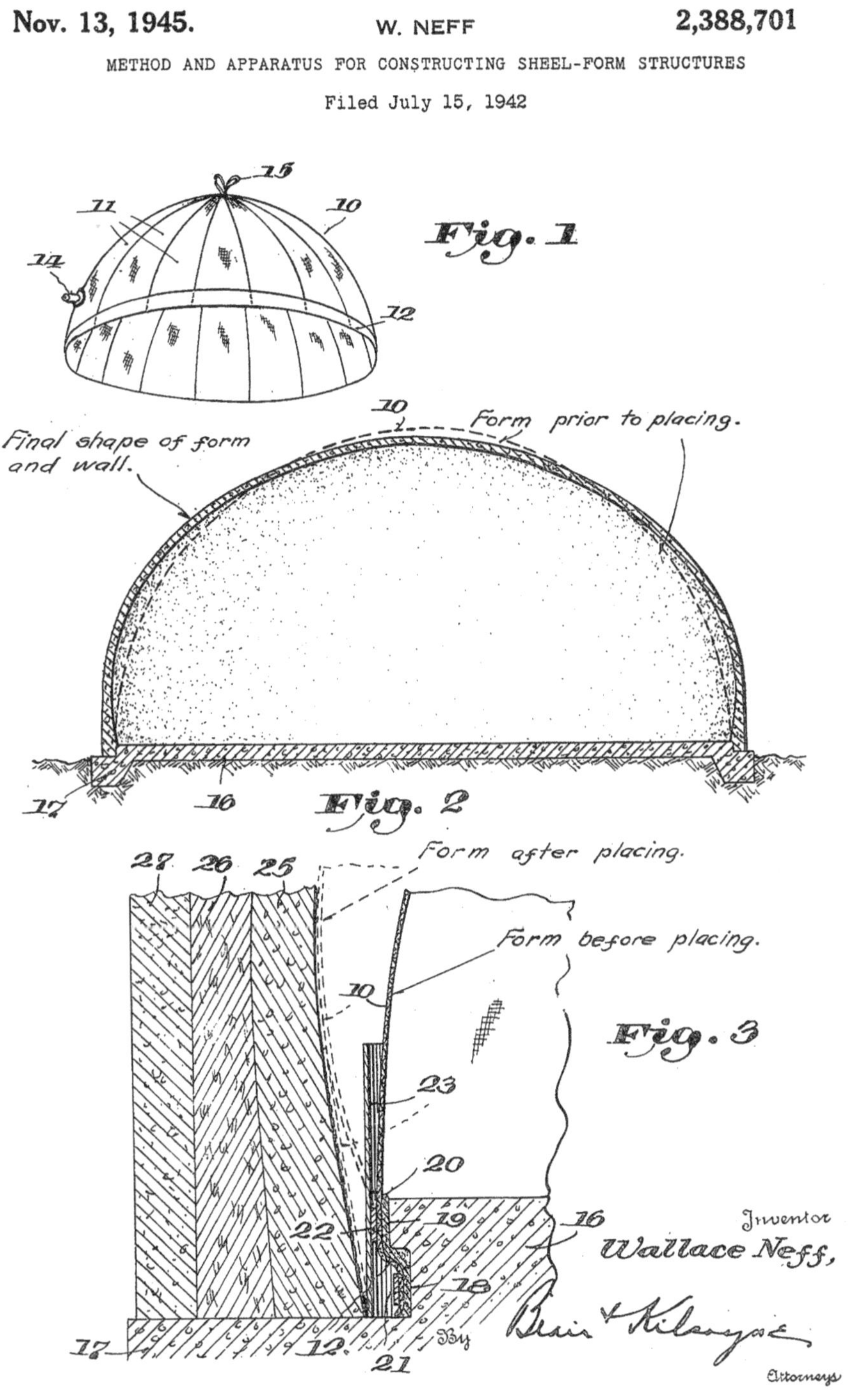

Figura 1.3 Wallace Neff, *Method and apparatus for constructing shell-form structures*, brevetto US 2,388,701, depositato il 15 luglio 1942. Disegni

Figura 1.4 Wallace Neff, una casa "Airform" realizzata con un guscio in calcestruzzo armato, novembre 1941. Cantiere (MLP, HLSM)

rapidamente case a basso costo (*Life* 1954 e *Progressive Architecture*, 1954). Nel 1954, anche Salvadori lavora con Neff e Noyes per migliorare le fasi di getto in opera del calcestruzzo, utilizzando una peculiare "pistola per calcestruzzo" (Scipio 1967: 60).

Va sottolineato come la diffusione di questi edifici abbia esercitato un notevole fascino, sia sui progettisti sia sui committenti e sugli operatori del settore edile nell'America di quel periodo, per un'architettura di recente concezione basata essenzialmente su forme a bolla: a partire dagli anni Cinquanta, inizia quindi a consolidarsi l'idea di poter trasformare un pallone pressurizzato in un luogo in cui vivere. Il progetto Fiberthin Village, elaborato da Frank Lloyd Wright nel 1956 per la U.S. Rubber Company e pensato per essere costruito a Mishawaka, Indiana, rientra dunque nel quadro di questa cultura progettuale (Fig. 1.5); pensato nello stesso anno del grande guscio in calcestruzzo che definisce la cupola della Chiesa Greco-Ortodossa dell'Annunciazione per la Comunità Ellenica di Milwaukee (Pfeiffer e Goessel 2015: 462–465), il Fiberthin Village si costituisce di una serie di case economiche dalla forma emisferica di 7,62 per 14,02 metri, destinate alla classe media e realizzate utilizzando il sistema Fiberthin, ovvero un tessuto di nylon rivestito in vinile.

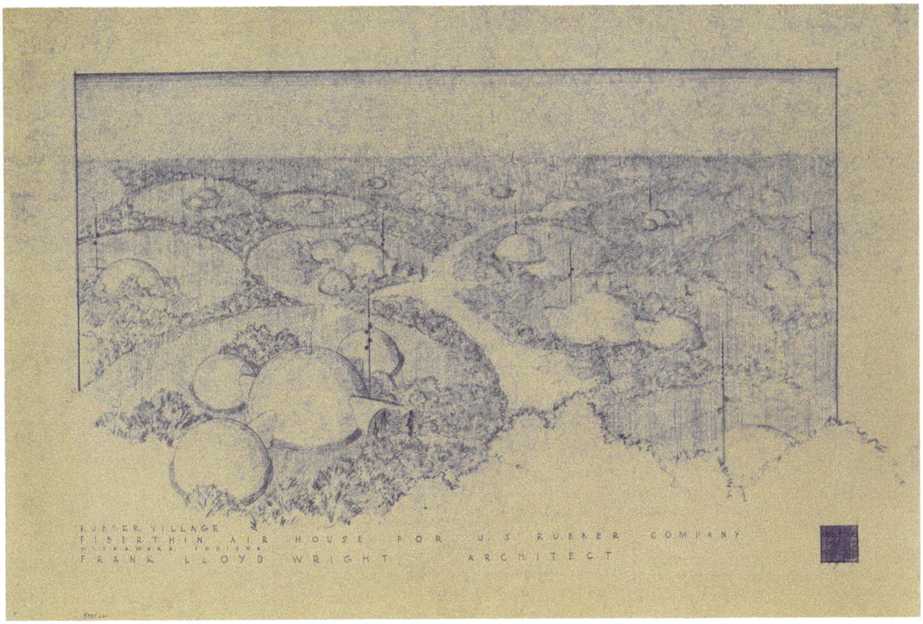

Figura 1.5 Frank Lloyd Wright, progetto del Fiberthin Village (non realizzato), Mishawaka, Indiana, 1956. Veduta prospettica (FLWFA)

Questa maniera di 'fare architettura' rimane un episodio isolato all'interno della vasta produzione di Wright e precorre di circa 20 anni il ben più noto progetto di José Miguel de Prada Poole per la Instant City di Ibiza del 1971, i "Pamplona Encounters" del 1972 e il centro di pattinaggio su ghiaccio Instanlo Hielotrón a Siviglia del 1975.

Tornando alle costruzioni in calcestruzzo armato, anche l'ingegnere svizzero Heinz Isler, a partire dall'estate del 1955, in parallelo alle costruzioni di Neff e Noyes negli Stati Uniti, avvia in Europa lo studio dei metodi di ricerca di forma strutturale mediante modelli in scala basati su strutture pneumatiche. Grazie a queste ricerche, riesce a definire geometrie ottimali diverse dalle forme funicolari, con l'obiettivo di realizzare i suoi gusci utilizzando il minimo materiale possibile (Chilton 2000: 34–37). Tuttavia, l'innovazione del processo di progettazione di Isler non semplifica la costruzione, rendendo ancora necessario l'utilizzo di complesse casseforme in legno per l'effettiva realizzazione delle sue strutture in calcestruzzo armato (Boller e Beckh 2019; Bini 1984: 189).

Si giunge così agli anni Sessanta, ovvero il decennio che ha visto l'introduzione del sistema Binishell. Come già menzionato, la prima cupola sperimentale viene costruita a Crespellano, vicino a Bologna, nel luglio 1964

Figura 1.6 Dante Bini, Binishell di Crespellano costruita per l'azienda Unipack, luglio 1964 (DB)

(Fig. 1.6)[10]: si tratta della prima effettiva applicazione del brevetto Binishell, poi perfezionato nel corso degli anni a venire (Figg. 1.7, 1.8 e 1.9).

Il sistema Binishell richiede innanzitutto il getto di un anello di fondazione in calcestruzzo armato, al di sopra del quale viene ancorata la membrana gonfiabile che funge da cassaforma. Un sistema di armatura composto da molle e barre metalliche è disposto seguendo una geometria che, secondo Bini, è stata empiricamente ispirata dalla proiezione in pianta del pattern creato dalle nervature gettate in opera della cupola del Palazzetto dello Sport a Roma, progettato da Pier Luigi Nervi (Fig. 1.10)[11]. Le molle svolgono la stessa funzione di un distanziale per barre d'armatura, ovvero mantengono i tondini nella

[10] Bini ha sistematizzato il processo di progettazione delle sue invenzioni nei suoi libri pubblicati nel 2009 e 2014.

[11] "[...] era importante che il ferro, che avrebbe resistito a trazione – a differenza del calcestruzzo che resiste solo a compressione –, raggiungesse, a sollevamento avvenuto, la posizione richiesta dal calcolo, che io conoscevo solo marginalmente per averlo derivato dallo studio del Palazzetto dello Sport di Pierluigi [sic] Nervi a Roma. Agii di fantasia, e l'armatura della prima cupola fu realizzata con tondini di ferro concentrici dimensionati 'a spanne' disposti sulla membrana sgonfia a livello terra. Questi furono collegati ad archi di catene, che ovviamente non avrebbero opposto resistenza nella loro distribuzione a livello terra. In fase di sollevamento delle catene, dal cordolo di base, andavano a inarcarsi con grandi curve in due direzioni opposte verso il polo, seguendo appunto le geometrie delle nervature del Palazzetto dello Sport" (Bini 2009a: 30).

N° 1.489.329 M. Bini 3 planches. - Pl. I

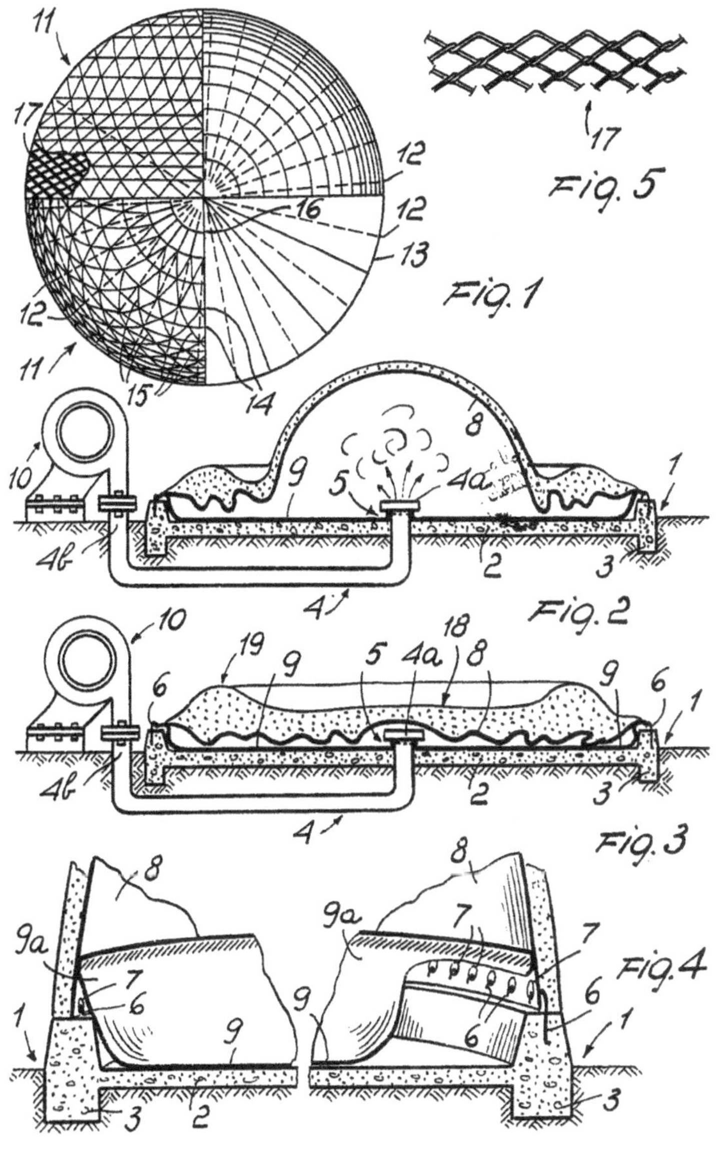

Figura 1.7 Dante Bini, *Méthode pour l'érection de bâtiments constitués principalement d'une structure portante en une seule pièce, équipement pour réaliser cette méthode, et bâtiment ainsi obtenu*, brevetto FR 1489329, depositato il 9 agosto 1966. Disegni del primo sistema di costruzione pneumatico Binishell

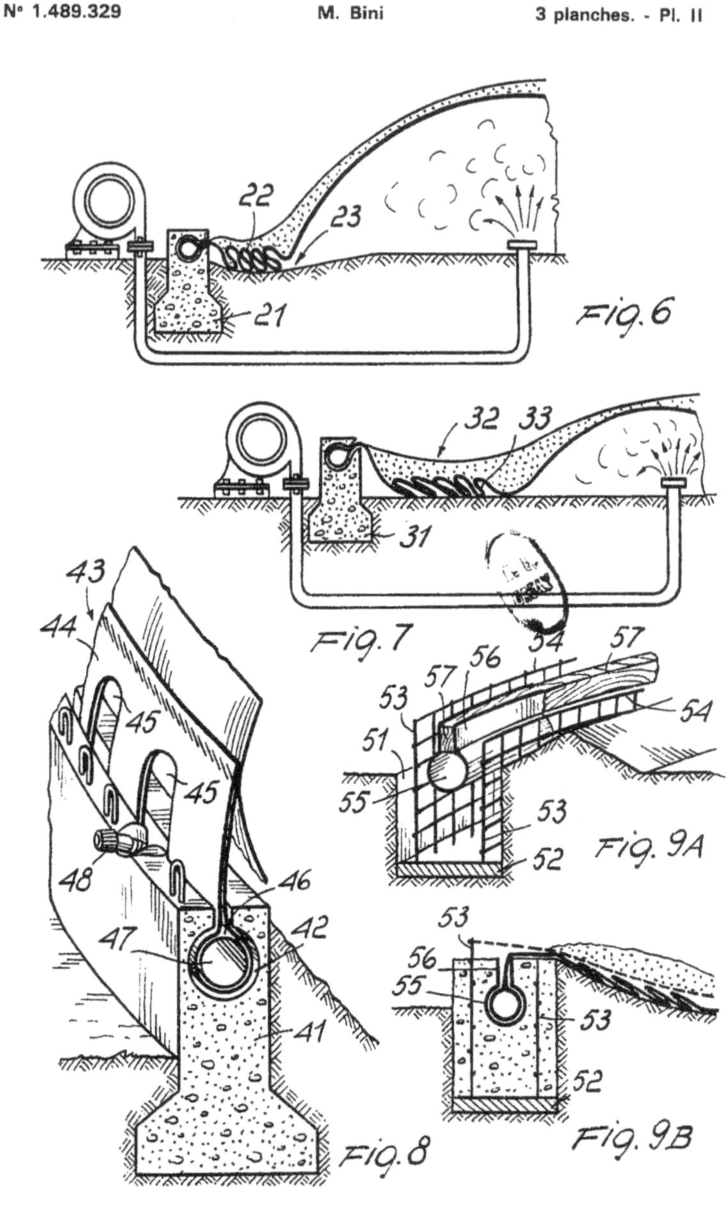

Figura 1.8 Dante Bini, *Méthode pour l'érection de bâtiments constitués principalement d'une structure portante en une seule pièce, équipement pour réaliser cette méthode, et bâtiment ainsi obtenu*, brevetto FR 1489329, depositato il 9 agosto 1966. Schemi e disegni dell'anello di fondazione in calcestruzzo armato

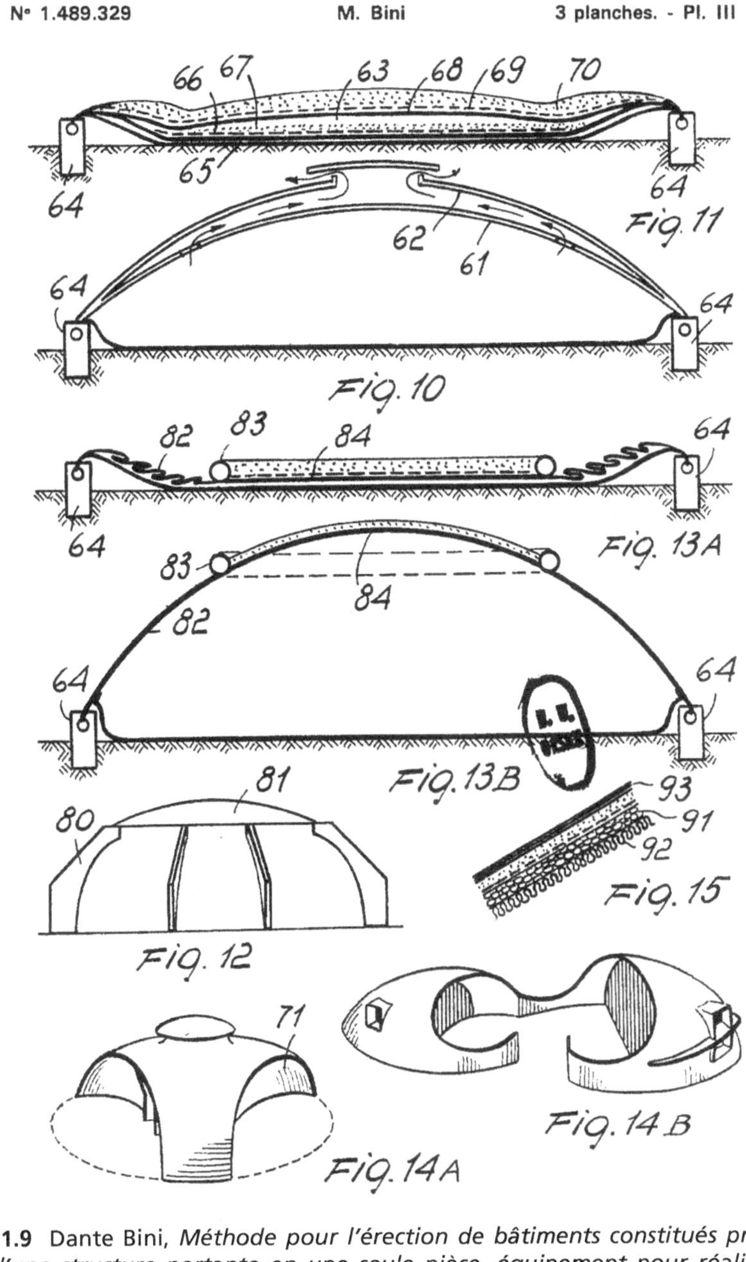

Figura 1.9 Dante Bini, *Méthode pour l'érection de bâtiments constitués principalement d'une structure portante en une seule pièce, équipement pour réaliser cette méthode, et bâtiment ainsi obtenu*, brevetto FR 1489329, depositato il 9 agosto 1966. Schemi del sistema di costruzione pneumatico che includono potenziali soluzioni progettuali

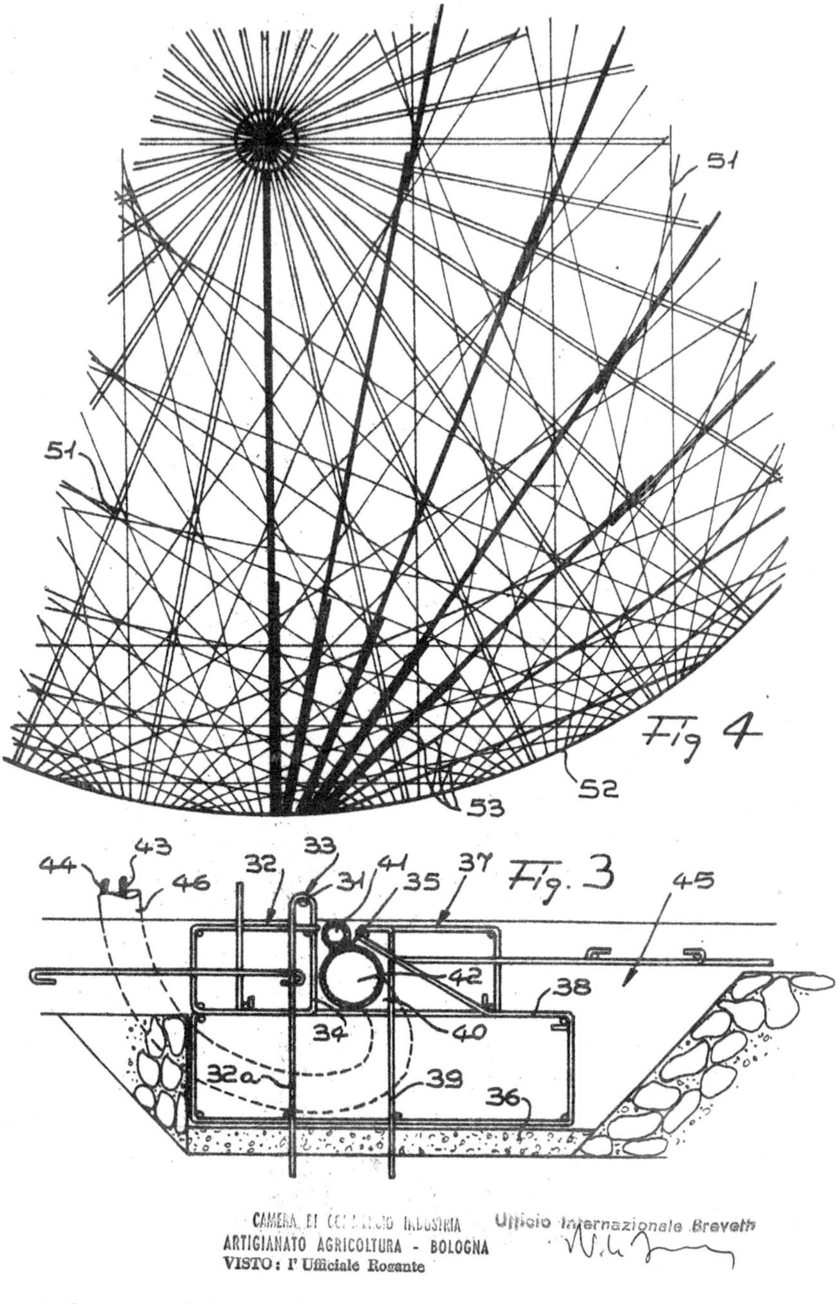

Figura 1.10 Dante Bini, *Metodo per la erezione di edifici e strutture a membrana monolitica perfezionato nel complesso della armatura estensibile nonché nella compattazione del materiale*, brevetto IT 853736, depositato il 21 novembre 1968. Disegni dell'armatura in acciaio

posizione corretta all'interno dello spessore del guscio. Sono particolarmente utili durante il processo di gonfiaggio, poiché guidano la curvatura delle barre fino al raggiungimento della forma finale. L'armatura metallica progettata da Bini è quindi in grado di deformarsi una volta sollevata dal suolo, assumendo in tal modo una configurazione tridimensionale; il sistema di ancoraggio della membrana gonfiabile all'anello di fondazione è poi del tutto simile a quelli correntemente impiegati per il fissaggio delle tradizionali strutture pneumatiche (Herzog 1976: 148–154).

Una cupola in calcestruzzo armato – o, come afferma Bini, una struttura a guscio in ferrocemento – è ottenuta dopo sessanta minuti di gonfiaggio della membrana pneumatica[12]. Durante il gonfiaggio della cassaforma, il calcestruzzo viene trattenuto da una rete, ed è per questo motivo che, nei primi esperimenti, il conglomerato cementizio appare granuloso e non compatto alla fine delle fasi di getto. La superficie viene inizialmente rifinita mediante una successiva operazione di lisciatura manuale dell'estradosso, effettuata con una cazzuola e senza applicare alcuna vibrazione meccanica. L'introduzione delle molle di acciaio come armatura della struttura (con i tondini inseriti all'interno delle molle, ancorate a una sola estremità al suolo e libere di assumere la forma della cupola) avverrà solo con la costruzione della quarta cupola sperimentale, costruita da Bini a Pegola (Fig. 1.11). Tra il 1964 e il 1965, Bini promuove nuove costruzioni sperimentali con la sua società *Binishells S.p.A.*: per una cupola di 30 metri di diametro che viene realizzata alla "fungaia" (Fig. 1.12) Bini ricorre anche ad un calcestruzzo leggero rinforzato, ottenuto mediante aggregati di tipo "Leca" (Bini 2009a: 40); nel corso di queste esperienze introduce pure un nuovo tipo di armatura, caratterizzata da una rete a spirale, intrecciata con aste e barre di acciaio (*Binishells S.p.A.* 1965; Bini 1966a, b).

Durante la costruzione delle Binishell, il calcestruzzo viene gettato a terra per ricoprire completamente il sistema di armatura assemblato sopra la cassaforma pneumatica sgonfia. Una volta completato il getto, la cassaforma viene pressurizzata, e la cupola prende così forma in un tempo compreso tra una e quattro ore. Il calcestruzzo viene successivamente compattato utilizzando vibratori superficiali che agiscono sull'estradosso del guscio, per poi venire livellato a mano. Il disegno allegato al brevetto di Bini depositato in Italia nel novembre 1968 illustra come siano necessari solo tre operai per completare questa operazione (Bini 1968). Probabilmente dall'inizio del 1967,

[12] Nei suoi scritti, Bini colloca la sua invenzione sulla scia delle cupole costruite dai più rinomati progettisti del secolo scorso: l'impiego del termine *ferrocemento* per indicare il materiale con cui sono costruiti i suoi gusci indica, ancora una volta, il suo debito intellettuale verso il lavoro di Nervi che, nel 1943, ha brevettato un materiale chiamato proprio *ferrocemento* con cui ha realizzato le sue ben note cupole e volte in elementi prefabbricati (Bini 2008: 124).

Figura 1.11 Dante Bini, Binishell di Pegola, 1964–1965. Edificio in costruzione (DB)

Figura 1.12 Dante Bini, cupola di 30 metri di diametro alla "fungaia", San Cesario sul Panaro, 1964–1965. Fotografia con in primo piano le automobili di Bini e Salvadori (DB)

a seguito di un consiglio di Salvadori, viene aggiunta al sistema una seconda membrana in PVC così da coprire il calcestruzzo mentre è ancora fresco a terra (Fig. 1.13). L'introduzione di questa doppia membrana facilita la com-

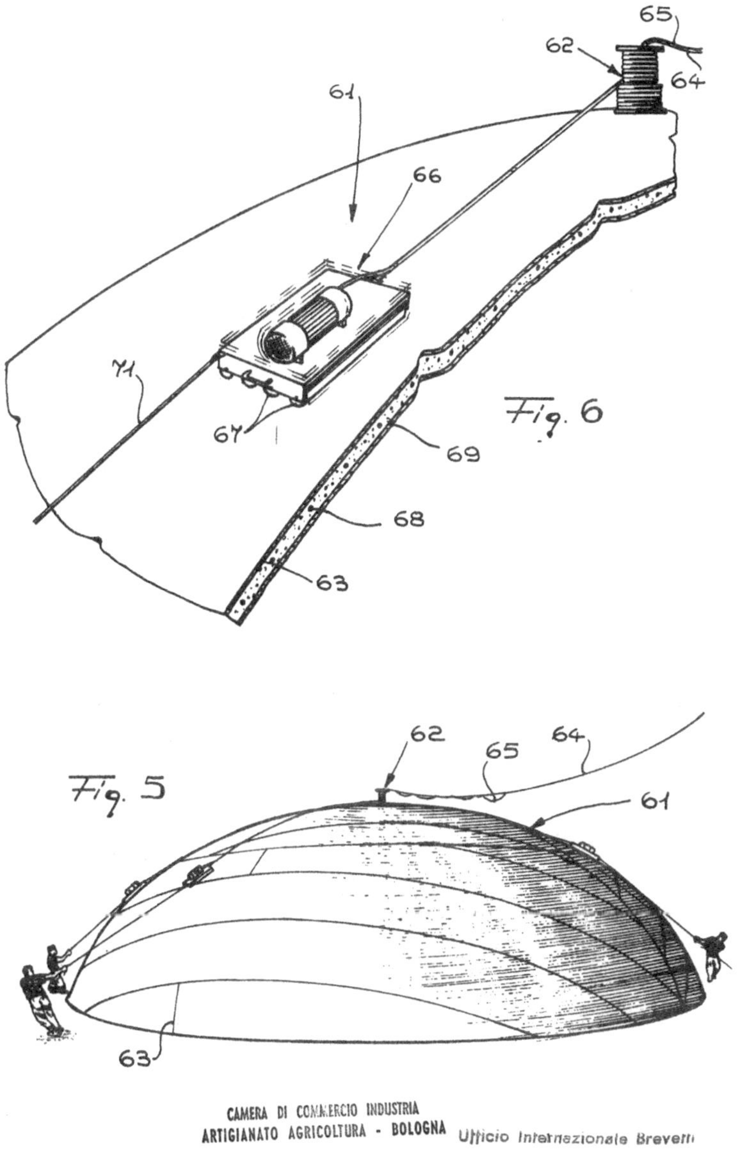

Figura 1.13 Dante Bini, *Metodo per la erezione di edifici e strutture a membrana monolitica perfezionato nel complesso della armatura estensibile nonché nella compattazione del materiale*, brevetto IT 853736, depositato il 21 novembre 1968. Schemi della modalità di compattazione del calcestruzzo

pattazione e, oltretutto, genera una superficie esterna più liscia e con meno imperfezioni (Bini 1966a, b; Bailey 1967; *The Architectural Forum*, 1967); i tagli di apertura vengono eseguiti a posteriori, sul guscio indurito, mentre la cassaforma pneumatica viene rimossa e conservata per un successivo riutilizzo.

In vista della costruzione della cupola dimostrativa voluta da Salvadori per il campus della Columbia University di New York, Bini realizza un guscio di prova a Reston, in Virginia, all'interno di un cantiere gestito dal costruttore locale Robert E. Simon Jr., amico di Salvadori. Tuttavia, probabilmente a causa degli alti sbalzi di temperatura subiti durante il trasporto in aereo dall'Italia, la seconda membrana esterna in PVC (di colore verde) si strappa al momento del sollevamento (Figg. 1.14 e 1.15). Pertanto, una nuova membrana più spessa (di colore grigio) viene recuperata sul posto e predisposta per l'evento organizzato a New York, previsto tra il 16 e il 17 maggio 1967 (Fig. 1.16). Alcuni giorni prima, tre operai della Rissil Construction Company realizzano l'anello di fondazione all'interno dello spazio aperto di fronte ai Pupin Physics Laboratories. Bini ricorda che, al momento dell'avvio dei lavori, la nuova membrana grigia approvvigionata negli Stati Uniti presentava una resistenza a trazione troppo elevata. "Decidemmo di rischiare arrotolando le due membrane insieme, in modo tale che, quando il tubo in pvc che le conteneva fosse stato srotolato sul cemento appena gettato, la membrana verde rimanesse al di sopra o all'esterno e quella grigia all'interno, a contatto del calcestruzzo" (2009a: 49). Ma pure in questa circostanza, la membrana verde giunta dall'Italia si danneggia durante le fasi di sollevamento della cupola. Grazie all'astuzia di Bini e Salvadori, e alla prontezza dei fidati operai che Bini aveva portato con sé dall'Italia per l'occasione, quasi nessuno degli spettatori presenti si accorge del problema: "[. . .] la membrana esterna, in espansione, cominciò lentamente e inesorabilmente ad aprirsi al polo, lungo la linea di adesione. Con la velocità del fulmine, i miei tre uomini tagliarono alla base la membrana verde" come suggerito da Bini "e la fecero sparire immediatamente" (2009a: 50).

Proprio pochi giorni prima della costruzione della cupola di Bini a New York, Isler afferma che "sarebbe logico utilizzare direttamente le membrane pneumatiche come casseforme" (1967: 51) nel corso del *1st International Colloquium on Pneumatic Structures*, organizzato l'11–12 maggio 1967 presso l'Università di Stoccarda, in Germania, dall'International Association for Shell Structures (IASS). Più significativa è però la nota di Isler sulle grandi difficoltà a realizzare, sul piano pratico, tale idea. Curiosamente, durante lo stesso convegno, Bini presenta le sue cupole Binishell realizzate in Italia, fornendo quindi una soluzione al problema sollevato da Isler. La pubblicazione degli atti include un suo contributo, corredato da fotografie delle sue ultime cupo-

Figura 1.14 Dante Bini, costruzione della Binishell dimostrativa a Reston, Virginia, aprile 1967. In alto: fase di getto del calcestruzzo; in basso: gli operai posizionano la membrana esterna sul calcestruzzo fresco (DB)

Figura 1.15 Dante Bini, costruzione della Binishell dimostrativa a Reston, Virginia, aprile 1967. Fotografia della membrana esterna strappata alla fine del processo di pressurizzazione (DB)

Figura 1.16 Dante Bini, costruzione della Binishell dimostrativa alla Columbia University, New York, 16 maggio 1967. Fotografia del processo di gonfiaggio (DB)

le, costruite utilizzando casseforme pneumatiche e completate con l'impiego della seconda membrana esterna in PVC (Bini 1967).

1.3 Pragmatismo costruttivo e sperimentazione empirica

Le architetture frutto delle invenzioni tecniche di Bini, se analizzate alla luce dei loro formalismi, segnano in maniera inequivocabile una significativa stagione della cultura progettuale dello scorso secolo. Oggi diventa cruciale analizzare queste strutture, all'epoca particolarmente innovative sul piano tecnico e costruttivo, anche da una prospettiva prettamente architettonica. Si evolve così il discorso critico, spostandolo da una mera discussione sui metodi di costruzione e automazione di cantiere a una riflessione più ampia.

Per stessa ammissione di Bini, la sua risposta architettonica e costruttiva al primigenio impulso creativo di modellare gusci in calcestruzzo s'inserisce perfettamente nella cultura progettuale degli anni Sessanta, dove il desiderio di esplorare nuove forme – e formule – architettoniche viaggia di pari passo con la moda e la popolarità creatasi intorno alla concezione di strutture sottili in calcestruzzo. A tal proposito, Bini scrive: "negli anni Sessanta si riteneva che le volte sottili e le strutture a guscio rappresentassero un nuovo parametro edile", visto come un'occasione per progettare e combinare "le più innovative formule di scienza delle costruzioni e quelle delle scienze architettoniche" (2009a: 24).

L'interesse altalenante per le strutture a guscio sottile merita un'attenzione particolare, poiché se da un lato favorisce lo sviluppo delle Binishell negli anni Sessanta, dall'altro ne segna anche il progressivo declino nel tempo. È quindi comune associare le Binishell di Bini alle immagini più iconiche dei gusci e delle strutture spaziali di Heinz Isler, Félix Candela, Frei Otto e Richard Buckminster Fuller: nonostante l'assonanza eclatante con altre esperienze progettuali condotte all'estero, le strutture di Bini possono essere considerate a pieno titolo la diretta conseguenza e, probabilmente, l'ultimo tangibile anello della catena dello sperimentalismo empirico sulle strutture cementizie, avviato in Italia da Giovanni Antonio Porcheddu e Attilio Muggia – i pionieri che hanno introdotto il sistema Hennebique in Italia – e reso poi celebre a livello mondiale attraverso i progetti e le costruzioni di Nervi.

Non a caso, nel corso degli anni Sessanta, nel pieno del miracolo economico italiano, Bini coltiva il profilo ibrido del progettista, costruttore e imprenditore. L'architetto sviluppa le sue tecniche costruttive in maniera del tutto indipendente, sulla base di un approccio prettamente pragmatico. Pertanto, gli edifici di Bini non sono il risultato di un metodo che privilegia la rigorosa analisi strutturale o di principi progettuali fondati sulla reinterpretazione di tipologie architettoniche consolidate derivate da precedenti illustri. La sua ricerca progettuale può essere invece sintetizzata nel risultato tangibile di un'esperienza progressivamente acquisita attraverso la pratica professionale e la sperimentazione condotta direttamente in cantiere.

Sono quindi proprio le fotografie di cantiere e i documenti d'archivio che descrivono le prove strutturali e le analisi condotte sulle prime Binishell sperimentali – ovvero quelle realizzate a Crespellano, Pegola e Castelfranco Emilia – a rivelare l'alto grado di empirismo che caratterizza l'approccio progettuale di Bini (Figg. 1.17 e 1.18). Questi materiali dimostrano chiaramente come il suo modo di indagare la forma strutturale sia pienamente in linea con una cultura del progetto tipicamente italiana, fondata sull'esperienza pratica della costruzione e sulla prototipazione: un approccio incentrato quasi esclusivamente sulla sperimentazione costruttiva, che si rivela essenziale per raggiungere quel grado d'innovazione tecnica necessario per lo sviluppo di nuove forme architettoniche. All'epoca, sarebbe stato infatti difficile ottenere risultati simili in Italia utilizzando esclusivamente gli strumenti matematici legati al calcolo strutturale, poiché la ricerca di forma era ancora affidata a metodi sperimentali, come ad esempio l'uso di modelli in scala (Bini 2014a: 37–38).

Figura 1.17 Dante Bini, primi prototipi di Binishell alla "fungaia", San Cesario sul Panaro, marzo 1968. Sequenza delle fasi di costruzione (DB)

In questo contesto tecnico, non è un caso che le Binishell siano state pensate e realizzate da un architetto piuttosto che da un ingegnere: "se tu fossi stato un ingegnere non avresti mai concepito un'assurdità del genere" (Bini 2009a: 47) sembra essere stato il commento di Salvadori di fronte all'invenzione di Bini. La cupola Binishell rappresenta infatti una vera e propria rivoluzione nella ridefinizione del rapporto tra forma architettonica e sistema costruttivo: nessuna delle due parti prende il sopravvento sull'altra. Questo stesso approccio nella progettazione di gusci in calcestruzzo plasmabili con l'aria ha ancora oggi riflessi evidenti nel lavoro del figlio di Bini, Nicolò, amministratore delegato e presidente della società statunitense *Binishells Inc.*, che continua a sperimenta-

Figura 1.18 Dante Bini, un primo prototipo di Binishell alla "fungaia", San Cesario sul Panaro, marzo 1968. Fase di rasatura dell'estradosso della cupola per l'ottenimento di una superficie liscia e levigata (DB)

re metodi di costruzione che ricorrono all'aria compressa per il sollevamento di strutture cementizie sottili e a promuovere diverse tecniche basate sull'impiego di membrane pneumatiche, riducendo così gli sprechi di materiale e di risorse: è il caso, ad esempio, del suo progetto per una villa a Malibù per l'attore Robert Downey Jr., presentato nel Capitolo 6.

Il primo brevetto depositato in Italia da Bini, relativo alla costruzione di cupole in calcestruzzo armato mediante una cassaforma pneumatica, risale al 1964. Un successivo brevetto, che Bini depositerà negli Stati Uniti il 12 dicembre 1966, descrive il sistema Binishell come un "Metodo per erigere strutture a forma di cupola e altre strutture", e ricorre ad una membrana gonfiabile leggera per ottenere la forma strutturale desiderata. Il brevetto illustra tutti i passaggi necessari per realizzare un guscio attraverso una cassaforma pneumatica, descrivendo pure come posizionare le barre di armatura, oltre che le diverse fasi di getto e compattazione del calcestruzzo (Bini 1966b).

Come si evince tanto dai disegni quanto dalle descrizioni contenute nel brevetto, è proprio il ricorso ad una tecnica di costruzione basata sul concetto di gonfiaggio a influenzare l'intero processo di progettazione messo in campo da

Bini per determinare "nuove formule architettoniche". Si può così osservare come l'innovazione tecnica e tecnologica abbia determinato una forma strutturale, che a sua volta ha generato la forma architettonica. Tuttavia, riflettendoci bene, si potrebbe anche ipotizzare che sia avvenuto proprio l'esatto contrario. Il distintivo approccio progettuale di Bini, unito all'ambizione di realizzare grandi cupole, lo ha portato a definire innanzitutto una tipologia strutturale specifica; come conseguenza, questo ha innescato lo sviluppo di una nuova tecnica di ricerca di forma che coincide pure con il processo costruttivo. Tutti questi aspetti sono così strettamente correlati tra loro nel lavoro di Bini che diventa impossibile determinarne una gerarchia chiara.

Si può addirittura affermare che il nuovo sistema di costruzione sviluppato da Bini possa essere considerato una tecnica di prefabbricazione in cantiere, in quanto riduce il tempo di costruzione e la forza lavoro necessaria per la realizzazione di una struttura a guscio. Com'è noto, l'industria delle costruzioni italiana sviluppa tra gli anni Cinquanta e Sessanta molti altri sistemi di prefabbricazione utilizzando il calcestruzzo armato, tra i quali sono celebri quelli di Nervi che ricorrono al ferrocemento. Tuttavia, Bini riesce a migliorare la maggior parte degli aspetti di quei sistemi, grazie alla sua capacità di condensare, in un'unica invenzione, quelle che lui stesso definisce le "tre grandi espressioni della scienza delle costruzioni" che "catalizzavano l'attenzione" in quegli anni e che "dominavano l'ambito dell'architettura contemporanea e dell'ingegneria avanzata e che si studiavano all'università". Secondo Bini, si tratta di una combinazione di "volte sottili, ma anche delle strutture geodetiche e delle tensostrutture" (2009a: 24): al di là dall'appropriatezza tecnica, in termini assoluti, di questa affermazione rispetto alla natura concettuale, strutturale e materica della sua invenzione, è certo che la Binishell identifica l'unione perfetta della forma architettonica e strutturale con il processo tecnico di costruzione necessario per realizzarla. In tal modo, la Binishell definisce una cultura del progetto dove tutte queste componenti coincidono perfettamente.

1.4 I formalismi architettonici di Bini

La genesi formale e gli espedienti compositivi adottati da Bini nella definizione dei linguaggi architettonici delle sue prime Binishell dipendono strettamente dall'invenzione del sistema costruttivo che ne vincola e ne determina ogni aspetto. I limiti principali della Binishell risiedono sicuramente nell'imposizione di rigidi vincoli costruttivi e l'adozione di una specifica tipologia architettonica dettata dalla pianta circolare. Tuttavia, questo sistema ha anche offerto a Bini e agli altri architetti che lo hanno utilizzato ampie opportunità di sperimentazione progettuale, grazie alla varietà distributiva e spaziale che poteva comunque essere ottenuta, oltre alla possibilità di esplorare soluzioni compositive nella definizione della forma delle aperture ritagliate nei gusci.

L'invenzione di Bini si basa, sotto molti aspetti, su alcune affinità con i metodi di costruzione seriale, ed è proprio questa caratteristica che ha contribuito al grande successo delle sue Binishell, sia in Italia che a livello internazionale. Come dimostrano alcuni cataloghi promozionali e la varietà di brevetti depositati da Bini in vari paesi, il sistema è stato esportato in tutti i continenti. La sua diffusione e riconoscimento a livello planetario incomincia proprio a seguito della realizzazione del prototipo dimostrativo costruito grazie a Salvadori alla Columbia University; anche le Binishell australiane hanno giocato, in questi termini, un ruolo decisivo, considerando che Bini decide di trasferirsi a Sydney con l'obiettivo specifico di lavorare ai progetti di varie cupole di 36 metri di diametro: queste strutture sono caratterizzate da un'altezza di 11 metri e sono destinate a biblioteche per scuole e centri sportivi. Negli anni, Bini ha sottolineato che il motivo del successo delle sue Binishell australiane derivava principalmente nel riutilizzo seriale della stessa cassaforma, nonché dal numero limitato di operai necessari per preparare, posare, smontare, manovrare e pulire le due membrane indispensabili per dare forma alle sue cupole[13].

Come verrà discusso nei capitoli successivi, al momento della progettazione delle sue prime cupole, Bini si concentra, sul piano architettonico, su quattro aspetti: (1) la dimensione della cupola, (2) l'attacco a terra, (3) la posizione e la forma delle aperture ritagliate nel guscio per ospitare porte e finestre e (4) la possibilità di intersecare una Binishell con altre cupole identiche o simili. Una volta verificata l'efficacia del nuovo metodo costruttivo, entra in gioco la concezione dello spazio: è però importante sottolineare che la sfida di progettare ambienti all'interno di un edificio a pianta circolare nasce principalmente dal vincolo geometrico imposto dal sistema costruttivo, ideato proprio per creare una cupola. La forma non è quindi il risultato di un'esigenza distributiva; piuttosto, tipologia e sistema distributivo sono la conseguenza dell'imposizione formale.

L'invenzione di Bini si rivela tanto semplice sul piano architettonico, quanto onesta su quello costruttivo: infatti, il processo di realizzazione di una Binishell viene disvelato con grande chiarezza dallo stesso edificio una volta completato, sia che lo si osservi dall'interno, sia dall'esterno. Infatti, come verrà evidenziato

[13] La critica che lo stesso Bini avanza al suo sistema riguarda le difficoltà che i venti operai impiegati nella costruzione di queste cupole incontrano nel manovrare, posizionare, ancorare e poi ripiegare con cura la cassaforma pneumatica. Egli scrive a riguardo: "oltre ad essere molto costosa, [la cassaforma] aveva una superficie di 1000 metri quadrati (10.700 piedi quadrati), pesava oltre 1500 kg (1,6 tonnellate) e doveva essere meticolosamente ripulita" (Bini 2014a: 101).

nel Capitolo 2, la superficie interna al rustico di una Binishell è caratterizzata dalla presenza dell'armatura che emerge dal getto, visibile e parzialmente in rilievo; questa trama, che arricchisce e diventa parte integrante della superficie dell'intradosso, è la conseguenza della pressione esercitata dalla membrana gonfiabile su barre d'armatura e molle. Ne deriva così la connotazione di un vero e proprio riparo archetipo, una sorta di capanna primitiva, generata direttamente dalla tecnologia Binishell; pure la superficie esterna rivela la sua natura monolitica grazie ai tagli netti eseguiti per ricavare le aperture. La cupola Binishell può, tuttavia, essere letta criticamente come un vero e proprio dispositivo architettonico che consente al progettista di creare spazi a partire dall'interazione diretta tra gli ambienti interni e il contesto esterno circostante. Sulla base di questo presupposto, diventa immediato osservare come Bini, nella maggior parte dei casi, concentri i suoi sforzi progettuali per l'ottenimento di una qualità spaziale interna che, a sua volta, influenzerà la forma architettonica complessiva.

Considerando che la singola cupola non può offrire un'ampia gamma di opportunità compositive, Bini inizia presto ad elaborare progetti sperimentali dati dalla combinazione di più Binishell. Come discusso nei Capitoli 3 e 5, l'accostamento e l'intersezione di Binishell di diversi diametri e altezze può dar vita ad un numero potenzialmente infinito di soluzioni distributive. Uno dei cataloghi promozionali della società *Binishells S.p.A.* distribuiti in Italia riporta che "disponendo variamente l'armatura metallica e modificando il vincolo alla base, si possono ottenere infinite variazioni di forma, realizzando contemporaneamente elementi decorativi e rinforzi statici". In questo modo, "non si hanno praticamente limiti nello scolpire plasticamente gli spazi definiti dalle Binishell, inserendo e togliendo volumi e superfici, in una successione di sensazioni che stimolano la sensibilità inventiva del progettista"[14]. In via teorica, le cupole Binishell sono dunque in grado di fornire, oltre che una pragmatica soluzione tettonica, una risposta formale a sogni spaziali utopici, come quello espresso da Frederick J. Kiesler nella sua Endless House o da John M. Johansen nella sua Spray Concrete House #2, entrambe discusse più avanti nel Capitolo 6.

Di fatto, l'uso ripetuto della stessa cassaforma pneumatica si mostra, col tempo, il principale limite dell'invenzione di Bini, se considerato nell'ottica di liberare la forma architettonica dai vincoli tipici della costruzione monolitica in calcestruzzo armato. L'assemblaggio di cupole di dimensioni diverse e l'ottenimento di strutture date dalla loro intersezione si deve essere infatti

[14] Citazione tratta da un catalogo promozionale della società *Binishells S.p.A.* conservato nell'archivio privato di Bini a St. Helena, California, USA (DB).

rivelata un'operazione di non semplice esecuzione, oltre che certamente antieconomica: dunque, le applicazioni del brevetto di Bini si sono normalmente limitate alla costruzione di edifici a partire da cupole singole per edifici di diversa destinazione d'uso, il cui sistema funzionale e distributivo è stato sviluppato all'interno dei limiti spaziali definiti dalla circonferenza perimetrale della cupola stessa.

Da un punto di vista puramente tipologico, il risultato architettonico di Bini non si pone come tanto diverso da quello che Neff e Noyes avevano raggiunto pochi anni prima negli Stati Uniti con le loro *bubble houses*. Il punto di forza dell'invenzione di Bini è proprio la standardizzazione del processo di costruzione risolto mediante l'impiego di una medesima cassaforma pneumatica riutilizzabile più volte per il getto di cupole di eguale dimensione: si tratta di una serializzazione del processo costruttivo che, oltretutto, si basa sull'utilizzo di pratiche di cantiere decisamente convenzionali, dal momento che una Binishell viene gettata a terra come fosse un semplice solaio piano. Questo tipo di standardizzazione dovrebbe quindi incoraggiare il progettista a sperimentare attraverso la ripetizione e l'intersezione geometrica di più Binishell: in questo modo, diventa possibile sfruttare questo sistema anche per coprire edifici con esigenze dimensionali superiori al diametro standard della cupola, come per esempio i centri sportivi.

Non è quindi un caso che uno dei cataloghi promozionali della società *Binishells S.p.A.*, stampato tra il 1969 e il 1970, pubblicizzi il sistema costruttivo di Bini per il mercato edilizio italiano come la risposta "alla necessità di strutture edili di straordinaria versatilità, flessibilità ed economicità" nell'ambito della costruzione di edifici "al servizio dell'industria e dell'agricoltura". Nel mondo delle costruzioni "è sempre più sentita la necessità di ridurre il costo dei fabbricati che generalmente supera di molte volte il costo degli impianti e delle attrezzature per i quali sono costruiti". La soluzione più economica è, dunque, la costruzione di edifici a cupola singola, "liberi da vincolanti infrastrutture ed intralcianti elementi portanti"[15]: i numerosi cataloghi promozionali della società *Binishells S.p.A.*, che presentano fotografie e disegni di edifici già realizzati, insieme a possibili soluzioni architettoniche e strutturali firmate da Bini e da parecchi altri progettisti, mostrano l'impiego quasi esclusivo di cupole singole, sebbene per usi diversi. Come discusso nel Capitolo 5, le sperimentazioni successive di Bini, tutte pensate con l'obiettivo di migliorare la sua invenzione originaria, lo portano a sviluppare altri sistemi costruttivi, sempre basati sull'impiego dell'aria. Tra questi, merita di essere menzionato un

[15] Citazione tratta da un catalogo promozionale della società *Binishells S.p.A.* conservato nell'archivio privato di Bini a St. Helena, California, USA (DB).

prototipo modulare, unico nel suo genere e utilizzabile per la costruzione di capannoni industriali, caratterizzato da campate quadrate di copertura: una sola cassaforma pneumatica montata a piè d'opera è in grado di produrre un numero illimitato di solette voltate che, una volta solidificate, vengono agevolmente posate al di sopra di una maglia strutturale quadrata fatta di pilastri, anch'essi presumibilmente prefabbricati (Fig. 1.19). Le poche informazioni disponibili fino ad oggi suggeriscono che questo sistema per coperture industriali prefabbricate non sia mai stato studiato in dettaglio, così come non risulta ben documentato: le uniche tracce esistenti consistono infatti in uno schizzo presente in uno dei cataloghi della società *Binishells S.p.A.* e in una sola fotografia di un prototipo realizzato. Si tratta di una soluzione tecnica che sembra prescindere da fattori progettuali legati all'ottenimento della qualità spaziale, pensato esclusivamente per garantire rapidità ed economia costruttiva nella produzione e assemblaggio di strutture prefabbricate in calcestruzzo per uso industriale. La razionalità e la semplicità di questo sistema modulare impostato a partire da una griglia di pilastri può dunque essere paragonato a quello messo a punto da Nervi e Aldo Arcangeli per la costruzione delle casseforme in ferrocemento utilizzate per il getto del solaio del Lanificio Gatti a Roma (Gargiani e Bologna 2016: 217–243). Nonostante le differenze, sia sul piano strutturale che su quello formale, i due sistemi condividono lo stesso approccio progettuale pragmatico, che si traduce nella realizzazione di un solaio di copertura impostato su di una campata quadrata sostenuta da quattro supporti posti ai vertici. Tuttavia, un confronto tra i due deve prescindere dalla qualità spaziale ottenuta. Infatti, mentre i risultati di Nervi con i suoi solai nervati sono ben noti e sono stati realizzati in tutto il mondo, la tecnica costruttiva ideata da Bini si è fermata alla realizzazione di un prototipo di una singola campata, all'interno della sua "fungaia" nei pressi di Castelfranco Emilia.

Gli edifici realizzati che prevedono un impiego seriale di cupole sono progettati replicando strutture singole, disposte tangenzialmente tra loro, senza che i volumi s'intersechino. Un esempio è il capannone industriale ad Imperia, progettato dall'architetto Furio Nordio di Trieste, costituito da due cupole Binishell di 30 metri di diametro ciascuna, affiancate e collegate tra loro (Fig. 1.20). Tuttavia, lo stesso catalogo della società *Binishells S.p.A.* presenta principalmente una serie di progetti di edifici, tipologicamente molto diversi, ma tutti concepiti a partire dall'impiego di cupole Binishell singole. Questo dimostra che il valore dell'invenzione risiede principalmente nel fattore tecnico e nell'economicità, derivata dalla replica seriale di gusci in calcestruzzo realizzati con la stessa cassaforma, piuttosto che nella creazione di spazi archi-

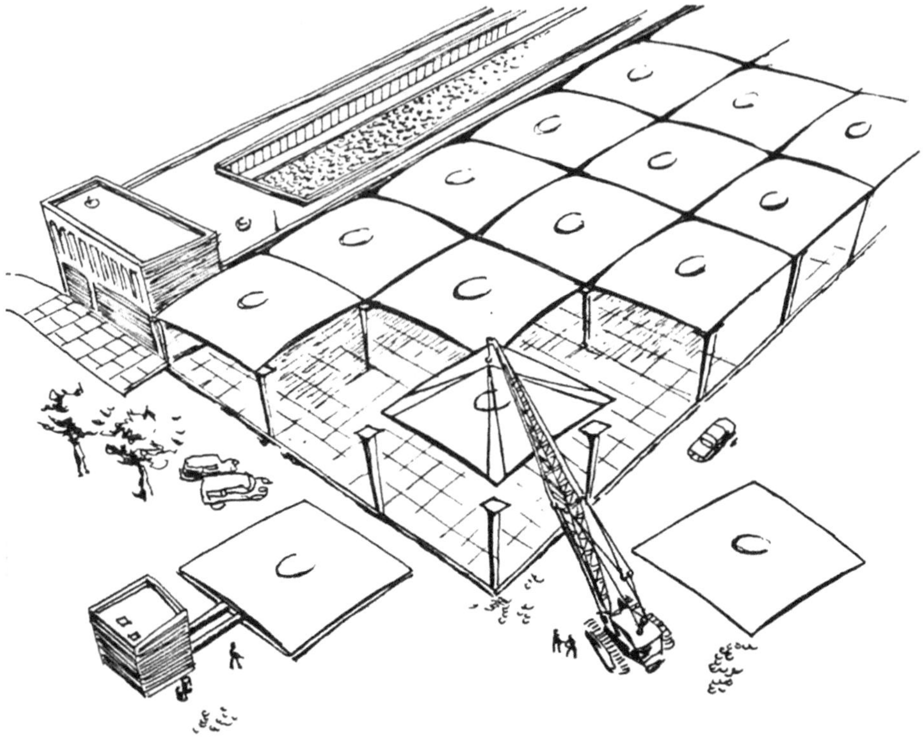

Figura 1.19 Dante Bini, sistema modulare pneumatico per applicazioni industriali, aprile 1969. Schema della sequenza di costruzione (DB)

tettonici di qualità, che derivano dall'intersezione di strutture di dimensioni diverse.

Le soluzioni spaziali e formali innovative che circa cinquant'anni dopo caratterizzeranno le architetture domestiche di Nicolò Bini negli Stati Uniti, realizzate grazie a un'unica, complessa e formalmente articolata cassaforma pneumatica, non vengono nemmeno considerate, poiché in netta antitesi con quei principi di economia e razionalità costruttiva su cui suo padre basava la campagna pubblicitaria dei suoi sistemi in quegli anni. È, ad esempio, il caso di due progetti che verranno in seguito analizzati nel Capitolo 5. Il primo riguarda un complesso scolastico elaborato dall'architetto Riccardo Merlo di Bologna: ciascuna delle dieci cupole, di 20 metri di diametro, ospita due aule, mentre una cupola di 30 metri, situata al centro del complesso, è destinata a contenere la palestra e gli uffici della direzione. Ogni padiglione è connesso attraverso maniche di collegamento su due livelli (Fig. 1.21). Il secondo progetto, invece, riguarda due cupole Binishell isolate, rispettivamente di 30 e

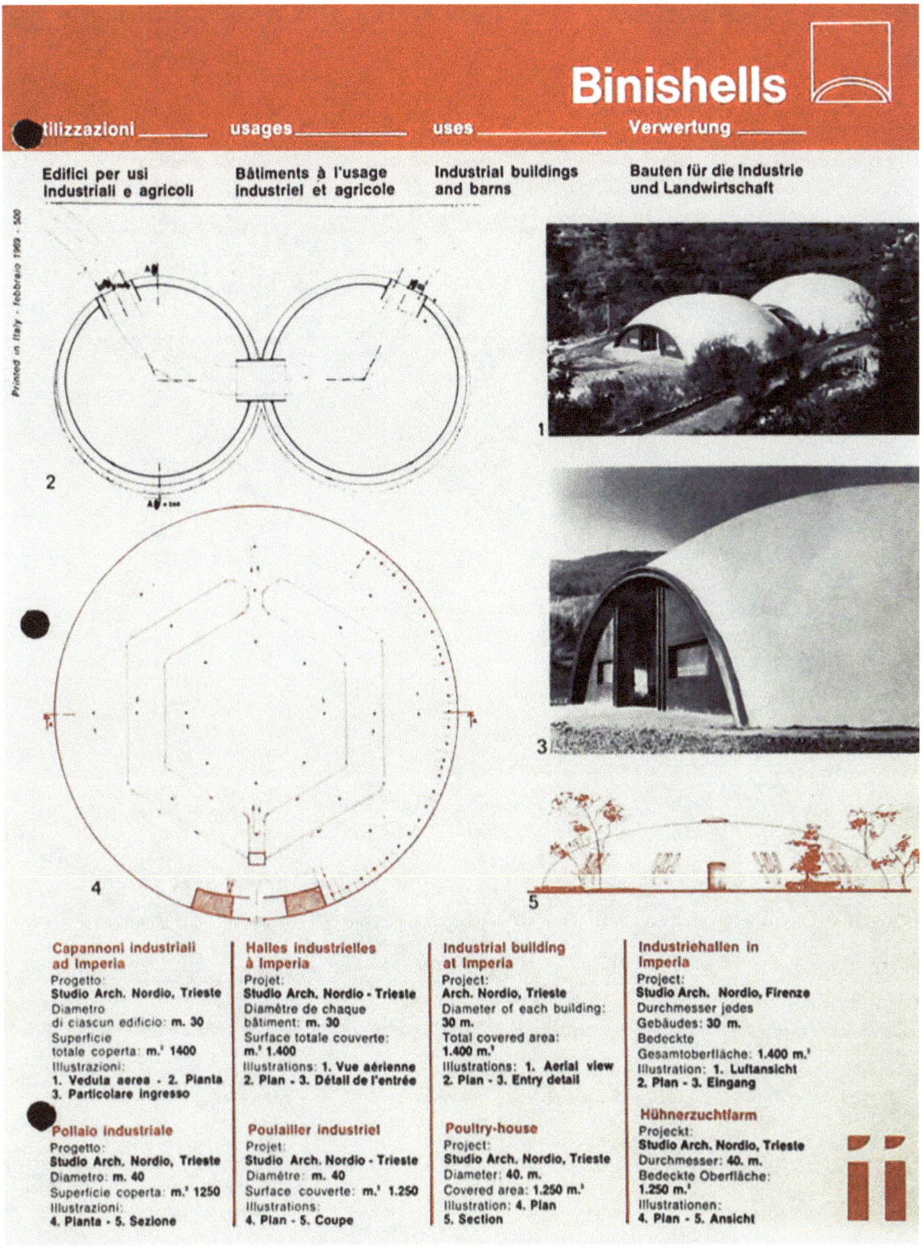

Binishells

Utilizzazioni — usages — uses — Verwertung

Edifici per usi industriali e agricoli

Bâtiments à l'usage industriel et agricole

Industrial buildings and barns

Bauten für die Industrie und Landwirtschaft

Printed in Italy - febbraio 1969 - 500

1 2 3 4 5

Capannoni industriali ad Imperia
Progetto:
Studio Arch. Nordio, Trieste
Diametro
di ciascun edificio: **m. 30**
Superficie
totale coperta: **m.² 1400**
Illustrazioni:
1. Veduta aerea - 2. Pianta
3. Particolare ingresso

Halles industrielles à Imperia
Projet:
Studio Arch. Nordio - Trieste
Diamètre de chaque
bâtiment: **m. 30**
Surface totale couverte:
m.² 1.400
Illustrations: **1. Vue aérienne**
2. Plan - 3. Détail de l'entrée

Industrial building at Imperia
Project:
Arch. Nordio, Trieste
Diameter of each building:
30 m.
Total covered area:
1.400 m.²
Illustrations: **1. Aerial view**
2. Plan - 3. Entry detail

Industriehallen in Imperia
Project:
Studio Arch. Nordio, Firenze
Durchmesser jedes
Gebäudes: **30 m.**
Bedeckte
Gesamtoberfläche: **1.400 m.²**
Illustration: **1. Luftansicht**
2. Plan - 3. Eingang

Pollaio industriale
Progetto:
Studio Arch. Nordio, Trieste
Diametro: **m. 40**
Superficie coperta: **m.² 1250**
Illustrazioni:
4. Pianta - 5. Sezione

Poulailler industriel
Projet:
Studio Arch. Nordio - Trieste
Diamètre: **m. 40**
Surface couverte: **m.² 1.250**
Illustrations:
4. Plan - 5. Coupe

Poultry-house
Project:
Studio Arch. Nordio, Trieste
Diameter: **40. m.**
Covered area: **1.250 m.²**
Illustration: **4. Plan**
5. Section

Hühnerzuchtfarm
Projeckt:
Studio Arch. Nordio, Trieste
Durchmesser: **40. m.**
Bedeckte Oberfläche:
1.250 m.²
Illustrationen:
4. Plan - 5. Ansicht

Figura 1.20 Furio Nordio, edificio industriale Binishell, Imperia, 1969. Disegni e fotografie tratte da un catalogo della società *Binishells S.p.A.* (DB)

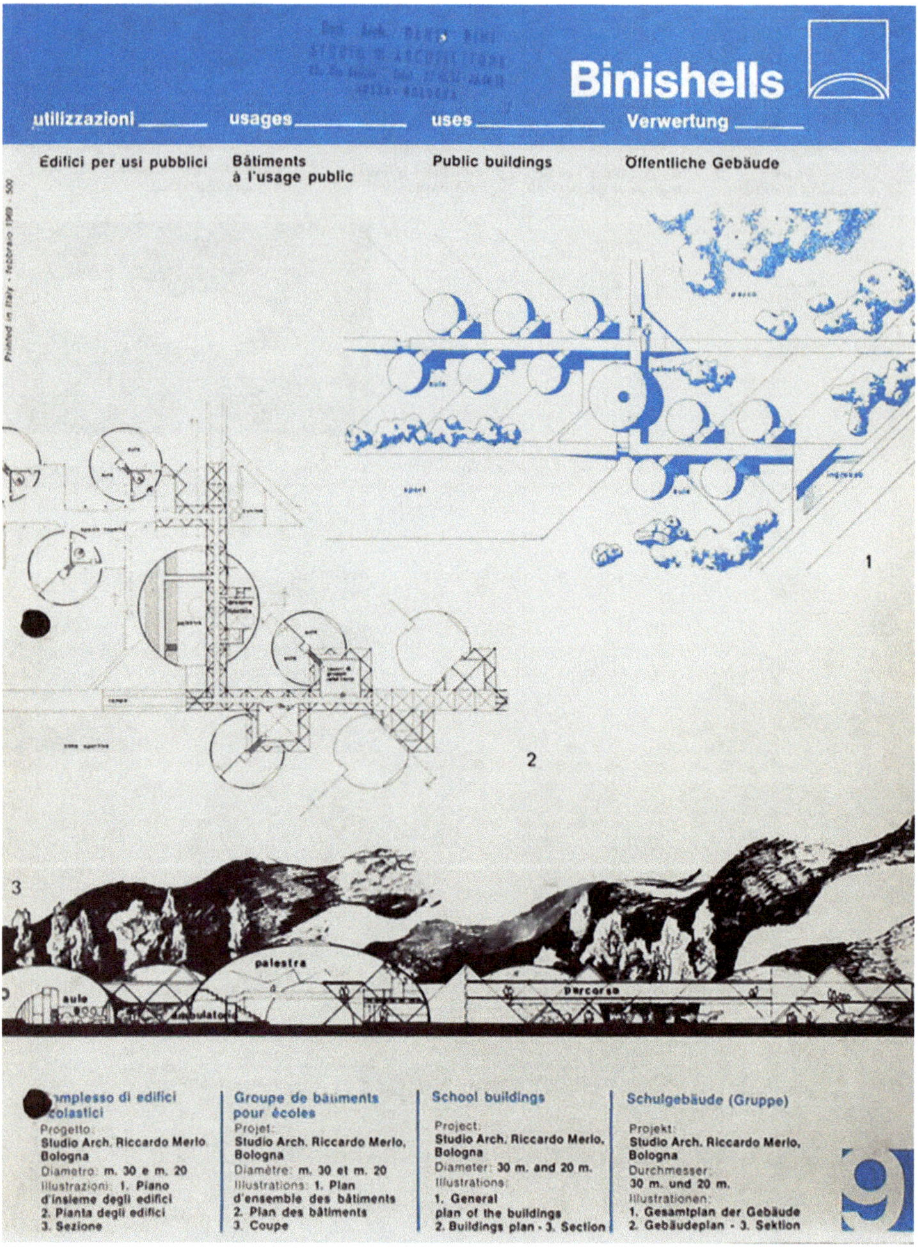

Figura 1.21 Riccardo Merlo, progetto scolastico composto da cupole Binishell, febbraio 1969. Piante e sezione tratte da un catalogo della società *Binishells S.p.A.* (DB)

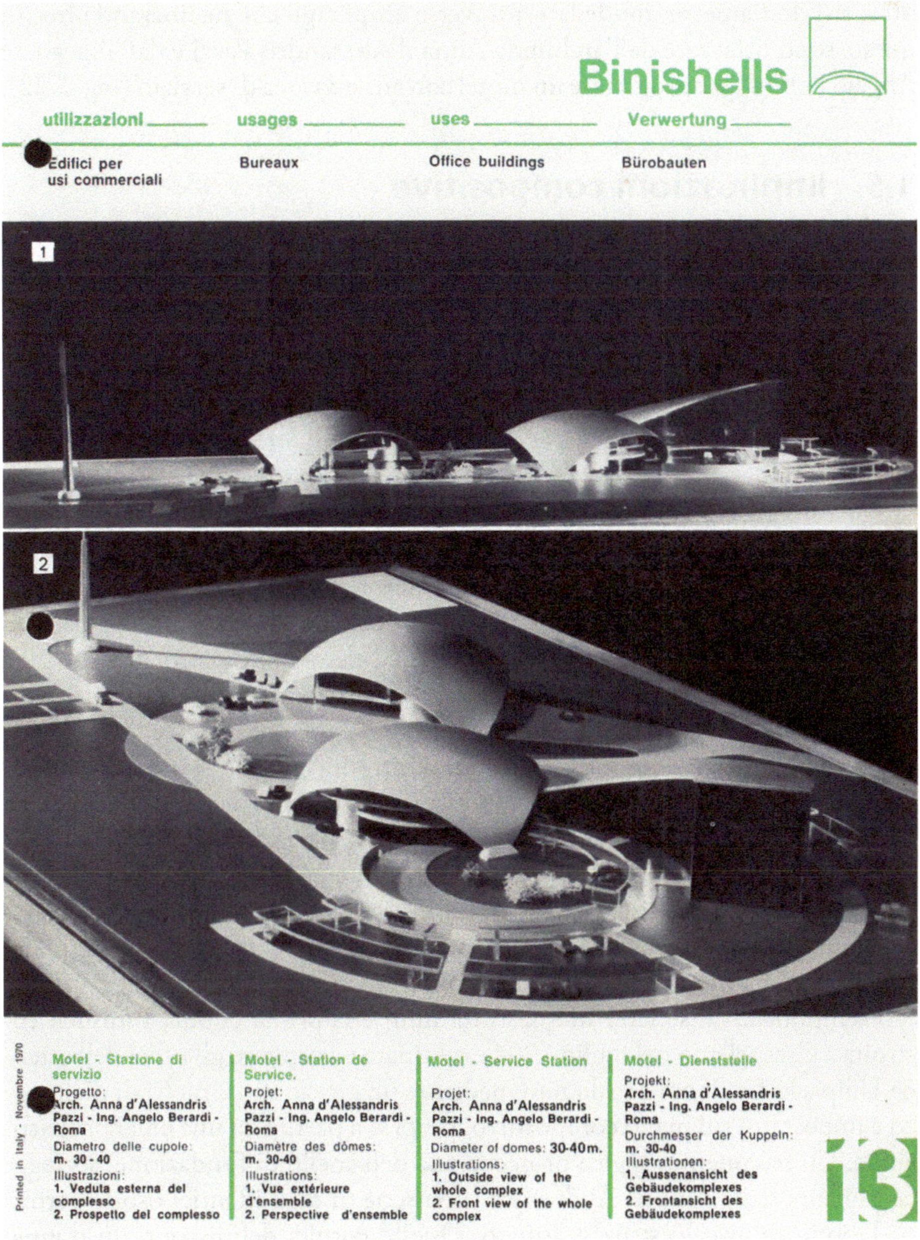

Binishells

utilizzazioni	usages	uses	Verwertung
Edifici per usi commerciali	Bureaux	Office buildings	Bürobauten

1

2

Motel - Stazione di servizio	**Motel - Station de Service.**	**Motel - Service Station**	**Motel - Dienststelle**
Progetto: **Arch. Anna d'Alessandris Pazzi - Ing. Angelo Berardi - Roma**	Projet: **Arch. Anna d'Alessandris Pazzi - Ing. Angelo Berardi - Roma**	Projet: **Arch. Anna d'Alessandris Pazzi - Ing. Angelo Berardi - Roma**	Projekt: **Arch. Anna d'Alessandris Pazzi - Ing. Angelo Berardi - Roma**
Diametro delle cupole: **m. 30 - 40**	Diamètre des dômes: **m. 30-40**	Diameter of domes: **30-40m.**	Durchmesser der Kuppeln: **m. 30-40**
Illustrazioni: **1. Veduta esterna del complesso 2. Prospetto del complesso**	Illustrations: **1. Vue extérieure d'ensemble 2. Perspective d'ensemble**	Illustrations: **1. Outside view of the whole complex 2. Front view of the whole complex**	Illustrationen: **1. Aussenansicht des Gebäudekomplexes 2. Frontansicht des Gebäudekomplexes**

Printed in Italy - Novembre 1970

i3

Figura 1.22 Anna d'Alessandris Pazzi e Angelo Berardi, progetto di motel e stazione di servizio, novembre 1970. Fotografie del modello tratte da un catalogo della società *Binishells S.p.A.* (DB)

40 metri di diametro, modellate attraverso ampi tagli che ne liberano i fronti: queste sono utilizzate dall'architetta Anna d'Alessandris Pazzi e dall'ingegnere Angelo Berardi per progettare un motel con annessa area di servizio (Fig. 1.22).

1.5 Implicazioni compositive

Le possibilità distributive e compositive offerte dal sistema Binishell sono teoricamente infinite, considerando la varietà formale e spaziale che può essere ottenuta assemblando cupole di dimensioni diverse. Come verrà illustrato nel Capitolo 2, questa varietà declina un linguaggio proprio di un'architettura in grado di andare al di là del sistema trilitico sostenuto da Marc-Antoine Laugier, che si appalesa attraverso la genesi degli ordini architettonici, ma che da questo ne deriva comunque i suoi primigeni principi progettuali. È infatti interessante notare come, nei suoi primi edifici a cupola singola, Bini, in qualità di architetto, si senta ancora vincolato ad un linguaggio compositivo consolidato e rigoroso. Utilizza le sue Binishell per reinterpretare i concetti di basamento e di corpo centrale dell'organismo architettonico in maniera piuttosto classica, riuscendo, in alcuni casi, a mantenere anche l'elemento di coronamento, che appare come un ossimoro se si considerano i fattori geometrici intrinsechi di una costruzione a cupola.

I risultati spaziali e compositivi ottenuti introducendo aperture nella cupola per ospitare finestre e oculi, così come la risoluzione in chiave architettonica delle connessioni tra una Binishell e il terreno sono trattati in dettaglio nel Capitolo 4: questi aspetti progettuali dimostrano chiaramente come Bini abbia, da sempre, concepito le sue invenzioni tecniche non solo come strumenti funzionali alla realizzazione di gusci sottili in calcestruzzo efficienti sul piano strutturale, ma pure come elementi architettonici veri e propri.

Esemplificativa, se letta in questi termini, è la prima cupola Binishell costruita a Crespellano nel luglio 1964 e destinata ad ospitare gli uffici dell'azienda Unipack. L'edificio è realizzato mediante un guscio di 12 metri di diametro ed è impostato, sul piano compositivo, proprio a partire da una chiara tripartizione. Un basamento, logica prosecuzione dell'anello di fondazione, sorregge la struttura della cupola. Al di sopra, una serie di tagli identici ospita cornici prefabbricate in calcestruzzo armato. Queste cornici definiscono un doppio ordine di aperture sovrapposte, con geometria a trapezio isoscele, di due dimensioni diverse (Fig. 1.23). Il coronamento è risolto mediante un grande oculo, ottenuto sezionando la sommità della cupola, che viene enfatizzato da un settore di guscio risvoltato in verticale, alto circa la metà del basamen-

Figura 1.23 Dante Bini, Binishell di Crespellano costruita per l'azienda Unipack, luglio 1964. Dettaglio delle aperture nel corso delle fasi di costruzione (DB)

to. Questo elemento funge da chiusura, sul piano compositivo, per l'intero sistema architettonico e strutturale.

Questa attitudine progettuale è confermata anche in un'altra delle prime Binshell concepita da Bini, con diametro di 12 metri, realizzata a Pegola nel 1965. In questo caso, il sistema basamento-corpo centrale è amplificato da una serie identica di complessi e raffinati ritti verticali prefabbricati, inseriti in tagli nel guscio. Questi ritti vengono poi collegati da lastre arcuate prefabbricate in calcestruzzo armato, montate dopo avere operato il progressivo svuotamento dei settori della struttura monolitica della cupola tra un ritto prefabbricato e l'altro. Alla fine di questo sofisticato e, certamente, costoso processo di montaggio, la cupola creata col sistema Binishell è sorretta dal complesso basamento dato dall'assemblaggio di elementi prefabbricati che caratterizza formalmente l'edificio (Fig. 1.24).

Questa attenzione nei confronti della concezione, in chiave puramente compositiva, di un basamento si manifesta ancora, ad esempio nella ricercata soluzione di una delle prime cupole sperimentali costruite da Bini nella sua "fungaia" a Castelfranco Emilia, dove l'ultima modanatura che lo caratterizza viene risvoltata per diventare la cornice dell'apertura di accesso all'edificio (Fig. 1.25). Questa concezione della Binishell in 'chiave classica' non deve,

Figura 1.24 Dante Bini, Binishell di Pegola, 1964–1965. Sequenza delle fasi di costruzione (DB)

Figura 1.25 Dante Bini, una delle prime Binishell realizzata alla "fungaia", San Cesario sul Panaro (DB)

tuttavia, avere garantito quell'economia costruttiva insita invece nell'essenza dell'invenzione stessa e viene progressivamente abbandonata per giungere, nel mondo intero, a gusci dagli estradossi ed intradossi lisci e levigati connessi direttamente al terreno, in continuità con l'anello di fondazione. Ed è proprio questo svincolarsi da una sorta di 'linguaggio classico' ad aver consentito a Bini, in special modo nel caso di architetture domestiche, di liberare la facciata da qualunque vincolo compositivo e di adattare così la geometria delle aperture per porte, finestre e loggiati alle necessità distributive imposte dalla pianta dell'edificio o dalle relazioni da stabilire col paesaggio circostante.

Questa primigenia tendenza nella concezione compositiva della cupola Binishell si mantiene tale solo in alcuni casi, là dove la funzione dell'edificio non è quella abitativa e dove si manifesta la necessità di grandi vetrate: è il caso della piscina termale dell'Hotel Ariston Molino Buja ad Abano Terme, costruita dall'impresa Culligan, dove viene riproposta la soluzione costruttiva e compositiva già sperimentata a Pegola, sebbene il profilo della cupola sia un ellissoide e non un semicerchio (Fig. 1.26). L'analogo principio compositivo, esito di una ripetizione seriale di aperture di geometria identica disposte sul perimetro della cupola, è adottato pure dagli architetti Michael Godwin e John Faber che, nel 1978, impiegano una Binishell di 36 metri di diametro e 11 di altezza per la costruzione dello Sports Dome del Malvern Girls' College di Edimburgo: in questo caso, i progettisti posizionano la cupola all'interno di uno lago artificiale, dandole enfasi compositiva attraverso un sequenza continua di ampie aperture a trapezio isoscele, che ospitano vetrate in diretto contatto con l'acqua (Fig. 1.27). Il basamento è così dematerializzato e trasformato in elemento astratto attraverso la sua identificazione con il lago: "l'idea progettuale finale utilizzava la struttura di Bini in termini architettonici piuttosto che puramente ingegneristici; così il guscio, sebbene interamente sollevato da terra, doveva avere un taglio scultoreo ed essere posizionato in una vasca d'acqua, in modo che le parti esterne e interne si riflettessero nello specchio d'acqua, e la luce del sole si riflettesse all'interno della cupola", spiega Godwin (1978: 22).

Anche Godwin e Faber interpretano, a loro modo, il tema del basamento e del rapporto con il suolo in una Binishell. Questa questione compositiva, unita alla disposizione ritmica di aperture della medesima forma, rappresenta il principale limite espressivo con cui i progettisti che adottano questa tecnica costruttiva devono confrontarsi per caratterizzare ogni architettura. È anche il caso della Binishell realizzata per accogliere gli uffici della Impresa Concari a Parma, dove il progettista ha scelto di posizionare il guscio al di sopra di un poderoso basamento: qui la presenza dell'ingresso è enfatizzata attraverso l'arretramento del serramento rispetto al filo della cupola e la presenza delle finestre è sottolineata mediante delle cornici (Fig. 1.28). In un altro progetto per

Figura 1.26 Dante Bini con l'impresa di costruzioni Culligan, Binishell per la piscina dell'Hotel Ariston Molino Buja, Abano Terme, 1968. Veduta esterna degli elementi prefabbricati utilizzati per le aperture (GR)

un palazzetto dello sport, probabilmente non realizzato ma presentato nel catalogo della società *Binishells S.p.A.* del 1969, la soluzione formale finale è data dall'intersezione di due cupole. L'edificio è sapientemente rappresentato in sezione per evidenziare il peculiare rapporto con il suolo, definito dalla sagoma

Figura 1.27 Michael Godwin e John Faber, Binishell per la Sports Dome al Malvern Girls' College, Edimburgo, 1978 (MGC)

Figura 1.28 Binishell per gli uffici dell'Impresa Concari, Parma, 1969 (DB)

arcuata dell'intradosso delle gradonate perimetrali, che si integra formalmente con l'estradosso delle due cupole: la loro intersezione è sottolineata da un arcone estradossato, che conferisce maggiore solidità strutturale all'intero sistema (Fig. 1.29).

È interessante osservare come Bini, nelle sue prime opere sperimentali, sembri manifestare una sorta di timore nell'affrontare l'occasione progettuale di operare su di una vera *façade libre*. Egli tende infatti a ricondurre la composizione a una scansione imposta da un'ossatura strutturale, inserita, nel caso di Pegola e Abano Terme, a posteriori e in maniera artificiosa, oppure a una ripetizione seriale delle aperture. Un atteggiamento, come visto, condiviso anche da altri progettisti.

La possibilità di eseguire tagli sul guscio con grande libertà, senza alcun vincolo strutturale, grazie alla redistribuzione omogenea delle forze di compressione sul resto della superficie, espande il concetto di *façade libre* oltre i limiti imposti dall'ossatura. Un confronto significativo è offerto dalla dimensione delle finestre a nastro dei fronti nord-est e sud-ovest della Ville Savoye di Le Corbusier, che resta invece condizionata dalla scansione della maglia strutturale dell'intero edificio. In una Binishell, la dimensione e la forma delle aperture sono determinate dalla funzione interna, dalle esigenze distributive dell'edificio, dai requisiti progettuali connessi all'ingresso di aria e di luce naturale, e dal rapporto tra architettura e paesaggio. Emblematico di questo approccio è l'edificio che probabilmente ha reso Bini celebre in tutto il mondo: la casa progettata e costruita per il regista Michelangelo Antonioni e l'attrice Monica Vitti a Costa Paradiso di Gallura, in Sardegna, ideata tra il 1969 e il 1970 e completata nel 1971. Ancora una volta, si tratta di un edificio a cupola singola, di 12 metri di diametro, che ospita un'abitazione unifamiliare distribuita su due livelli e caratterizzata da spazi a doppia altezza. Le varie stanze affacciano sul perimetro della Binishell; al centro, un patio aperto verso l'alto mediante un'apertura ricavata in sommità al guscio in calcestruzzo, garantisce l'ingresso di aria e luce nell'edificio e contribuisce alla sua particolare definizione spaziale, data dalla presenza di stanze e rampe di scale dalle sagome irregolari (Figg. 1.30 e 1.31).

Sfruttando la morfologia del sito, l'ingresso avviene mediante una passerella che conduce il visitatore al secondo piano dell'edificio dove sono collocate parte delle stanze. La qualità spaziale interna non è data tanto dalla particolare forma generata dal guscio e dal tracciato irregolare delle pareti divisorie interne, quanto piuttosto dal sistema di tagli operati che apre lo spazio interno verso il brullo paesaggio circostante e il mare, così da dar forma ad "una conchiglia in cui si insinua il vento" (Ricci 2016: 138). Bini qui progetta le aperture al di là di ogni preconcetta regola compositiva, a partire solo dalle

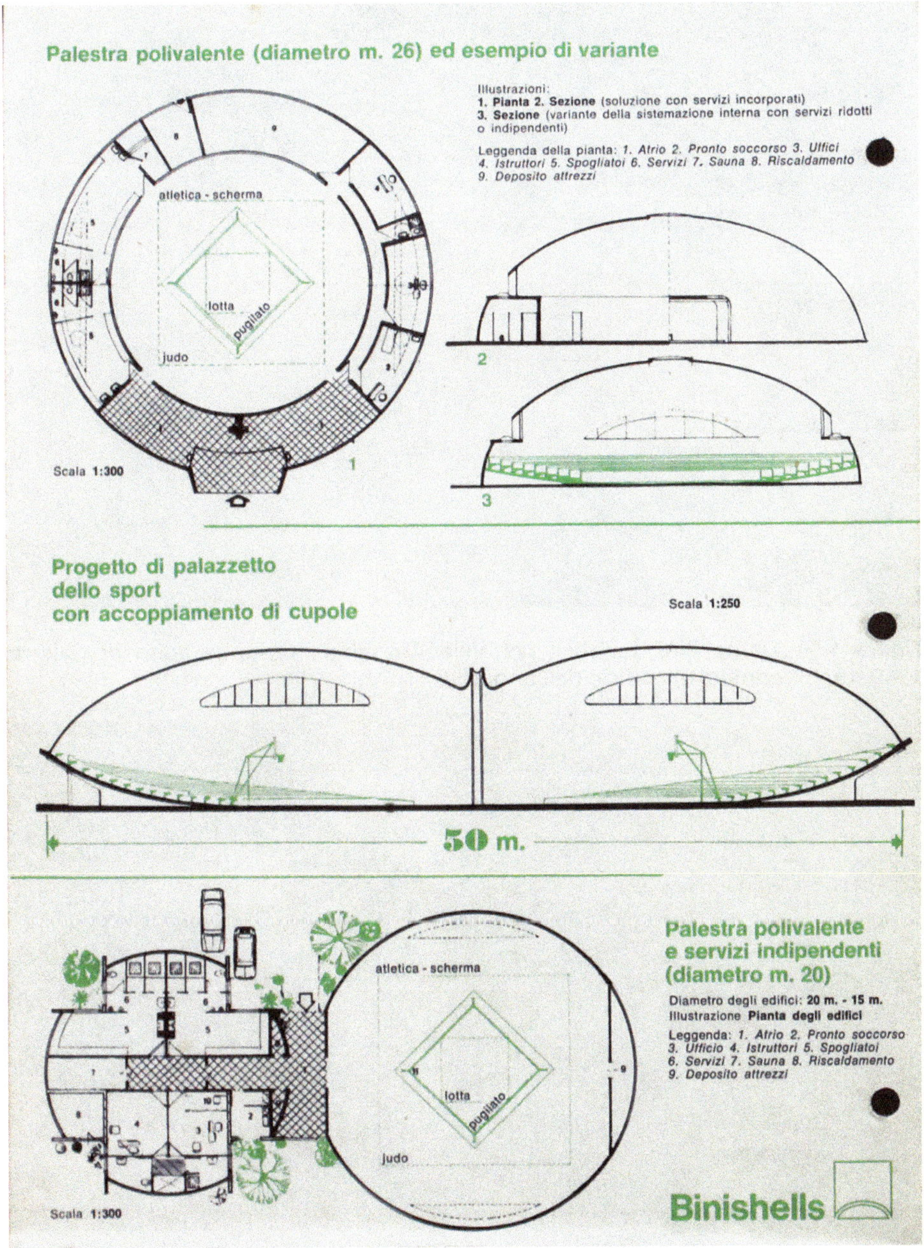

Figura 1.29 *Binishells S.p.A.*, progetti per impianti sportivi, febbraio 1970. Disegni da un catalogo *Binishells S.p.A.* (DB)

Figura 1.30 Dante Bini, Binishell per Villa Antonioni, Costa Paradiso di Gallura, 1969–1971. Veduta dell'edificio dall'alto (DL)

Figura 1.31 Dante Bini, Binishell per Villa Antonioni, Costa Paradiso di Gallura, 1969–1971. Veduta dalla terrazza dell'edificio verso il mare (AF)

esigenze derivate dalla distribuzione interna e dalle vedute che si vengono a creare dall'interno verso l'esterno, ricorrendo con disinvoltura alle forme e alle dimensioni più diverse. L'irregolarità delle aperture contrasta con la regolarità del profilo della cupola, donando così all'edificio quel grado di organicità che bene lo inserisce nel contesto paesaggistico della Gallura.

È importante sottolineare come l'esportazione nel mondo del sistema Binishell abbia dimostrato che il perfezionamento dell'invenzione tecnica utilizzata per costruire le cupole in calcestruzzo armato non abbia inciso sulla cultura e sulla pratica progettuale nella definizione degli aspetti compositivi e formali. Si può quindi affermare che le strategie adottate per creare aperture nelle Binishell e definire l'espressività complessiva di queste strutture non siano state influenzate in modo significativo dalle specifiche condizioni costruttive locali.

Abbandonato definitivamente l'approccio progettuale basato sulla tripartizione dell'edificio o sulla ripetizione ritmata delle aperture, i vari progetti sviluppati nel mondo e, in particolare in Australia, hanno amplificato sia il concetto della *façade libre* sia quello del *plan libre*, espandendo in tal modo i fondamenti teorici del progetto di architettura nell'ambito di edifici concepiti a partire da gusci in calcestruzzo armato.

Dante Bini, come altri progettisti quali Nordio, Jeleff, Godwin e Faber, utilizza le Binishell per la costruzione di edifici a pianta circolare, senza però riuscire a superare il concetto di riparo primitivo risolto con un singolo guscio. Nell'ultimo decennio, invece, Nicolò Bini ha fatto evolvere l'invenzione tecnica del padre, impiegandola per creare spazi architettonici complessi, ottenuti dall'assemblaggio e dall'intersezione di sequenze di gusci in calcestruzzo realizzati con una sola cassaforma pneumatica dalla geometria complessa e con un unico getto continuo (Fig. 1.32). Il terreno di sperimentazione di Nicolò Bini rimane principalmente l'architettura domestica. Gli edifici che ha progettato e realizzato negli Stati Uniti dimostrano come la sua cultura progettuale si distacchi nettamente da quella del padre, pur essendone indiscutibilmente derivata. Il suo approccio spaziale sembra concettualmente riflettere la soluzione planimetrica proposta da Nordio per una delle architetture presentate in uno dei cataloghi promozionali del 1969 della società *Binishells S.p.A.*, discussa nel Capitolo 5: un grande ristorante di 880 metri quadrati di superficie, realizzato dall'aggregazione di sei gusci cementizi, ciascuno con un diametro di 15 metri.

Per Dante Bini l'invenzione delle Binishell rappresenta la pragmatica soluzione per la copertura di uno spazio, concettualmente molto semplice, che viene complessificato a posteriori grazie ai tagli operati nel guscio: questo vale sia per gli edifici realizzati mediante una sola cupola, sia nel caso di quelli esito dell'intersezione di più strutture. Nicolò Bini, al contrario, rielabora l'invenzione tecnica del padre per offrire una risposta costruttiva a una precisa idea

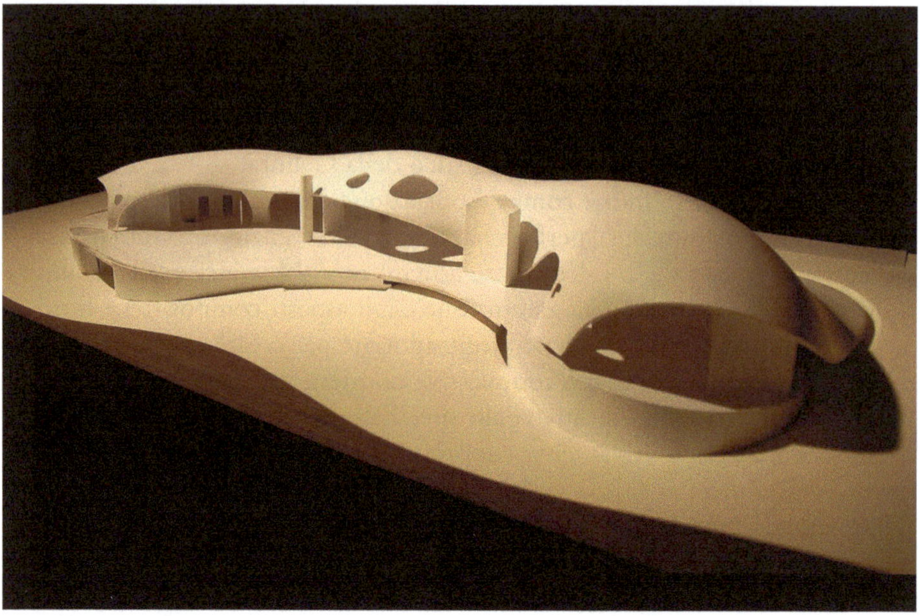

Figura 1.32 Nicolò Bini, Villa per Robert Downey Jr., Malibù, California, 2012–2017. Modello di una delle prime proposte progettuali (NB)

di spazio, che sin dai primi impulsi creativi del progettista si presenta come altamente complesso e capace di esprimere la sua qualità attraverso le emozioni sensoriali che suscita. Si tratta di un'evoluzione compositiva e formale che trasforma i paradigmi stessi dell'invenzione tecnica, oltre a cambiare il tipo di committenza a cui si rivolge. Come illustrato nel Capitolo 6, le architetture domestiche di Nicolò Bini non sono il risultato dell'assemblaggio di Binishell di diametri diversi, ma sono realizzate con un unico getto, che richiede l'uso di una cassaforma pneumatica appositamente progettata e, di conseguenza, difficilmente riutilizzabile. In questa ricerca tipologica, distributiva e, non ultima, formale, v'è quindi una consapevole rinuncia alla standardizzazione del processo costruttivo, un fattore che invece aveva contribuito al successo mondiale dell'invenzione del padre.

Il desiderio formale di Nicolò Bini supera la consolidata razionalità costruttiva promossa ed attuata da Dante, pur partendo dai brevetti originari delle Binishell per sviluppare una soluzione tecnica capace di rispettare le attuali normative edilizie e di offrire una risposta tettonica a un impulso creativo volto alla ricerca della qualità spaziale e della peculiarità compositiva. Grazie a una visione spaziale capace di andare oltre il vincolo di architetture composte da sequenze di cupole di identico diametro, Nicolò Bini riesce a rimettere in discussione il concetto stesso di architettura a cupola, trasformando i suoi edifici in strutture ameboidi a guscio sottile. Questo è il risultato di un ragionamento progettuale che supera i limiti della tradizionale ricerca della forma architettonica basata sull'uso di gusci ottenuti con casseforme pneumatiche duplicate in serie, intersecate o disposte in sequenza.

Nicolò Bini afferma infatti che "detta forma spaziale è automaticamente creata dalle forze di pressione contenute nella pneumoforma, dal disegno del cordolo perimetrale delle fondazioni e dal carico del materiale della struttura. Non è più inventata dal 'capriccio' del progettista: infatti è naturalmente dimensionata, scolpita e prodotta con proporzioni assolutamente naturali da un istantaneo processo autoformante. In tal modo, lasciando completa libertà alle forze della sola aria in pressione, si creano spontaneamente forme tridimensionali e spaziali che risultano essere espressive, sinuose, infinite, nelle loro varietà ed estremamente efficienti nella loro struttura autoportante; il tutto ottenibile con un irrisorio dispendio di energia applicata solo per poche ore" (2009b: 134–136).

2

Un nuovo riparo archetipico nell'arte strutturale

2.1 La cupola

Un'analisi critica dei formalismi adottati da Dante Bini nelle sue architetture evidenzia la dicotomia terminologica e semantica tra *dome* (cupola strutturale) e *cupola* (intesa in senso architettonico), una distinzione non sempre traducibile in modo univoco in italiano, ma rilevante per comprendere la sua ricerca formale. Questa riflessione si colloca all'interno di un approccio allo studio della forma architettonica che trova la sua espressione teorica più appropriata in quella che Ada Louise Huxtable definisce, nel 1960, come *arte strutturale* (Huxtable 1960: 12 e 15): un concetto in seguito ampliato da David P. Billington nel suo libro del 1983 *The tower and the bridge. The new art of structural engineering*. "Il mio obiettivo principale – scrive Billington – è definire questa nuova forma d'arte e dimostrare che, dalla fine del diciottesimo secolo, alcuni ingegneri hanno consapevolmente praticato quest'arte, che è parallela e completamente indipendente dall'architettura, e che numerosi artisti dell'ingegneria hanno creato tali opere nel mondo contemporaneo della fine del ventesimo secolo" (Billington 1983: 4). L'invenzione della Binishell e la sua diffusione su larga scala, applicata a edifici di forme, funzioni ed espressioni compositive molto diverse, permettono oggi di riprendere e attualizzare la categorizzazione proposta da Huxtable e Billington, collegandola in modo diretto all'architettura in senso pieno; al tempo stesso, la Binishell offre una risposta all'ampiamente dibattuta questione su quali espressioni del costruire possono essere considerate autentica espressione del connubio tra l'architettura e l'ingegneria concepite a cavallo tra il XX e XI secolo. Ed è proprio grazie all'intendere l'architettura quale arte del costruire che diventa immediato con-

A. Pugnale, A. Bologna, *Oltre la cupola*, https://doi.org/10.1007/978-3-032-19785-6_2

nettere il manierismo di Bini ad un'espressione della struttura che non è solo il riflesso di una cultura tecnica del progetto ma che è, allo stesso tempo, una soggettiva manifestazione artistica.

Interpretare la dicotomia tra i termini inglesi *dome* e *cupola*, nel contesto dell'*arte strutturale*, significa entrare in un ambito disciplinare della teoria contemporanea della progettazione architettonica che indaga il rapporto tra forma e struttura, integrando i suoi principi fondativi con quelli della statica e della meccanica delle costruzioni.

Nel mettere in relazione la Binishell con gli studi sull'*arte strutturale*, occorre ricordare che quest'ultima richiede un lessico capace non solo di accogliere i significati legati agli aspetti statici, geometrici o strutturali, ma anche di considerarne i risvolti formali e gli effetti sensoriali prodotti dalla qualità spaziale generata dal profilo – e talvolta persino dalla finitura superficiale – della struttura. Il tutto, rapportato alle istanze costruttive e, in particolare, al concetto di tettonica, da intendersi secondo la sua accezione più prettamente semperiana di arte dell'assemblaggio. Lo stesso Billington, nel riferirsi all'*arte strutturale*, afferma che "è un movimento in attesa di vocabolario" (1983: 4). Non solo: occorre tenere presente che la costruzione, se non viene confinata prettamente nella tecnica, diventa pure un penetrante strumento d'analisi dell'opera realizzata. Quest'ultimo fattore non è secondario quando si ha l'ambizione d'imbastire un impianto teorico e metodologico finalizzato all'analisi critica condotta in chiave compositiva dell'architettura Binishell.

Per questo motivo, nel riflettere sulla dicotomia terminologica e semantica tra *dome* e *cupola*, al fine di giungere a un uso consapevole del lessico più strettamente legato all'architettura Binishell, è necessario considerare che l'invenzione di Bini rappresenta tuttora l'unico metodo al mondo concepito per progettare – o, più precisamente, 'trovare' – una forma strutturale e, al tempo stesso, realizzarla. Il sistema Binishell, infatti, è in grado di creare la perfetta sintesi tra l'ambito della progettazione e dell'espressione della forma strutturale – o della ricerca formale – e la costruzione razionale e tettonica di gusci in calcestruzzo armato sottile.

Secondo la definizione canonica data da Aurelio Muttoni nel suo volume seminale *L'arte delle strutture. Introduzione al funzionamento delle strutture in architettura*, una cupola strutturale (*dome*) è definita come una "struttura tridimensionale a forma arcuata con doppia curvatura, generata dalla rotazione di un arco attorno ad un asse verticale passante per la chiave" (2006: 231); inoltre, egli specifica che "dal punto di vista strutturale, la definizione di cupola dovrebbe essere riservata alle coperture a pianta circolare o ellittica" (2006: 100). Bjørn Normann Sandaker, Arne Petter Eggen e Mark Cruvellier propongono una spiegazione simile nel loro manuale *The Structural Basis of Architecture*, in cui scrivono che "una cupola può essere pensata come una forma spaziale creata da un arco che viene ruotato attorno a un asse verticale centrale" (2011: 350). Entrambe queste definizioni si applicano in modo puntuale alla forma strutturale delle Binishell, caratterizzate dai loro profili circolari o ellittici. Tuttavia, queste definizioni escludono dalla categoria delle cupole altri esperimenti e brevetti sviluppati da Bini, comprese le Minishell, che vengono analizzate più avanti, nel Capitolo 3. Quando si utilizza il termine guscio strutturale (*shell*, in inglese), Muttoni si riferisce a "una struttura spaziale sollecitata essenzialmente a compressione, il cui spessore è limitato rispetto alle altre dimensioni"; quindi "in altre parole, abbiamo una struttura analoga alle membrane, ma sollecitata a compressione" (2006: 108). Oltretutto, specifica che "i gusci assumono la forma di una cupola quando le due curvature principali sono rivolte verso il basso. Dal punto di vista del funzionamento, ciò significa che su una superficie di questo tipo possono formarsi due diversi sistemi di archi in grado di assorbire ognuno una parte del carico" (2006: 109).

Il ragionamento di Muttoni si ritrova, oltretutto, perfettamente in linea con quello sviluppato trent'anni prima da Mario Salvadori in un altro volume parimenti fondativo al quale certamente quello di Muttoni s'ispira, ovvero *Perché gli edifici stanno in piedi*: per Salvadori "la cupola [nell'originale inglese *dome*, N.d.A.] assomiglia a una serie di archi identici tutti impostati attorno a una base circolare, che convergono nel punto più alto, dove condividono la stessa chiave di volta" (Salvadori 1995: 258). Per spiegare il comportamento strutturale della cupola nel modo più chiaro possibile ai suoi lettori, scrive: "ignorando le piccole differenze formali che la cupola ha presentato lungo gli anni, immaginiamola per ora come una perfetta semisfera, di ridotto spessore rispetto alla sua luce" (Salvadori 1995: 258). La definizione di cupola strutturale proposta da Salvadori è più ristretta rispetto a quella di Muttoni e impedirebbe che molte Binishell, caratterizzate da un profilo ellittico, vengano considerate cupole nel senso strutturale più tradizionale. Infatti, la spiegazione di Salvadori escluderebbe la maggior parte di esse, con l'eccezione dei primi prototipi costruiti all'interno della "fungaia". Tuttavia, la principale preoccupazione di Salvadori non appare di natura terminologica, bensì legata alla costruzione di una propria storia dell'architettura, che interpreta criticamente attraverso l'evoluzione di sistemi e configurazioni strutturali, nonché delle opere di progettisti più o meno noti. Per questo motivo, decide di includere il sistema Binishell nel suo libro.

In *Perché gli edifici stanno in piedi*, fin dalle prime pagine emerge come l'attenzione della narrazione sia rivolta principalmente all'architettura piuttosto che alla progettazione strutturale. Salvadori descrive l'architettura come "un'arte giovane che ha visto la luce solo 10.000 anni fa, quando l'uomo, dopo aver scoperto l'agricoltura e l'allevamento, ha smesso di vagare alla ricerca di cibo" (1995: 1). Partendo da questa premessa, Salvadori si concentra sui principi fisici, meccanici e strutturali impiegati nei secoli per realizzare ripari (tetti) e attraversamenti (ponti). La narrativa, sebbene non sempre cronologica, funge da guida passo-passo alle tipologie costruttive, ai principi fisici, ai concetti come i 'carichi' e alla nozione di 'resistenza per forma'. Le strutture resistenti per forma costituiscono quindi il tema di uno dei capitoli più significativi del libro, dato che questo principio ha affascinato Salvadori per tutta la vita. Nel capitolo dedicato alle abitazioni, rivela il suo vivo interesse per gli edifici con piante circolari sormontati da cupole: dai nuraghi sardi con cupole a mensole (o a falsa volta), ai trulli di pietra in Puglia (Todisco et al. 2017), alle coperture in legno che caratterizzano le tradizioni costruttive nelle giungle amazzoniche del Sud America, agli igloo eschimesi costruiti con blocchi di ghiaccio e, infine, facendo un grande salto in avanti nel tempo, ai sistemi prefabbricati in calcestruzzo armato utilizzati da Nervi nei primi anni Quaranta per costruire i suoi famosi hangar militari. Sviluppando un'analisi basata sul tipo strutturale, Salvadori riesce a mettere a confronto, ad esempio, i gusci sottili in calcestruzzo armato di Félix Candela con i sistemi strutturali delle cattedrali gotiche o con la natura fisica di altre celebri cupole. Non a caso, è proprio nel descrivere gli effetti spaziali di strutture come il Pantheon, Hagia Sophia, Santa Maria del Fiore, San Pietro, la Moschea di Ahmet, San Paolo, così come il Reliant Astrodome, il Louisiana Superdome e il Pontiac Silverdome Stadium, che la scrittura di Salvadori raggiunge il suo più alto livello di lirismo: "queste strutture in pietra, in mattoni, in cemento o in acciaio sono esempi straordinari della geometria dello spazio. Nessun traguardo costruttivo ha suscitato come questa forma, la più perfetta, la medesima attrazione nell'uomo", scrive Salvadori interrogandosi poi sulle ragioni di cotanto successo di questa forma strutturale nel corso della storia dell'architettura. "Forse per la sua purezza platonica? O per la netta distinzione tra lo spazio esterno, poco definito, e quello interno, assolutamente definito? O per i sentimenti pii, gioiosi e fraterni che solleva nell'animo di chi partecipa ai riti che vi si celebrano? O è per il senso di uguaglianza che si crea tra le masse sotto di essa raccolte? Forse la cupola è quanto di più vicino esista al paradiso, l'unica rappresentazione che l'uomo ha fatto del cielo, ed è forse questo il motivo per cui la cupola sembra proteggerci come il cielo di una notte serena, abbracciandoci in tutta la nostra piccolezza e solitudine" (Salvadori 1995: 256–257). Secondo Salvadori, "la cupola [nell'originale inglese *dome*, N.d.A.] perfetta non ha scala, e manca di riferimenti", ed è proprio questa caratteristica particolare che genera qualità spaziale: "quando è piccola ci può sembrare immensa e quando è grande ci contiene come fosse una piccola stanza" (1995: 257). Nonostante queste premesse, Salvadori concentra le sue spiegazioni sulla "cupola come struttura", confermando così il valore strutturale e costruttivo del guscio (*dome*), termine che non dovrebbe mai essere confuso con la *cupola* intesa invece nel suo significato prettamente architettonico.

È importante sottolineare che Salvadori, in *Perché gli edifici stanno in piedi* – che può essere vista come una sua personale storia della forma strutturale applicata all'architettura – propone una narrazione che collega forme strutturali di base e principi di resistenza per forma. Questo percorso culmina in un'analisi approfondita delle cupole strutturali (*dome*), con un intero capitolo dedicato alle strutture forma-resistenti, seguito da altri due capitoli sulle cupole e da un caso di studio su Hagia Sophia. Dopo quattro capitoli dedicati a carichi, materiali e strutture storiche, come le piramidi, il libro di Salvadori introduce le strutture a telaio, costituite da travi e pilastri. È interessante notare che, per Salvadori, una lastra piatta può facilmente trasformarsi in una struttura resistente per forma aumentando la sua resistenza attraverso semplici operazioni, come l'aggiunta di nervature o un cambiamento della sua sagoma. Quando opportunamente curvata, in linea con una delle tre categorie definite all'inizio del diciannovesimo secolo da Karl Friedrich Gauss, cioè "la forma a cupola", "la forma cilindrica" e "la forma a sella", una soletta piana può aumentare drasticamente la sua resistenza attraverso variazioni geometriche di base. Con in mente questa "fluida" transizione tra tipologie strutturali, Salvadori descrive e analizza varie strutture a guscio, come quella del Cosmic Rays Laboratory di Candela a Città del Messico. Nel volume viene dedicato ampio spazio, non necessariamente seguendo un ordine cronologico, alle strutture di copertura a paraboloide iperbolico in calcestruzzo armato, comprese quelle impiegate da Pier Luigi Nervi per la Cattedrale di Santa Maria Assunta a San Francisco e agli elementi strutturali a ombrello dell'Aeroporto Internazionale di Newark. Salvadori approfondisce inoltre le volte sottili in muratura, tipiche della tradizione costruttiva catalana e impiegate, ad esempio, da Antoni Gaudí nel 1909 per la copertura della scuola della Sagrada Familia a Barcellona. Tali volte sono illustrate seguendo la procedura brevettata negli Stati Uniti nel 1885 da Rafael Gustavino.

Nelle sezioni dedicate ad acclamati progettisti come Candela e Nervi, Salvadori, curiosamente, accenna a un metodo per realizzare gusci sottili in calcestruzzo armato utilizzando una cassaforma pneumatica. Si tratta di una tecnica che, come viene spiegato, è stata introdotta per ridurre i costi di costruzione rispetto all'utilizzo delle tradizionali casseforme in legno: "Le forme pneumatiche furono utilizzate per la prima volta negli anni Quaranta da Wallace Neff, che le spruzzò di cemento con una pistola per verniciatura" (Salvadori 1995: 229). Questo sistema viene successivamente migliorato da un architetto ita-

Figura 2.1 Dante Bini e Mario Salvadori fotografati a Villa Bagnaia, Arezzo, nell'estate del 1996 (DB)

liano la cui fama, nel 1980 (l'anno di pubblicazione della prima edizione in lingua inglese di *Perché gli edifici stanno in piedi*), non aveva ancora di certo raggiunto quella degli altri progettisti precedentemente menzionati: Dante Bini (Fig. 2.1). Salvadori scrive che "Dante Bini dispone le armature e cola il cemento su palloni di plastica non gonfiati, e quindi li solleva con aria compressa. Il procedimento di Bini, in particolare, ha avuto successo in quasi tutto il mondo nella costruzione di cupole di grande diametro (fino a oltre 90 metri) per scuole, palestre e saloni" (Salvadori 1995: 229–230); ma dato che "i palloni sono naturalmente efficienti quando sono rotondi", ne sottolinea uno dei limiti più evidenti, concludendo che "tale procedimento non si adatta bene ad altre forme a guscio sottile" (Salvadori 1995: 230).

Salvadori descrive le strutture a guscio sottile in maniera piuttosto riduttiva, trattandole principalmente come un semplice espediente tecnico per coprire determinati spazi. La sua analisi non prende in considerazione né le motivazioni estetiche che possono aver spinto alcuni progettisti a preferire una soluzione piuttosto che un'altra, né gli effetti spaziali che tali strutture sono in grado di generare. Questo fatto evidenzia come, ancora oggi, nel riflettere criticamente sull'evoluzione del rapporto tra sistemi costruttivi e risultati formali nelle strutture a guscio sottile, sia necessario considerare che questa particolare espressione dell'*arte strutturale* ha indiscutibilmente tracciato una storia alternativa dell'architettura moderna. Essa si è sviluppata parallelamente all'applicazione del sistema trilitico a ossatura *Dom-Ino* di matrice lecorbusiana, un fenomeno ancora poco studiato perché strettamente legato a quella teoria della progettazione contemporanea che indaga gli impulsi creativi e la risposta costruttiva nel connubio tra forma architettonica e struttura. In questo contesto, l'insieme di progetti ed edifici che autori come Huxtable e Billington hanno classificato nel quadro dell'*arte strutturale* può offrire l'ispirazione per raggiungere una sintesi espressiva in grado di fondere i principi della razionalità costruttiva, l'automazione in cantiere e i sistemi strutturali resistenti per forma. Lo sviluppo del brevetto Binishell esemplifica le culture del progetto moderno e contemporaneo connesse all'*arte strutturale* e stimola considerazioni di carattere compositivo ed estetico a partire da fattori prettamente tecnici. Non è quindi un caso che lo stesso Bini si riferisca a molte delle sue Binishell come *cupole*, anche in lingua inglese, ricorrendo a un termine derivato dal latino *cupŭla* – che è un diminutivo di *cupa*, cioè, "botte", "coppa" o "tazza" – riportandoci immediatamente a una tradizione prettamente italiana che vede la concezione e la costruzione dell'architettura come un processo che fonde l'efficienza strutturale con l'impiego tettonico dei materiali e il raggiungimento di una specifica qualità spaziale degli ambienti interni.

2.2 Il sistema Binishell come strumento progettuale

Come emerge dall'analisi della forma strutturale condotta da Salvadori in *Perché gli edifici stanno in piedi*, il lavoro di Bini è stato, sotto diversi aspetti, rivoluzionario, pur rimanendo figlio della cultura progettuale del suo tempo, caratterizzato dall'incredibile successo mediatico a livello globale delle cupole in calcestruzzo armato e, più in generale, delle strutture resistenti per forma (Pugnale e Bologna 2015).

Diversi progettisti, considerati tra i protagonisti della cosiddetta *arte strutturale*, vengono periodicamente celebrati negli anni Sessanta. Ad esempio, nel 1962 l'Università di Harvard conferisce la *Charles Eliot Norton Professorship of Poetry* a Félix Candela, Richard Buckminster Fuller e Pier Luigi Nervi: ormai sono loro i 'poeti' capaci di trarre un nuovo linguaggio architettonico dai principi matematici più canonici e dalle intuizioni strutturali (Bologna 2013: 31–43). Altro esempio è rappresentato dalla mostra *Twentieth Century Engineering*, organizzata dal Museum of Modern Art di New York (MoMA) nel 1964, esattamente l'anno in cui Bini realizza la sua prima cupola Binishell a Crespellano. Le opere di numerosi ingegneri strutturisti vengono valorizzate da un evento internazionale di tale portata, esposte come autentiche opere d'arte. Sili, serbatoi, torri di raffreddamento ed edifici industriali di vario genere, caratterizzati da strutture portanti di forte impatto iconico, vengono così presentati al grande pubblico come i nuovi monumenti della contemporaneità. Le cupole in calcestruzzo più rimarchevoli presentate in quell'occasione sono la Lowry Air Force Base a Denver, Colorado (Fig. 2.2), l'impianto di trattamento delle acque reflue a Hibbing, in Minnesota (Fig. 2.3) e il Palazzetto dello Sport di Nervi a Roma. Il curatore della mostra, Arthur Drexler, considera le cupole costruite tramite casseforme pressurizzate come un insieme di sperimentazioni a sé stante, includendone due esempi: un'idea progettuale del 1960 di Frei Otto per una complessa struttura pneumatica a Chicago e l'edificio espositivo progettato dall'architetto Victor A. Lundy per la Atomic Energy Commission (Fig. 2.4). È importante sottolineare come Drexler, in questa circostanza, non prenda in considerazione alcun esempio di architettura residenziale sviluppata attraverso cupole in calcestruzzo armato, nonostante il grande successo che le case di Wallace Neff avevano già avuto a quel tempo: un segno sorprendente di come, in quel periodo, l'architettura domestica fosse culturalmente considerata un ambito di progettazione a sé stante, ancora concettualmente distante dalle sperimentazioni costruttive e formali condotte dagli ingegneri.

Il 1964 è anche l'anno in cui vengono pubblicati gli atti della *World Conference on Shell Structures*, organizzata a San Francisco nell'ottobre 1962: il volume presenta le relazioni preparate dai più influenti architetti e ingegneri dell'epoca, impegnati nello sviluppo e nella costruzione di strutture a guscio in calcestruzzo armato. Troviamo quindi i contributi di Félix Candela, Anton Tedesko e Nicolas Esquillan, così come quelli di altri progettisti che stavano sviluppando strutture con altri materiali e tipologie costruttive, vale a dire Ildefonso Sánchez del Río, Eladio Dieste e Frei Otto. Lo stesso Salvadori, che partecipa al congresso (*Proceedings* 1964: 688), rimane colpito nel constatare come l'invenzione di Bini rappresentasse la sintesi perfetta di tre innovazioni tecniche fino ad allora sviluppatesi in maniera completamente indipendente. Innanzitutto, la tecnica costruttiva impiegata per il getto in opera di gusci in calcestruzzo armato; l'impiego di membrane pneumatiche per strutture ad aria; infine, la tecnologia adoperata per la realizzazione dell'armatura autoformante in acciaio (Bini 2009a: 35–38). Come sottolineato nel Capitolo 1, l'impiego di casseforme pneumatiche per costruire gusci in calcestruzzo armato deriva da un'intuizione del 1927 di Norman W. Mohr, successivamente sviluppata con successo tanto da Wallace Neff durante gli anni Trenta e Quaranta, quanto da Eliot Noyes con le sue note case costruite durante gli anni Cinquanta (Pugnale e Bologna 2014). Tuttavia, l'idea rivoluzionaria di assemblare l'armatura in acciaio a terra, e successivamente sollevarla per farle assumere la configurazione desiderata, è legata ad un altro sistema costruttivo

Figura 2.2 Daniel-Mann-Johnson-Mendenhall Associates, Rust Engineering Company e Leo A. Daly, Lowry Air Force Base, Denver, Colorado, 1961 (MoMA)

Figura 2.3 J. C. Taylor e Anton Tedesko, impianto di trattamento delle acque reflue, Hibbing, Minnesota, 1939 (MoMA)

Figura 2.4 Victor A. Lundy, edificio espositivo gonfiabile per la Atomic Energy Commission, 1960 (MoMA)

sperimentale inventato da James H. Marsh, presentato proprio al congresso tenutosi a San Francisco col nome di procedura "Lift-Shape" (Marsh 1964). Marsh sottolinea che tale metodo non viene "presentato come un nuovo modo di progettare cupole, ma piuttosto come un pragmatico metodo costruttivo che garantisce maggiore rapidità, sicurezza ed economia rispetto ad altri, con un ricorso minimo a componenti prefabbricate" (1964: 447). L'armatura in acciaio delle cupole di Marsh è formata da una griglia di barre a cui viene collegata una rete. Questo scheletro metallico viene poi sollevato da una gru e temporaneamente sostenuto nella posizione desiderata da pali di legno. Infine, il guscio sottile è ottenuto attraverso la spruzzatura del composto cementizio, con un risultato finale che ricorda molto le prime applicazioni del ferrocemento inventato da Nervi (Gargiani e Bologna 2016: 139–171): le forme che si possono ottenere attraverso questa tecnica risultano essere completamente libere e indipendenti dai limiti costruttivi invece imposti dalla necessità di gettare il calcestruzzo al di sopra di una cassaforma, sia essa in legno o pneumatica (Figg. 2.5, 2.6, 2.7, 2.8, 2.9 e 2.10).

All'epoca, Bini è ancora un giovane architetto e ingegnoso costruttore, ma già intravede il potenziale architettonico di un metodo costruttivo che rappresenta la sintesi delle analisi da lui condotte sulle opere di architetti come Adalberto Libera e Félix Candela, e di ingegneri come Isler, Nervi, Fuller e Otto. Bini dichiara di aver incontrato queste figure durante i suoi anni di formazione e, in tali occasioni, di aver discusso con loro dei sistemi costruttivi impiegati per realizzare le loro architetture più celebri. Bini rivela che "invece di copiare" tali tecniche costruttive già ben note, si mise "a criticare i loro metodi costruttivi con l'idea di migliorarli" attraverso l'applicazione delle sue nuove proposte: infatti, "pur attratto dalle cupole e dalle volte sottili in cemento armato, non potevo accettare che le casseforme lignee o metalliche, usate per ottenere queste espressioni di alta ingegneria architettonica e artistica, avessero costi di gran lunga superiori alla stessa struttura finale" (Bini 2009a: 26).

Di conseguenza, il merito di Bini non risiede solo nello sviluppo di una tecnica costruttiva che, come evidenziato anche da Salvadori, ha riscosso successo a livello mondiale, ma soprattutto nell'aver creato nuove "formule architettoniche", come le definisce lui stesso, destinate a ridefinire l'architettura contemporanea, anche nel campo residenziale (Bini 2009a: 26).

Durante il congresso del 1962 precedentemente menzionato, l'unico esempio presentato di architettura residenziale con copertura a guscio è la *Monsanto House of the Future* a Disneyland, in California (*Proceedings* 1964: 137–139), progettata dagli architetti Marvin Goody e Richard Hamilton e costruita nel 1957, ricorrendo ad un sistema multistrato di plastica rinforzata con fibra di vetro. In questo contesto, l'invenzione di Bini inaugura un ambito di ricerca completamente nuovo, che non mira a proporre nuovi tipi di abitazioni basati su tipologie già note di strutture resistenti per forma, ma punta invece alla diffusione su larga scala di elementi archetipi derivati dalla tecnica costruttiva da lui brevettata.

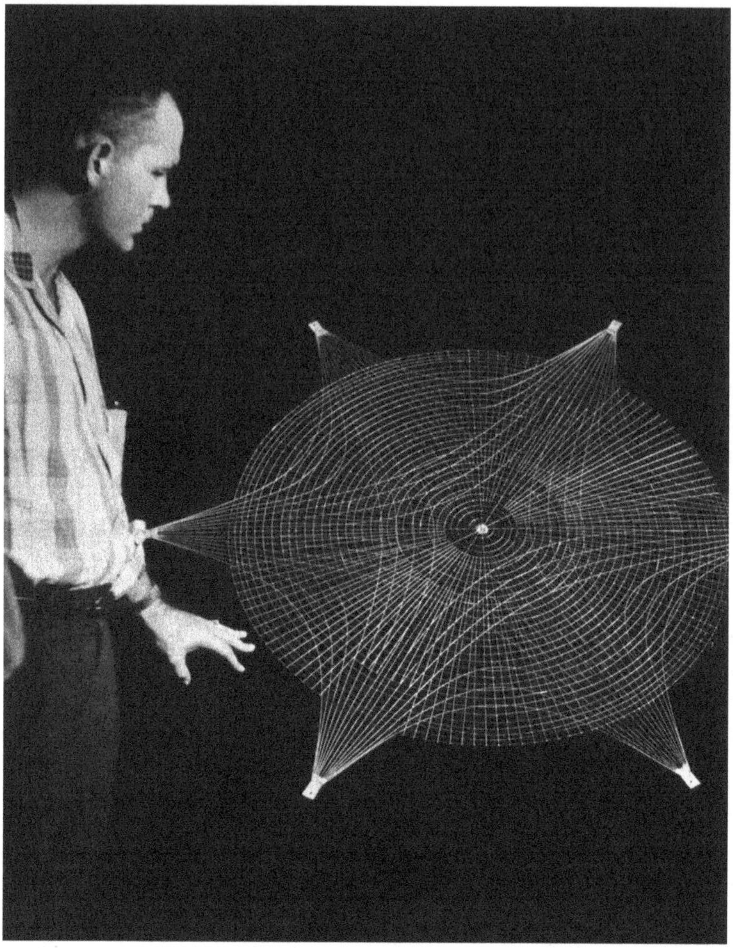

Figura 2.5 James H. Marsh, procedura "Lift-Shape", 1962. Modello di prototipo con campata da 50 piedi (Riprodotto da Marsh 1964: 448)

Le prime due cupole che Bini realizza a Crespellano e a Pegola, in Italia, dimostrano chiaramente come, in quanto architetto, egli fosse già pienamente consapevole del potenziale espressivo del suo metodo costruttivo, sin dalla fase iniziale di prototipazione delle sue strutture. La corretta comprensione del comportamento strutturale e della distribuzione delle forze nelle strutture a cupola, si traduce così in un insieme di azioni progettuali che gli permettono di trasformare progressivamente lo spazio chiuso di una Binishell appena eretta in un'opera di architettura. Nella maggior parte dei casi, le prime scelte progettuali di Bini sono caratterizzate da un gusto, potremmo dire, puramente decorativista, che poco ha a che fare con la ricerca formale propria della cultu-

Figura 2.6 James H. Marsh, prototipo "Lift-Shape" realizzato presso l'Agricultural and Mechanical College of Texas, College Station, Texas, 1962. Sollevamento e modellazione dell'armatura (Riprodotto da Marsh 1964: 449)

ra ingegneristica di quel periodo. Bini sviluppa rapidamente un suo distintivo approccio compositivo attraverso l'esplorazione delle modalità di perforazione delle sue strutture. Inizia con tagli alla base per poi passare, probabilmente per motivi connessi all'ottimizzazione dei costi, ad altre forme più semplici per ottenere porte, finestre e intersezioni tra gusci. In tal modo, l'architettura di Bini reinterpreta inconsciamente i concetti del *nuovo sensualismo* (o *sensualismo stereo-strutturale*), teorizzato da Thomas H. Creighton nel 1959 (Creighton 1959a, b). La "plasticità sensuale" delle cupole Binishell le fa talvolta apparire come nostalgici revival delle numerose sperimentazioni formali dei decenni precedenti, rimaste utopie a causa dell'assenza di applicazioni pratiche o commerciali.

La villa che Bini realizza nel 1969 per il regista Michelangelo Antonioni a Costa Paradiso di Gallura, in Sardegna, rappresenta così una perfetta sintesi tra le idee progettuali alla base della concezione della *bubble house* di Neff del 1941 a Falls Church, Virginia, del prototipo scultoreo della *Endless House* di Friederick J. Kiesler del 1950 (*The Architectural Forum* 1950), oltre che delle visionarie *spray structures* di John M. Johansen risalenti alla metà degli anni Cinquanta (*The Architectural Forum* 1959). Si pone, inoltre, come quella

Figura 2.7 James H. Marsh, prototipo "Lift-Shape" realizzato presso l'Agricultural and Mechanical College of Texas, College Station, Texas, 1962. Posizionamento di puntelli temporanei dopo il sollevamento dell'armatura in acciaio (Riprodotto da Marsh 1964: 449)

sintesi pragmatica che solo un architetto-costruttore, capace di inventare ed esportare sia caratteristiche espressive che metodi costruttivi efficaci a livello globale, avrebbe potuto realizzare. Infatti, si tratta di un sistema commerciale che, all'epoca, ha già dimostrato di avere successo in Italia e in Giappone e che sarebbe poi stato esportato in Australia negli anni Settanta.

2.3 Il riparo per eccellenza

In architettura, l'immagine più iconica associata al concetto di riparo è generalmente quella di una struttura trilitica, resa celebre soprattutto dal frontespizio disegnato da Charles-Dominique-Joseph Eisen per l'edizione francese del 1755 del *Saggio sull'architettura* di Marc-Antoine Laugier (Fig. 2.11)[1].

Durante il ventesimo secolo, il tema tipologico del riparo ha spinto varie generazioni di progettisti a reinterpretare e progressivamente aggiornare

[1] L'edizione originale in inglese del *Saggio sull'architettura*, intitolata *An Essay on Architecture*, è stata pubblicata dall'editore Osborne e Shipton a Londra nel 1755, con un frontespizio diverso da quella francese, elaborato da Samuel Wale.

Figura 2.8 James H. Marsh, prototipo "Lift-Shape" realizzato presso l'Agricultural and Mechanical College of Texas, College Station, Texas, 1962. Rivestimento in calcestruzzo steso sull'armatura in acciaio (Riprodotto da Marsh 1964: 451)

la struttura trilitica illustrata da Eisen. In questo contesto, la Binishell incarna appieno il concetto stesso di riparo, unendo il pragmatismo costruttivo dell'invenzione di Bini alla ricerca di un'espressività architettonica.

Nell'architettura di Bini, l'edificio a cupola singola, ovvero la Binishell, diventa la tipologia principale in grado di ospitare le funzioni più diverse – dagli uffici alle scuole e vari tipi di abitazioni – grazie alle caratteristiche di rapidità ed economia proprie del suo processo di costruzione. Tuttavia, vale la pena notare che la principale qualità di una Binishell è coprire una grande luce ricorrendo ad una quantità limitata di materiale. Questo principio prevale sulla ricerca della qualità dello spazio interno, che Bini sembra mettere da parte

Figura 2.9 James H. Marsh, prototipo "Lift-Shape" realizzato presso l'Agricultural and Mechanical College of Texas, College Station, Texas, 1962. Completamento del getto in calcestruzzo (Riprodotto da Marsh 1964: 451)

Figura 2.10 James H. Marsh, prototipo "Lift-Shape" realizzato presso l'Agricultural and Mechanical College of Texas, College Station, Texas, 1962. Il prototipo finito (Riprodotto da Marsh 1964: 449)

Figura 2.11 Charles-Dominique-Joseph Eisen, disegno per il frontespizio della prima edizione francese del *Saggio sull'architettura* di Marc-Antoine Laugier, *Essai sur l'architecture*, 1755

consapevolmente, ricorrendo per lo più a pareti divisorie economiche e del tutto convenzionali; solo nel caso di commissioni da parte di clienti più facoltosi modella invece gli interni cercando una relazione formale più esplicita con il profilo della cupola.

A parte i progetti di Bini, che nel corso degli anni hanno dimostrato il loro potenziale attraverso l'assemblaggio di diverse strutture a cupola per creare edifici dalle forme complesse e da una ricercata spazialità interna, come le Binishell della Narrabeen North Public School, i primi esperimenti condotti a Crespellano e i disegni contenuti nei brevetti, mostrano un altro aspetto. Essi rivelano che questa invenzione tecnica è stata concepita principalmente con lo scopo pragmatico di coprire uno spazio nel modo più veloce ed economico possibile. Le implicazioni compositive e spaziali derivate dall'applicazione dell'invenzione tecnica sembrano essere state esplorate da Bini solo in una fase successiva, ovvero una volta verificata la reale fattibilità di erigere, in un tempo molto breve, un riparo in calcestruzzo armato strutturalmente solido ed economicamente vantaggioso. Inconsapevolmente, Bini ha così rielaborato il tema, caro a Laugier, della *capanna primitiva*, superando il tradizionale sistema trilitico che, nei secoli, ha alimentato le speculazioni teoriche sviluppate intorno a diverse tipologie di ossature portanti: da Vitruvio a Laugier e Semper, fino ad Auguste Perret e Le Corbusier, con l'evoluzione del concetto di *abri souverain* nel sistema *Dom-Ino*. È partendo da questo pragmatismo volto a coprire rapidamente uno spazio che Bini trasforma l'ossatura di Laugier, basata sull'assemblaggio di tronchi d'albero, in una cupola monolitica in calcestruzzo armato.

Già nel 1875, Eugène Emmanuel Viollet-le-Duc illustra l'atto primordiale di coprire uno spazio con l'immagine di una capanna composta da rami disposti lungo il perimetro di un'ideale circonferenza alla base e uniti a un'estremità, poi sollevati per formare un riparo pseudo-conico (Fig. 2.12). Sarà proprio Bini a risolvere lo stesso problema funzionale in modo concettualmente analogo sul piano costruttivo, disponendo a terra una cassaforma gonfiabile ancorata a un anello di fondazione circolare e formando così un guscio strutturale in calcestruzzo armato mediante il semplice utilizzo dell'aria. Il calcestruzzo a facciavista della superficie interna di una Binishell appena eretta rende esplicita l'intenzione costruttiva di Bini: in molti suoi progetti si nota infatti, in rilievo, l'armatura in acciaio del guscio cementizio e la geometria delle aree concave tra le barre, permettendo così di comprendere come la tecnica di costruzione pneumatica utilizzata risponda, anche sul piano figurativo, al bisogno primordiale dell'uomo di creare un riparo. Le fotografie degli intradossi delle Binishell di Crespellano (Fig. 2.13) e della Binishell di Villa Antonioni (Fig. 2.14), così come gli scatti realizzati da Max Dupain durante la costruzione della Binishell dell'Ashbury Public School, in Australia (Fig. 2.15), illustrano questo principio e sono in grado di rivelare l'evoluzione tecnica del sistema di armatura utilizzato.

L'atto immaginativo di Bini è quindi del tutto paragonabile a quello di Viollet-le-Duc, così come a quello di Semper o Laugier: anche loro, infatti, prima di avviare il processo di costruzione o assemblaggio, definiscono con precisio-

Figura 2.12 Eugène Emmanuel Viollet-le-Duc, disegno di una capanna con base circolare composta da un insieme di rami, 1875 (riprodotto da Viollet-le-Duc 1875: 6)

ne la sagoma in pianta da coprire. Bini affronta questa sfida concentrandosi sulla concezione di una tecnica costruttiva, mentre l'atto tettonico risultante dall'applicazione del sistema Binishell è solo la conseguenza di un processo immaginativo – e non il contrario –, in linea con la celebre affermazione di Étienne-Louis Boullée: "bisogna prima concepire per poi poter realizzare" (2005: 5). La risposta pragmatica al problema di coprire una superficie per creare un riparo primordiale, capace di definire uno spazio architettonico, ha portato nel corso dei millenni a diverse soluzioni tipologiche, strutturali e formali, variando a seconda del tempo, del luogo e delle possibilità tecni-

Figura 2.13 Dante Bini, Binishell di Crespellano, azienda Unipack, luglio 1964. Veduta interna (DB)

che e tecnologiche a disposizione del progettista. Se, da tempo, la storiografia accademica, supportata da rigorose metodologie d'indagine, identifica l'ossatura trilitica come il sistema strutturale capace di dare origine e far evolvere il Movimento Moderno, esiste tuttavia un percorso parallelo nell'evoluzione dell'architettura legato ai sistemi a volta in muratura e alle strutture a guscio in calcestruzzo. Questo approccio alla generazione della forma non è solitamente considerato dagli storici dell'architettura, ma piuttosto dagli architetti e dagli ingegneri che applicano principi strutturali per guidare la progettazione delle loro strutture spaziali e a guscio. Come dimostra Salvadori in *Perché gli edifici stanno in piedi*, l'evoluzione delle tipologie strutturali resistenti per forma può essere vista più come il risultato di una serie di esperimenti tecnici pragmatici legati alla costruzione in muratura e calcestruzzo, piuttosto che come l'evoluzione di un quadro teorico sulla concezione dello spazio architettonico (Salvadori 1995: 256–298).

Figura 2.14 Dante Bini, Binishell di Villa Antonioni, Costa Paradiso di Gallura, 1969–1971. Armatura in acciaio in rilievo sull'intradosso in calcestruzzo (AF)

Figura 2.15 Dante Bini, Binishell della Ashbury Public School, New South Wales, 1977. Veduta interna della struttura in calcestruzzo a seguito della rimozione della cassaforma pneumatica (MD, DB)

Dunque, nel corso dei secoli, le fonti letterarie utilizzate per identificare i presupposti teorici sull'evoluzione del Movimento Moderno sono state principalmente legate alla tipologia strutturale dell'ossatura. Pur avendo dedicato numerose pagine ai sistemi a volta all'interno del suo celebre *Saggio sull'architettura*, Laugier è comunemente ricordato soprattutto per la sua dissertazione sulla capanna primitiva, che ha alimentato il dibattito critico sulle relazioni tra ossatura portante e tamponamento nell'architettura contemporanea (Oechslin 2002; Meninato 2018; Bologna 2019).

Mentre il telaio strutturale è stato discusso da Laugier da una prospettiva prettamente teorica, lasciando quindi spazio all'interpretazione dell'archetipo della capanna primitiva, egli vede i sistemi a volta come una soluzione pratica alla costruzione di solide strutture di copertura. Laugier scrive su questo argomento che "le vôlte che producono una spinta laterale, richiedono muri portanti più robusti. Il miglior sistema finora concepito consiste nei contrafforti o negli archi rampanti, che evitano lo spostamento dei muri. Essi vengono usati soprattutto nelle chiese, che in pratica sono i soli edifici le cui vôlte, sia per il carico che per l'altezza, siano soggette a spinte laterali molto importanti. Purtroppo i contrafforti, tecnicamente necessari, deturpano l'esterno delle nostre chiese" (2023: 102). Da questa affermazione risulta chiaro che Laugier non si preoccupa soltanto delle implicazioni strutturali, ma anche delle questioni architettoniche generate dal ricorso a sistemi voltati: "mi limito ad osservare che bisogna cercare di ridurre al massimo il peso delle vôlte e che, per questo, vi sono due modi: un preciso tracciamento ed un limitato spessore. Il primo è di fondamentale importanza per garantire la solidità delle vôlte e facilitarne il sostegno; coloro che ne posseggono la scienza, con poca spesa compiono autentici prodigi. Non solo, infatti, sanno eseguire vôlte talmente ribassate che sembrano solai piani, ma conoscono anche il segreto di sostenere enormi masse di pietrame che delle vôlte non hanno affatto l'aspetto" (2023: 102). Per sostenere il suo ragionamento, Laugier menziona, come esempio, la struttura della grande e monumentale scala all'Abbazia di Prémontré: "la cui arditezza, che lascia senza fiato, è dovuta unicamente alla perfetta conoscenza dell'arte di tracciare" (2023: 102).

Le riflessioni di Laugier, basate sull'osservazione delle volte in muratura, mirano chiaramente a comprendere il potenziale di un sistema costruttivo di diventare più sottile, liberando così la forma architettonica e strutturale dal peso della massa: "ritengo che si potrebbero fare vôlte ancora più sottili. Da poco tempo sappiamo che ne esistono di eccellenti, il cui spessore è appena quello di un mattone; questa tecnica, ormai vecchia in alcuni paesi sebbene nuova per noi, dimostra che, per essere solida, una vôlta non deve necessariamente essere spessa; approfittiamone, dunque, e sarà tanto di guadagnato per il carico da sostenere (2023: 103). Laugier anticipa così la cultura del progetto del ventesimo secolo in cui si muove Bini: il suo obiettivo è infatti individuare il metodo costruttivo più efficiente per coprire una grande luce e creare un riparo attraverso l'uso del calcestruzzo armato, capace di liberare definitivamente la concezione formale dai vincoli imposti dai vecchi sistemi strutturali in muratura: "Le coperture laminari curve, i gusci in cemento armato, sembrano esaltare due prerogative del materiale predisposte a liberare l'immaginazione: l'inconsistenza materica legata allo spessore piccolissimo, la riproducibilità in forme assolutamente libere", osserva Anna Maria Zorgno su questo tema (Zorgno 1992: 74).

È il concetto di definire in pianta la sagoma da coprire con un riparo – tracciandone il limite mediante una trave anulare di fondazione e disponendo sul piano del terreno una cassaforma pneumatica e l'armatura in acciaio – a collegare concettualmente le teorie di Laugier sull'origine mitica dell'architettura, nella forma del riparo, con l'invenzione di Bini. Sul piano tecnico, Bini risponde al bisogno umano di creare un riparo in modo coerente con il tempo e il luogo in cui il sistema Binishell è stato sviluppato. Poiché le implicazioni architettoniche dell'uso di questo sistema derivano direttamente dall'impiego di una struttura a guscio sottile e da una tecnica di sollevamento pneumatico, si può affermare che i progetti realizzati con il brevetto Binishell rispecchino i progressi tecnici auspicati da Laugier nel suo trattato, anche se quest'ultimo poteva solo immaginare, al tempo della scrittura, la progressiva riduzione di massa e spessore di una struttura in muratura.

Come l'ossatura immaginata da Laugier, la Binishell sembra essere stata concepita anche per rispondere alla necessità di realizzare abitazioni. Un catalogo promozionale della *Binishells S.p.A.* del maggio 1967 illustra in che modo la società fosse in grado di offrire "una tecnologia che consente di raggiungere la copertura di una piccola casa (150–200 m^2), di solidità e durata assolute, in due sole giornate, a costi irraggiungibili da qualsiasi altro sistema costruttivo". Come analizzato nel Capitolo 3, Bini e gli altri architetti che hanno impiegato il sistema Binishell hanno sviluppato, nel corso degli anni, numerose proposte progettuali per residenze unifamiliari e plurifamiliari di diverse dimensioni.

Nel campo dell'architettura residenziale, vale la pena menzionare due progetti resi possibili dal ricorso alla cupola Binishell, opposti tra loro per dimensioni e qualità espressiva: la villa che Bini progetta e realizza per Michelangelo Antonioni in Sardegna tra il 1969 e il 1971, e la Casa Cupoletta, pubblicizzata negli anni Settanta sulla rivista femminile *Grazia* come risposta economica al desiderio di una casa indipendente con giardino per la classe media (Olivieri 1975). Da un lato, Casa Cupoletta (Fig. 2.16) è un'abitazione convenzionale con interni semplici e funzionali, e dall'altro, la Villa Antonioni è una casa vacanze destinata a diventare un'icona dell'architettura del Novecento (Figg. 1.30, 1.31 e 2.17).

Figura 2.16 Luigi C. Olivieri, Casa Cupoletta, 1975. Veduta esterna (riprodotta da *Grazia* 1975: 26–27)

Entrambi i progetti evidenziano come la dimensione della cupola costituisca il principale vincolo entro cui l'architetto può indagare le qualità spaziali. Inoltre, mostrano che la definizione del numero e della configurazione delle aperture su una superficie a guscio rappresenta un aspetto determinante nella progettazione degli interni, soprattutto quando l'intervento è concepito in relazione a un sito specifico, come nel caso della Villa Antonioni. Tuttavia, esistono diverse differenze concettuali tra questi due edifici. Casa Cupoletta è stata concepita come un riparo modulare, senza né la necessità né l'ambizione d'inserirsi in un contesto preciso. Questa piccola abitazione a cupola è probabilmente pensata per adattarsi e sviluppare un proprio carattere distintivo in qualunque sobborgo, anche di per sé anonimo, in cui venga collocata. Per renderla attraente e quindi vendibile come progetto di abitazione a catalogo, Casa Cupoletta non viene pubblicizzata come una mera cupola: include

Figura 2.17 Dante Bini, Villa Antonioni, Costa Paradiso di Gallura, 1969–1971. L'edificio e il paesaggio circostante (RC)

una pergola in legno esterna e un grande camino, chiari simboli della funzione domestica dell'edificio. In un certo senso, si tratta di una reinterpretazione contemporanea di un focolare semperiano attorno al quale la famiglia può riunirsi, sia all'interno che all'esterno: infatti, in Casa Cupoletta il camino viene posizionato in modo da inglobare le canne fumarie del caminetto, situato all'interno del soggiorno, e di un barbecue esterno. Nella Villa Antonioni, "la forma geometrica pura della villa si staglia contro lo sfondo inquietante ma impressionante della scogliera di fronte al mare", osserva Lucio Fontana (2014: 150): un'idea di riparo primitivo in calcestruzzo che completa la natura arida del luogo in cui si ritrova immerso, grazie alla sua forma e alle sue qualità tettoniche. Ad esempio, apprendiamo proprio da Fontana che Bini decise di aumentare la quantità di granito locale per il confezionamento del calcestruzzo utilizzato per costruire Villa Antonioni. "L'edificio non si distingue per l'uso dei materiali. La superficie ruvida prende il suo colore dalle rocce: dall'alba al tramonto, si fonde con i colori della natura ed è semplicemente una 'cosa' in lontananza. Una 'cosa' che è veramente straordinaria", scrive Fontana a tal proposito (2014: 151).

2.4 Il monolitismo come punto di forza

Considerare l'invenzione di Bini come un archetipo di riparo primitivo è una riflessione che deriva dall'analisi del processo di costruzione rapido e pragmatico che il brevetto Binishell mette in campo. Come sottolineato all'inizio di questo capitolo, la Binishell rappresenta tuttora l'unica invenzione che applica su scala 1:1 una tecnica di ricerca di forma tramite una membrana pneumatica, combinando la definizione della forma strutturale con la costruzione di un guscio in calcestruzzo armato in un processo che non si sviluppa in fasi distinte e consecutive. L'intera fase costruttiva si articola in un numero limitato di operazioni eseguite direttamente in cantiere, che portano alla realizzazione di cupole monolitiche in calcestruzzo armato, prive della necessità di particolari finiture superficiali una volta erette. Il sistema Binishell è dunque una tecnica costruttiva che produce strutture monolitiche in calcestruzzo, originariamente prive di aperture: porte, finestre e lucernari vengono ricavati solo dopo la conclusione del processo, ritagliando parti del guscio strutturale in calcestruzzo e modellando tagli nelle forme e dimensioni desiderate.

In questo contesto, si può affermare che l'invenzione del sistema Binishell abbia reso Bini l'ultimo dei grandi costruttori italiani di cupole, erede diretto di Nervi, Michelangelo, Brunelleschi e dell'anonimo architetto del Pantheon di Roma. La natura monolitica della Binishell la avvicina infatti concettualmente al Pantheon, più che alle pur celebri cupole del Novecento, come quella del Palazzetto dello Sport a Roma (Pugnale e Bologna 2017). La tecnica costruttiva messa a punto da Bini è infatti quella che meglio si presta alla produzione seriale di cupole, persino più del celebre sistema prefabbricativo brevettato da Nervi nel 1950 (Nervi 1950; Howard 1966: 204–233). Com'è noto, specialmente dopo il successo del Palazzetto dello Sport di Roma, la tecnica di Nervi venne impiegata per realizzare coperture in tutto il mondo (Gargiani e Bologna 2016: 289–313). Nella descrizione elaborata da Muttoni, la copertura del Palazzetto dello Sport: "è costituita da un sottilissimo guscio in calcestruzzo armato [...] le nervature sull'intradosso non devono trarre in inganno: esse delimitano gli

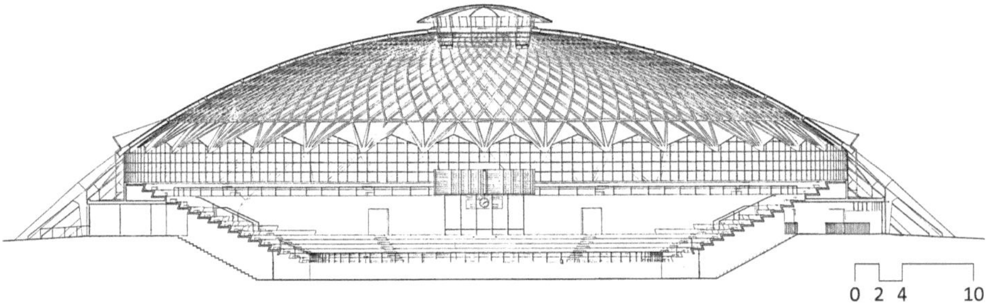

Figura 2.18 Pier Luigi Nervi e Annibale Vitellozzi, Palazzetto dello Sport, Roma, 1954–1957. Sezione (AP)

elementi prefabbricati e contribuiscono a stabilizzare la volta. Inoltre in questo caso la loro direzione non corrisponde con quella della compressione effettivamente presente nella cupola (archi meridiani e anelli paralleli). Sul bordo dell'apertura centrale è visibile l'anello che ha lo scopo di assorbire la spinta orizzontale degli archi interrotti. Sul suo perimetro la cupola è sostenuta da trentasei cavalletti a Y, disposti radialmente e inclinati secondo la tangente alla cupola. In questo modo essi trasmettono la spinta della cupola direttamente alle fondazioni" (2006: 101).

Il Palazzetto dello Sport sintetizza al meglio i principi progettuali e costruttivi adottati da Nervi nella realizzazione delle sue strutture: colonne sagomate a Y e gettate in opera sostengono una copertura composta da sottili elementi prefabbricati in ferrocemento, i cosiddetti *tavelloni*: questi vengono prodotti in serie a piè d'opera, utilizzando una serie di dime e matrici riutilizzabili, e poi assemblati ed uniti tra loro attraverso il getto in opera delle nervature di collegamento. L'insieme dei *tavelloni*, una volta posizionata, funge da cassaforma a perdere per il getto in opera di un guscio cementizio continuo di completamento. La forma a diamante dei *tavelloni* resta visibile all'intradosso, conferendo allo spazio le qualità spaziali e le caratteristiche ornamentali che hanno reso questo edificio celebre in tutto il mondo (Figg. 2.18 e 2.19).

Con il sistema di prefabbricazione a piè d'opera sviluppato da Nervi per il Palazzetto dello Sport, i costi di costruzione si ammortizzano solo con alti livelli di produzione; infatti, il rapporto costi-benefici diventa vantaggioso riutilizzando le matrici più volte per la realizzazione di coperture a grande luce. Nervi ottiene un'economia realizzativa simile anche nella costruzione di solai piani, inventando una tipologia sperimentata per la prima volta dalla sua impresa, la Nervi & Bartoli, tra il 1949 e il 1950, in occasione del cantiere per il magazzino di balle di tabacco presso la Manifattura Tabacchi di Bologna. Questo sistema costruttivo viene poi ulteriormente perfezionato per il solaio

Figura 2.19 Pier Luigi Nervi e Annibale Vitellozzi, Palazzetto dello Sport, Roma, 1954–1957. Veduta delle nervature all'intradosso della cupola (SP)

del Lanificio Gatti a Roma, destinato a diventare, negli anni, una vera icona dell'ingegneria italiana del periodo. Il principio resta lo stesso: il riutilizzo seriale di costose casseforme, composte da sottili elementi prefabbricati in ferrocemento, permette il getto in opera di solai perfettamente lisci e privi di imperfezioni una volta sformati (Bologna 2015).

Il sistema Binishell nasce in Italia proprio nel periodo in cui i sistemi costruttivi brevettati da Nervi raggiungono l'apice del loro successo, anche a livello internazionale (Bologna 2013). Dunque, sebbene sia naturale collocare l'invenzione di Bini nel contesto di questo periodo, culturalmente e tecnicamente così ricco, che ha portato allo sviluppo di nuovi sistemi di costruzione automatizzati, esiste un sostanziale divario tra il lavoro di Nervi e quello di Bini. Tale divario ha condotto i due progettisti-costruttori a risultati che, pur partendo da intenzioni simili, possono oggi essere considerati diametralmente opposti, sia sul piano formale sia su quello commerciale.

Per Nervi, la costruzione in calcestruzzo armato è sempre il risultato dell'assemblaggio di parti, e le sue strutture riflettono quasi sempre una cultura costruttiva riconducibile alla tradizione dell'edilizia in muratura. Infatti, nel corso della sua lunga carriera, Nervi non riesce mai a liberarsi dall'idea di una costruzione realizzata 'a pezzi': dai primi sistemi brevettati negli anni Venti, a quelli sviluppati per i serbatoi sotterranei e le coperture degli hangar negli anni Trenta, fino al progetto per l'arco dell'E42 a Roma e ai brevetti elaborati tra la fine degli anni Quaranta e l'inizio degli anni Cinquanta per la costruzione di strutture in tutto il mondo, fino alla soglia degli anni Ottanta. In effetti, per stessa ammissione di Nervi, esiste un unico esempio nella sua opera di un guscio realizzato in calcestruzzo armato gettato in opera propriamente detto: si tratta della cupola della chiesa di San Marcellino a Genova, costruita dalla sua impresa nel 1936 utilizzando le tradizionali casseforme in legno (Nervi 1965: 102).

Al pari di Nervi, Bini comprende fin dai primi anni della sua carriera le potenzialità offerte dalla natura fluida del calcestruzzo armato e riconosce che una vera innovazione con questo materiale può essere raggiunta migliorando la progettazione e l'impiego delle casseforme. Tuttavia, a differenza di Nervi, Bini riesce a distaccarsi dalla tradizione della costruzione in muratura nella progettazione delle sue cupole: egli ragiona in termini di monoliticità piuttosto che di assemblaggio di parti. Inoltre, il suo metodo costruttivo consente di ridurre quasi del tutto l'uso di attrezzature temporanee in cantiere, con l'unico investimento significativo destinato alla realizzazione di una cassaforma gonfiabile riutilizzabile. Ciò comporta una riduzione al minimo del lavoro manuale, poiché è necessario solo un numero limitato di operai, impiegati prima a controllare la pressione della cassaforma e poi a manovrare i vibratori meccanici posizionati all'apice della cupola gonfiata. La riduzione del numero di operai in cantiere ha favorito il successo della tecnica di Bini e la sua esportazione in altri Paesi, mentre l'elevata componente artigianale necessaria per la produzione degli elementi prefabbricati che caratterizzano le cupole e le volte progettate da Nervi – un processo che richiede operai altamente specializzati – ha infine portato al suo fallimento commerciale, sia in Italia sia negli Stati Uniti.

Nel lavoro di Bini è comunque possibile individuare alcuni casi in cui la sua idea progettuale e il successivo prototipo realizzato seguono lo stesso pragmatismo costruttivo che aveva guidato Nervi nella progettazione e nella costruzione

Figura 2.20 Dante Bini, struttura sperimentale Binishell alla "fungaia", San Cesario sul Panaro, 1968–1969. Veduta interna degli elementi isolanti prefabbricati (GR)

delle sue opere con elementi prefabbricati. Nel 1968–1969, all'interno della sua "fungaia", Bini ha prototipato alcune strutture sperimentali in calcestruzzo che comprendevano elementi di isolamento prefabbricati, quadrati e triangolari, realizzati con un materiale leggero (Figg. 2.20, 2.21 e 2.22). Questi esperimenti hanno portato, successivamente, allo sviluppo dei sistemi Binisix (chiamato anche Binix) e Binistar (Figg. 2.23 e 2.24). Quest'ultimo non richiede nemmeno l'uso del calcestruzzo ed è realizzato semplicemente ricorrendo ad un telaio in acciaio strutturale. Ancora, una membrana pneumatica è utilizzata per sollevare questo telaio spaziale, e viene poi mantenuta come tamponamento. Il Binistar è stato brevettato nel 1979 in Australia per costruire strutture a grande luce – sempre mediante una cassaforma pneumatica – realizzate con elementi prefabbricati di vari tipi e materiali, che, in questo caso, hanno portato alla creazione di *gridshell* (Fig. 2.25). Tali sistemi non hanno avuto lo stesso successo o utilizzo delle cupole monolitiche Binishell in calcestruzzo: di conseguenza, Bini non ha avuto le stesse opportunità professionali per aprirsi alla loro piena potenzialità espressiva e compositiva.

Come già accennato, alla fine degli anni Sessanta la necessità di ammortizzare il costo iniziale della cassaforma pneumatica porta Bini e la sua società, la *Binishells S.p.A.*, a progettare diverse strutture, destinate alla vendita attraverso

Figura 2.21 Dante Bini, struttura sperimentale Binishell alla "fungaia", San Cesario sul Panaro, 1968. Gli elementi isolanti triangolari posati al di sopra dell'armatura in acciaio e della cassaforma pneumatica (DB)

una sorta di strategia di marketing basata sul principio della casa a catalogo. Pertanto, Bini ha potuto sperimentare una distribuzione commerciale su larga scala che Nervi non avrebbe potuto mettere in campo, proprio a causa della natura stessa dei suoi sistemi costruttivi. I diversi cataloghi promozionali della *Binishells S.p.A.* non evidenziano solo le ambizioni imprenditoriali di Bini, ma documentano una vera e propria ricerca progettuale che caratterizza costantemente il suo lavoro, derivata dall'esplorazione della geometria e dello spazio. Ciò ha permesso ad altri progettisti di utilizzare la tecnica costruttiva Binishell per vedere realizzate le proprie idee. Ne è scaturita una straordinaria stagione sperimentale, in cui diversi architetti e ingegneri hanno progettato con il brevetto Binishell non soltanto in termini di espressione formale, ma anche considerando la funzionalità degli spazi interni.

In conclusione, il sistema Binishell rappresenta un'ulteriore forma di espressione della cosiddetta *arte strutturale*, poiché si conforma perfettamente ai paradigmi definiti da Billington, il quale ha per primo sistematizzato questo concetto dal punto di vista teorico: "La prima idea fondamentale dell'arte strutturale, la disciplina dell'efficienza, è un desiderio di minimizzare l'uso dei materiali, che si traduce in minor peso, minore costo e minore massa visiva.

Figura 2.22 Dante Bini, struttura sperimentale Binishell alla "fungaia", San Cesario sul Panaro, 1968. Dettaglio degli elementi isolanti triangolari (DB)

[...] La seconda idea fondamentale dell'arte strutturale, [è] la disciplina dell'economia, il desiderio di semplicità costruttiva, facilità di manutenzione e forma finale integrata. La terza idea fondamentale dell'arte strutturale, [è] la ricerca dell'eleganza ingegneristica" (Billington 1983: 266–270).

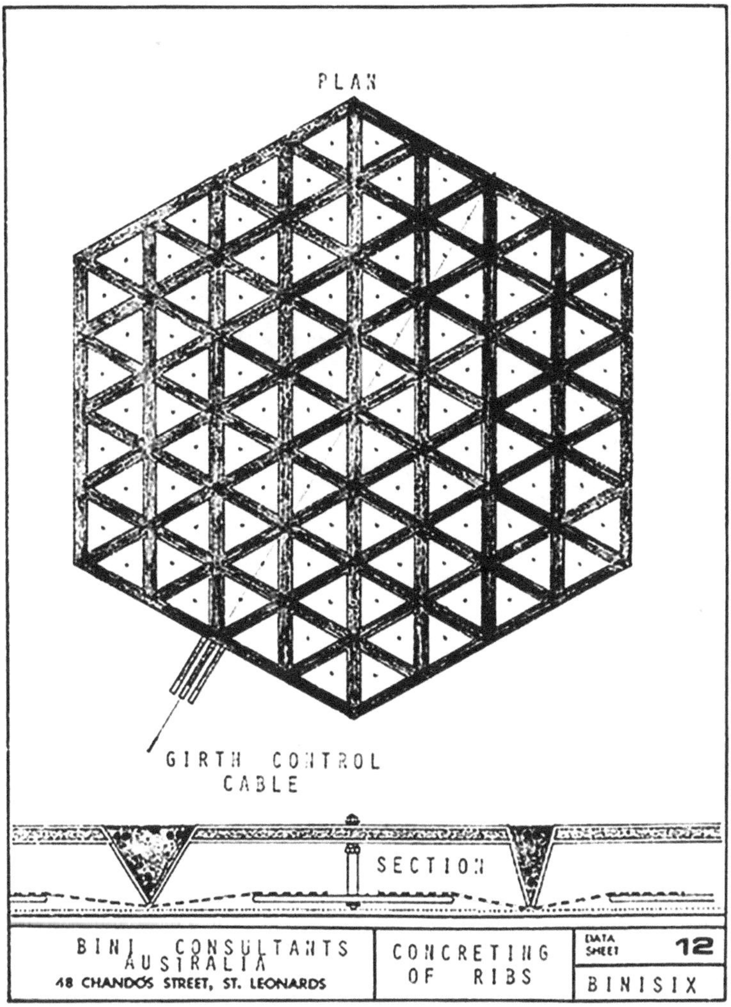

Figura 2.23 Dante Bini, sistema Binisix (Binix) per la costruzione di cupole in calcestruzzo alleggerito, 1976. Pianta e sezione (DB)

Figura 2.24 Dante Bini, il sistema Binisix (Binix) per la costruzione di cupole in calcestruzzo alleggerito, 1976. Piccolo prototipo costruito in Australia (DB)

Figura 2.25 Stefano Pietrogrande, schizzo di progetto per una struttura sportiva Binistar, anni Ottanta (DB)

3

Oltre la "prigione cubica"

3.1 Il sistema Binishell è un'assurdità

"Oggi ho visto una cosa incredibile! Se tu fossi stato un ingegnere non avresti mai concepito un'assurdità del genere!" È così che Mario Salvadori sembra aver reagito alla vista di una piccola cupola Binishell che prende forma durante la sua prima visita a Dante Bini in Italia; è lo stesso Bini a ricordare queste parole nella sua autobiografia *A cavallo di un soffio d'aria. L'architettura autoformante* (Dante Bini 2009a: 47). Sebbene Salvadori si riferisse soprattutto all'idea di plasmare un guscio in calcestruzzo armato utilizzando l'aria – e quindi all'innovazione radicale nel processo costruttivo – la cosiddetta "assurdità" di questo sistema va in realtà ben oltre gli aspetti tecnici, risultando particolarmente evidente nelle applicazioni in ambito residenziale.

In realtà, non c'è nulla di insolito nelle geometrie curvilinee che l'invenzione di Bini impone di usare, in particolare il cerchio. Si potrebbe anzi sostenere che questo sia stato più volte considerato una forma ideale nella teoria dell'architettura. Gli esempi sono talmente numerosi che basta limitarsi ai più ovvi e noti: dai templi e dai teatri dell'antica Grecia alle proporzioni dell'uomo vitruviano, dai disegni di Andrea Palladio al cenotafio di Étienne-Louis Boullée, il cerchio è sempre stato una geometria di riferimento. Questa forma ricorre anche nell'architettura vernacolare, cioè in quelle costruzioni che Frei Otto definiva "architetture della necessità": essenziali, in cui nulla è superfluo (Otto e Rasch 1995). In questi casi, la ricorrenza del cerchio è funzionale. Ad esempio, in pianta, il cerchio massimizza il rapporto tra area e perimetro, semplificando la difesa dagli attacchi esterni senza sacrificare lo spazio interno. Un arco circolare si può considerare un'approssimazione di una geometria funi-

A. Pugnale, A. Bologna, *Oltre la cupola*, https://doi.org/10.1007/978-3-032-19785-6_3

colare, cioè quella forma che oggi sappiamo essere ottimale dal punto di vista strutturale per minimizzare l'uso di materiale nella copertura di grandi luci. Geometrie circolari si ritrovano negli iglù, nei trulli italiani, nei tipì dei nativi americani, nei rifugi aborigeni e in molti altri esempi di architettura della necessità di Otto.

Se non è insolito trovare il cerchio nelle varie forme e costruzioni dell'architettura di tutti i tempi e paesi, neanche il concetto di residenza a pianta circolare è particolarmente inusuale. Sono più di quelli che si possa immaginare i progetti di case in cui è difficile trovare anche una sola linea in pianta. In alcuni casi, una residenza a pianta circolare è il risultato di un puro esercizio formale. Per esempio, per la Mayes House del 1954–56, Don Erickson concepisce i principali volumi dell'edificio a partire dalla pianta, utilizzando semplici cerchi di varie grandezze. Questa scelta non ha però influito direttamente sulle qualità costruttive e prestazionali della casa (Fig. 3.1). Nel lavoro dell'architetto australiano Gregory Burgess, la pianta circolare è costantemente presente. Burgess ha spesso usato il cerchio per definire le proporzioni degli spazi interni, come ad esempio nella Windhover House del 1984 ad Arthurs Seat, nello stato del Victoria (Fig. 3.2). Ha però anche utilizzato la pianta circolare per ragioni prettamente simboliche, in vari edifici pubblici progettati in collaborazione con le comunità indigene locali. Tra questi, il progetto per il Brambuk Living Cultural Centre del 1990 a Halls Gap, sempre nel Victoria, è sicuramente il più noto, ed è il risultato di una progettazione partecipativa con i "custodi tradizionali" delle terre di Gariwerd.

In altri casi, la forma circolare della pianta deriva dall'uso di una specifica tecnica costruttiva. Ad esempio, nelle cupole in muratura di Fabrizio Caròla, la pianta è circolare in quanto generata dall'uso di un compasso gigante, inventato per posizionare i mattoni secondo un semplice disegno strutturale basato su principi geometrici (Fig. 3.3; Alini 2016). Nel piccolo padiglione sperimentale per vacanze, progettato nel 1959 da Pascal Häusermann a Grilly, in Francia, la distribuzione circolare degli spazi interni rappresenta la soluzione più logica per costruire un telaio strutturale in acciaio da coprire poi con un sottile strato di calcestruzzo, senza quindi ricorrere ad alcuna cassaforma (Fig. 3.4).

Anna Maria Zorgno scrive che "pochissimi sono riusciti a conferire alle coperture a guscio dignità di prodotto di architettura", garantendo così "la confluenza della matrice architettonica e volumetrica con la matrice costruttiva e strutturale" in fase di sintesi progettuale (1992: 75)[1]. Infatti, non sono

[1] Il titolo di questo capitolo è un omaggio a Zorgno e ai suoi contributi scientifici. Si veda il suo articolo del 1992 intitolato: "Oltre la prigione cubica".

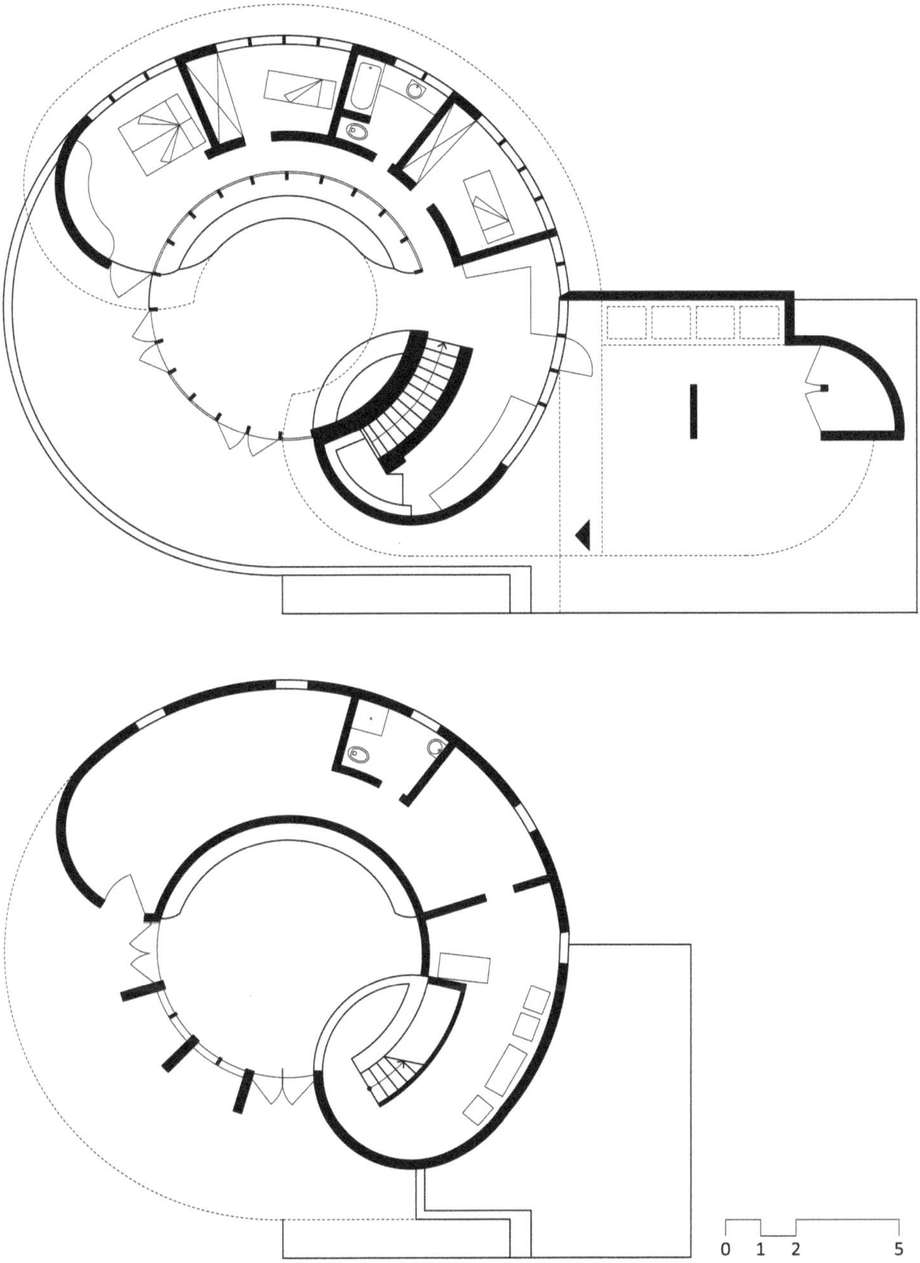

Figura 3.1 Don Erickson, Mayes House, Glen Ellyn, Illinois, 1954–56. Piante del piano terra e del primo piano (AP)

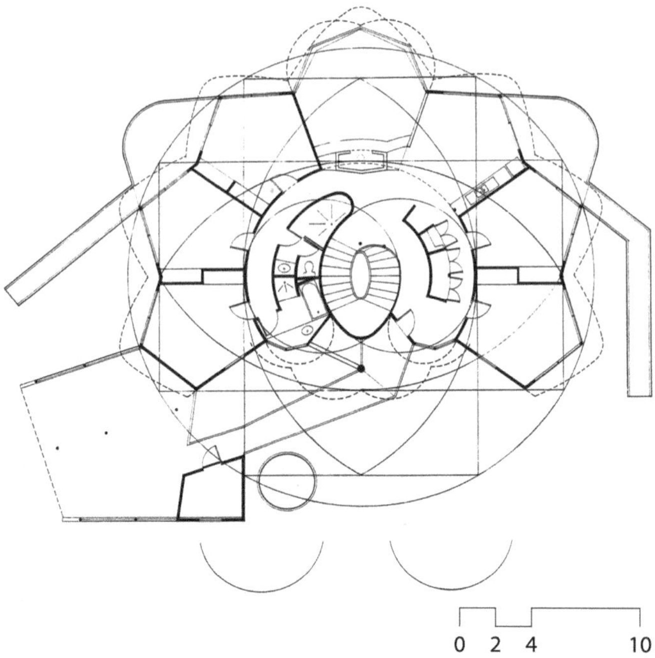

Figura 3.2 Gregory Burgess, Windhover House, Arthurs Seat, Victoria, 1984. Pianta del primo piano (GBA)

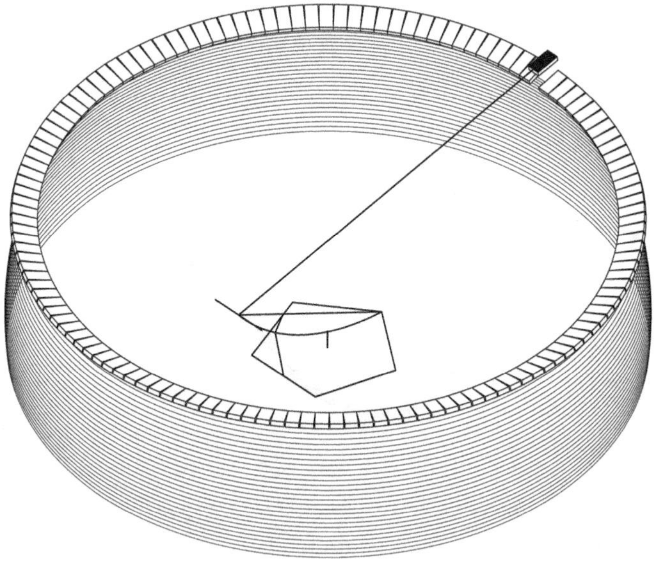

Figura 3.3 Fabrizio Caròla, la tecnica del compasso. Schema (AP)

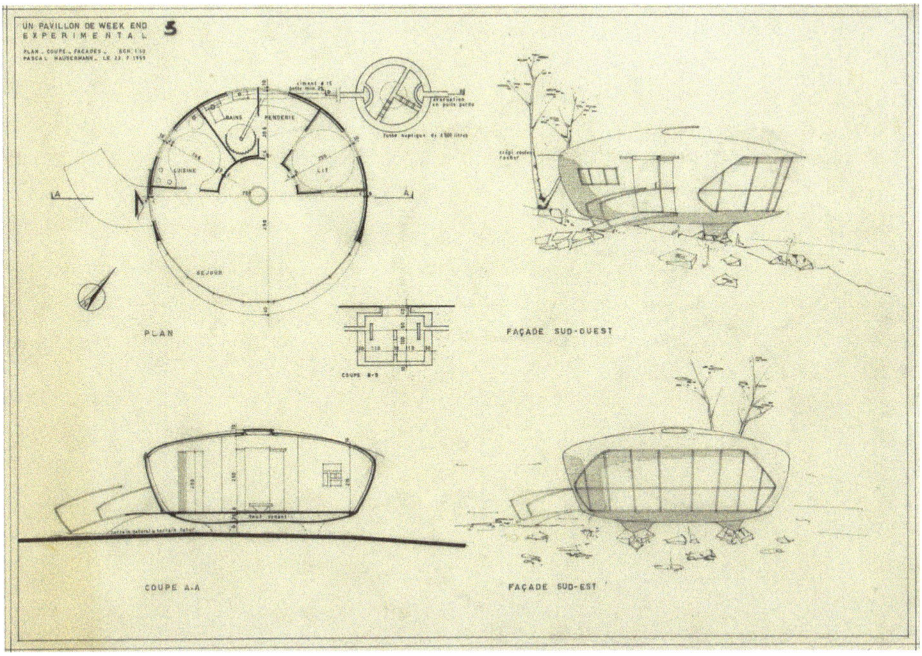

Figura 3.4 Pascal Häusermann, padiglione sperimentale per vacanze, Grilly, 1959. Pianta, sezione e prospetto (CFCVL)

molti i progetti per i quali l'uso delle strutture a guscio è la soluzione tipologica più appropriata. Alcuni interventi offrono più opportunità di altri, ed è infatti più comune vedere strutture a grande luce nei mercati coperti, nei musei, nei centri sportivi, ma decisamente meno nelle case unifamiliari o nei piccoli uffici.

Ci sono però alcune eccezioni, come la singolare casa di Lloyd Turner a Boulder Creek, in California, realizzata in calcestruzzo armato nel 1982, utilizzando esclusivamente casseforme pneumatiche (Turner 1986). Come modello concettuale e costruttivo, Turner s'ispira alle bolle di sapone: ogni singola bolla identifica uno spazio e una funzione specifica, ma anche una cassaforma pneumatica e quindi un guscio leggero; la fusione di queste strutture genera di conseguenza la forma organica della casa (Figg. 3.5 e 3.6). Questa strategia permette a Turner di plasmare strutture spazi architettonici utilizzando l'aria, progettando la sua abitazione stanza per stanza a partire dagli interni. La forma complessiva ci permette quindi di leggere con facilità la distribuzione interna, ma è anche semplicemente l'espressione della tecnica costruttiva utilizzata e della sua razionalizzazione in fase di cantiere. L'approccio di Turner ha funzionato come intervento puntuale, per un piccolo progetto, ma è difficile

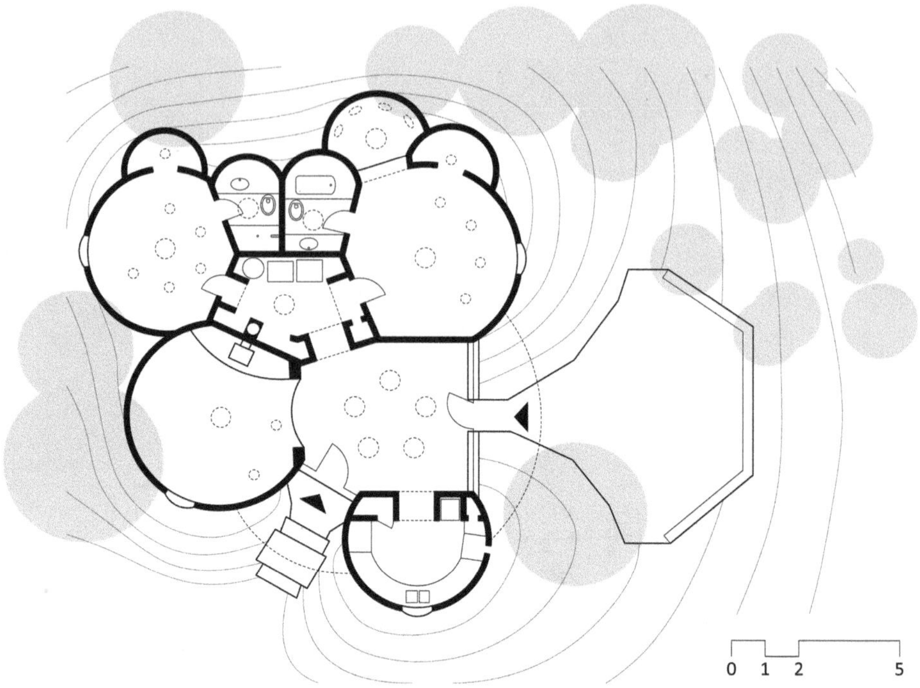

Figura 3.5 Lloyd Turner, abitazione in calcestruzzo armato con gusci sottili realizzati tramite cassaforma pneumatica, Boulder Creek, California, 1982. Pianta (AP)

immaginare come la stessa procedura si possa riadattare quando il progettista deve per forza considerare criteri di standardizzazione, produzione seriale e budget ridotti. Già solo i costi delle casseforme pneumatiche e dei ferri di armatura sono fattori non trascurabili per questo tipo di strutture.

Il sistema Binishell, nato come tecnica di standardizzazione e automazione costruttiva, garantisce ovvi risparmi rispetto alla metodologia di Turner, ma costringe anche l'architetto a progettare partendo dalla definizione dell'involucro esterno, per poi organizzare gli interni in un secondo momento. La pianta e il volume complessivo dell'edificio sono sempre dati in una Binishell, che, pur essendo considerata una tecnica costruttiva, si configura anche come un metodo di ricerca di forma strutturale, e quindi di progetto. Con questo sistema, le opportunità di definire spazi architettonici sono limitate dalla forma e dalle dimensioni standard della membrana necessaria per erigere il guscio sottile in calcestruzzo armato, e non c'è modo di aggirare questo vincolo.

Ecco quindi spiegato perché Salvadori definisce le primissime cupole sperimentali Binishell come delle assurdità architettoniche. Adattare i caratteri distributivi e tipologici di una piccola abitazione alle qualità spaziali dei gusci

Figura 3.6 Lloyd Turner, abitazione in calcestruzzo armato con gusci sottili realizzati tramite cassaforma pneumatica, Boulder Creek, California, 1982. Sequenza costruttiva (LT)

sottili per grandi luci è infatti un esercizio molto complicato, soprattutto se il progetto deve rispondere a principi di standardizzazione e modularità. Non è quindi un caso che Bini abbia rivisitato più volte il suo primissimo sistema Binishell nel corso della sua carriera, per adattarlo ad applicazioni di piccola e media dimensione, in particolare a progetti residenziali.

Questo capitolo ricostruisce il percorso che, nel corso degli anni, porta Bini ad allontanarsi dalla pianta circolare nell'ambito residenziale, principalmente attraverso lo sviluppo dei sistemi Minishell e Pack-Home, trasformando così una tecnica nata per l'automazione della costruzione in un sistema di standardizzazione dell'abitare capace di tenere in considerazione i diversi aspetti progettuali della vita domestica.

Si tratta di una delle molteplici narrative per raccontare le varie evoluzioni del sistema Binishell nel corso degli anni. Focalizzarsi sull'intrinseca circolarità della pianta del primo brevetto Binishell consente di indagare fino a che punto i vincoli dettati da una tecnica costruttiva abbiano impattato sull'architettura di Bini, ma evidenzia anche quanto e come le idee o i requisiti progettuali influiscano di conseguenza sullo sviluppo di nuovi sistemi di automazione della costruzione basati su casseforme pneumatiche e sull'uso dell'aria. Questo capitolo non discute quindi nello specifico di altri aspetti che hanno contribuito a modificare il concetto originale della Binishell e allo sviluppo di nuovi sistemi. Ad esempio, il taglio della struttura a guscio per realizzare le aperture e l'intersezione geometrica di più cupole per costruire coperture più grandi sono tematiche che meritano di essere trattate a parte, rispettivamente nei Capitoli 4 e 5.

3.2 La pianta circolare

I progetti più riusciti di gusci sottili in calcestruzzo armato riguardano spesso strutture a grande luce, e raramente piccole abitazioni e scuole. A questa scala, c'è una difficoltà intrinseca nel fondere la "matrice architettonica e volumetrica con la matrice costruttiva e strutturale" (Zorgno 1992: 75) dell'edificio, specialmente se la pianta libera non è un'opzione. La presenza di partizioni interne, controsoffitti e altri elementi utilizzati per suddividere gli spazi, o per nascondere gli impianti, interromperebbe inevitabilmente la continuità di un guscio in calcestruzzo armato e la sua leggibilità come singola struttura. Sebbene la "prigione cubica" sia una soluzione distributiva decisamente pratica e funzionale, poco si adatta alla tipologia dei gusci sottili che invece prediligono coprire spazi ampi e vuoti. Si tratta di un conflitto tra linea e curva sia sul piano verticale che su quello orizzontale. Se la percezione del grande spazio ininterrotto si legge in sezione o in prospettiva, è nella pianta che notiamo come la griglia ortogonale moderna (Steadman 2006) non si riesca facilmente a sposare con l'attacco a terra di una classica copertura a guscio.

Le fotografie della prima Binishell di Crespellano, inaugurata nel 1964 come sede della Unipack, ma poi demolita negli anni Ottanta, suggeriscono che Bini fosse ben consapevole di queste problematiche sin dall'inizio della sua carriera come progettista di strutture resistenti per forma (Figg. 3.7 e 3.8).

Sono almeno tre i motivi che supportano questa ipotesi. In primo luogo, le foto mostrano che le partizioni interne non toccano l'intradosso della cupola. La loro altezza di circa due metri si può dedurre dalle immagini: una dimensione sufficiente per definire la distribuzione e la circolazione interna, e per fornire privacy ai singoli uffici, ma non alta abbastanza per compromettere la leggibilità dello spazio interno della Binishell come un singolo grande volume. In secondo luogo, la pianta presenta una distribuzione degli interni che sembra dipendere dalla presenza di uno spazio circolare, posizionato esattamente al centro. Per ragioni geometriche, questo spazio si configura anche come il più grande vuoto interno, e la sua importanza viene accentuata dall'aggiunta di un lucernario circolare, che evoca immediatamente l'oculo del Pantheon a Roma.

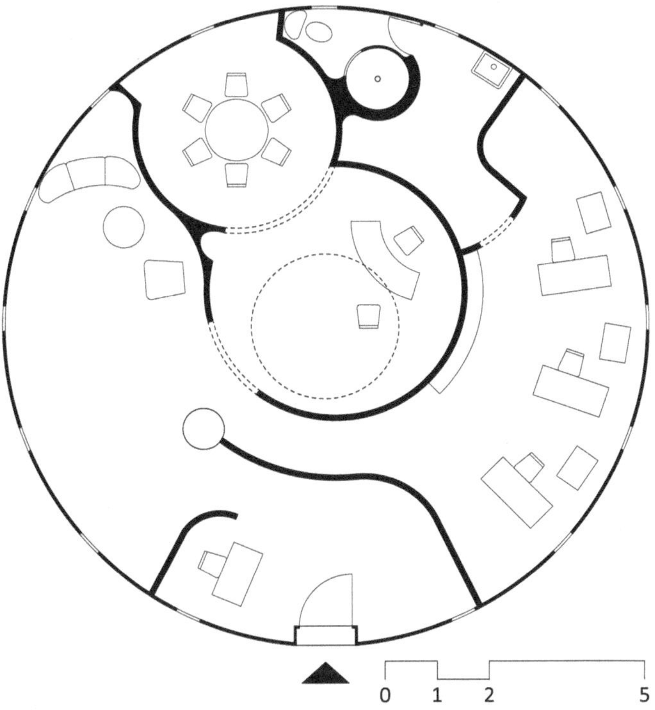

Figura 3.7 Dante Bini, La Binishell di Crespellano, sede della Unipack, luglio 1964. Pianta (AP)

In terzo luogo, l'intradosso della cupola in calcestruzzo armato è intenzionalmente lasciato a facciavista, facendo quindi intravedere sia segni dell'armatura sia le piccole aree concave tra le barre d'acciaio e fornendo così degli indizi visuali sulla tecnica costruttiva utilizzata per erigere la struttura. Anche la rugosità della superficie in calcestruzzo a facciavista è un'ulteriore prova che la Binishell fosse stata plasmata usando la semplice pressione dell'aria.

Questo primo esempio evidenzia quindi tre caratteristiche chiave che permettono di analizzare la connessione, o la distanza, tra architettura, forma strutturale e tecnica costruttiva in un progetto basato sul sistema Binishell. Innanzitutto, è essenziale che lo spazio interno sia percepito come un unico grande volume, ininterrotto da partizioni o altri ostacoli visivi. Poi, è necessario considerare la geometria e spazialità della cupola nell'organizzazione degli interni, poiché una Binishell sarà sempre percepita come un vuoto più grande al centro rispetto alle aree lungo il perimetro. Infine, l'uso di una cassaforma pneumatica e una tecnica costruttiva basata sull'aria dev'essere in qualche modo reso visibile, o addirittura espresso, dalle qualità tettoniche del guscio in calcestruzzo armato.

Figura 3.8 Dante Bini, La Binishell di Crespellano, sede della Unipack, luglio 1964. Vista interna (DB)

A maggio 1967, la *Binishells S.p.A.* pubblica un catalogo promozionale intitolato: *Binishells. Nuova tecnica per nuove forme*[2]. Si tratta di un catalogo preparato per promuovere la tecnologia Binishell che include una descrizione completa del sistema brevettato, alcune immagini di test strutturali su prototipi in scala e un breve saggio di Salvadori intitolato "Problemi tecnici della progettazione e della costruzione di volte sottili". Questo catalogo contiene an-

[2] Il documento è disponibile online all'indirizzo: https://www.binisystems.com. Consultato il 17 novembre 2025.

che parecchi esempi di applicazioni del sistema Binishell, sia concettuali che realizzati, organizzati in base al diametro della cupola, che variava tra i 12 e gli 80 metri[3].

Il più piccolo tra gli esempi inclusi nel catalogo è un progetto residenziale del 1966 per la Aluminium Company of America (Alcoa), di cui troviamo anche un prototipo costruito nella "fungaia" di Bini (Fig. 3.9). In quel periodo, il Direttore Esecutivo dell'Alcoa, Anthony J. Faranda, propone infatti di utilizzare il brevetto Binishell per costruire abitazioni per i loro operai impiegati in aree tropicali, come ad esempio in Liberia, dove l'azienda possedeva cave di bauxite[4]. La protezione dal sole e dal calore risultano essere i requisiti essenziali per questo progetto, il che spiega perché Bini abbia deciso di tagliare la superficie della cupola con tre piani verticali per far spazio ad altrettante terrazze parzialmente coperte dalla struttura in calcestruzzo armato. La pianta di questa Binishell è quindi a forma di triangolo equilatero inscritto nell'anello di fondazione circolare, necessario per ancorare la cassaforma pneumatica. L'area interna dell'abitazione è di 55 metri quadrati, sufficienti per un soggiorno, una cucina, due camere da letto e un piccolo bagno. La cucina, le camere da letto e il bagno vengono collocati in prossimità degli attacchi a terra della Binishell, mentre il soggiorno è posizionato nello spazio centrale, collegando così tutte le altre stanze.

Durante la scrittura di questo libro, Bini ha confermato che la Binishell per la Liberia fu poi realizzata come un semplice rifugio, senza stanze né partizioni interne. Il progetto originale rimane però un buon esempio a dimostrazione dell'efficacia dei tre principi sopra descritti, per rafforzare la relazione tra forma architettonica, struttura e tecnica costruttiva in un progetto Binishell, a prescindere dalla scala e dalla complessità dell'intervento.

Così come disegnato, questo piccolo edificio propone un soggiorno sostanzialmente aperto, definito da partizioni curve che non toccano l'intradosso della cupola. Si tratta di una scelta allineata al primo principio, in quanto lo spazio interno è percepito come un unico volume ininterrotto. La centralità del soggiorno è poi enfatizzata dalla presenza di un lucernario, a conferma che Bini decide di seguire anche il secondo principio per fondere al meglio la forma architettonica con quella strutturale. L'unicità di questo progetto riguarda però il modo in cui Bini esprime la sua tecnica costruttiva pneumatica attraverso la forma delle aperture, ossia della soglia tra spazi interni ed esterni. Non opta per porte e finestre standard su pareti piane, e prevede invece tre

[3] Il catalogo promozionale della *Binishells S.p.A.* descrive erroneamente la prima piccola abitazione come una cupola di 10 m di diametro. Bini ha confermato di non aver mai realizzato una Binishell con un diametro inferiore a 12 m o un'altezza inferiore a 4 m.

[4] Questa storia è stata raccontata da Bini durante uno scambio di email con gli autori.

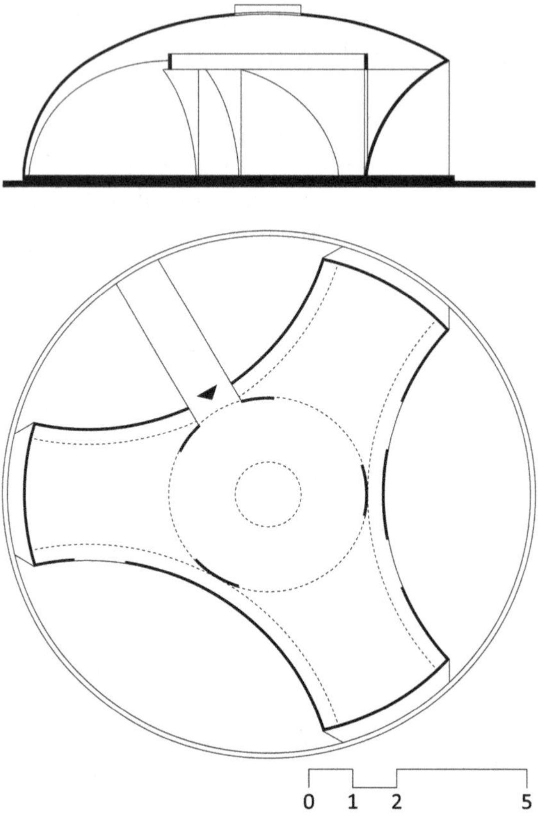

Figura 3.9 Dante Bini, progetto residenziale per la Aluminium Company of America, 1966. Pianta e sezione (AP)

superfici concave a doppia curvatura per tamponare i tagli sulla cupola. Bini definisce la forma di queste pareti ruotando gli archi delle aperture attorno alle loro linee di proiezione a terra. Il risultato riproduce in qualche modo le qualità tettoniche di un guscio in calcestruzzo armato plasmato dalla pressione di una cassaforma ad aria; un elemento non strutturale si trasforma così in un dispositivo architettonico per comunicare un sistema costruttivo altrimenti invisibile.

Un simile approccio, seppur con diversa esecuzione, si ritrova nel famoso progetto di Ludwig Mies van der Rohe per i Lake Shore Drive Apartments di Chicago. Per questioni legate alla normativa antincendio, Mies non può lasciare a vista il telaio strutturale in facciata, ed è costretto a inglobare i profilati in acciaio in getti di calcestruzzo per garantirne la resistenza al fuoco. Per rendere leggibile la snellezza dello scheletro strutturale dall'esterno, Mies

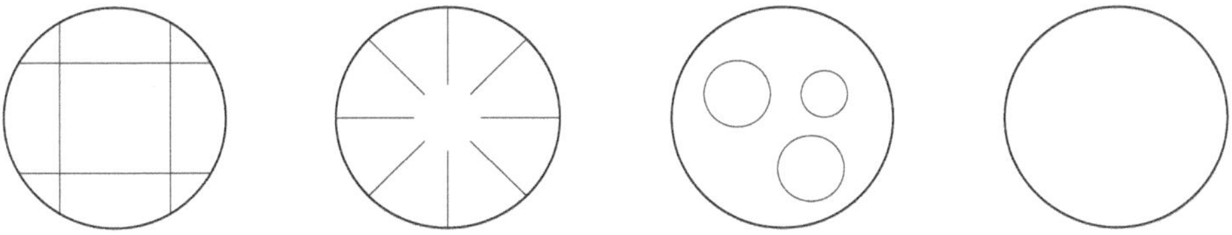

Figura 3.10 Quattro modi per organizzare gli spazi interni negli edifici circolari, riadattato da Anna Szczegielniak (2019). Schema (AP)

fa rivestire i pilastri in calcestruzzo con piastre d'acciaio, per poi saldarci sopra altri profilati a doppio T, duplicando così la forma originale dei veri elementi strutturali (Carter 1974).

La piccola cupola pensata per la Liberia è una delle poche Binishell residenziali già costruite nel 1967, anno in cui la *Binishells S.p.A.* pubblica il suo primo catalogo promozionale. Molti degli altri progetti presenti nel catalogo sono rimasti soltanto idee sulla carta, ma ciò non li rende meno meritevoli di essere ricordati in un capitolo dedicato alle abitazioni circolari. In particolare, spicca in copertina una "casa sperimentale" di 20 metri di diametro, sviluppata su due piani e progettata dall'architetto Furio Nordio, un amico di Bini[5].

Nell'articolo *Circular Plans in Contemporary Housing Architecture*, Anna Szczegielniak (2019) identifica quattro modi per organizzare lo spazio interno negli edifici circolari: il primo, con partizioni rettilinee su una griglia ortogonale, in cui solo i muri perimetrali sono curvi; il secondo, con partizioni disposte radialmente rispetto al centro, e quindi perpendicolari al perimetro circolare; il terzo, quello che l'autrice chiama "cerchio nel cerchio", e cioè definendo spazi circolari più piccoli all'interno del cerchio di base; e il quarto, come uno spazio aperto, senza introdurre partizioni interne (Fig. 3.10).

Nella "casa sperimentale" Binishell a due piani, Nordio progetta gli interni seguendo due di questi metodi: la disposizione radiale e il cerchio all'interno del cerchio (Figg. 3.11, 3.12 e 3.13). In pianta, predominano due grandi cerchi, nonostante quasi tutte le partizioni siano comunque curve. Il primo è posizionato al centro della Binishell: delimita il soggiorno al piano terra e uno spazio giochi per bambini al primo piano, ma definisce anche i principali spazi di circolazione interna. Il secondo, grande più o meno come il primo, circoscrive l'area esterna a giardino ed è tangente alla circonferenza di base della Binishell. Sebbene questo giardino non faccia tecnicamente parte degli inter-

[5] Nonostante il catalogo promozionale non menzioni il nome dell'architetto, gli scambi di email con Bini confermano che Nordio è il progettista di questa abitazione sperimentale.

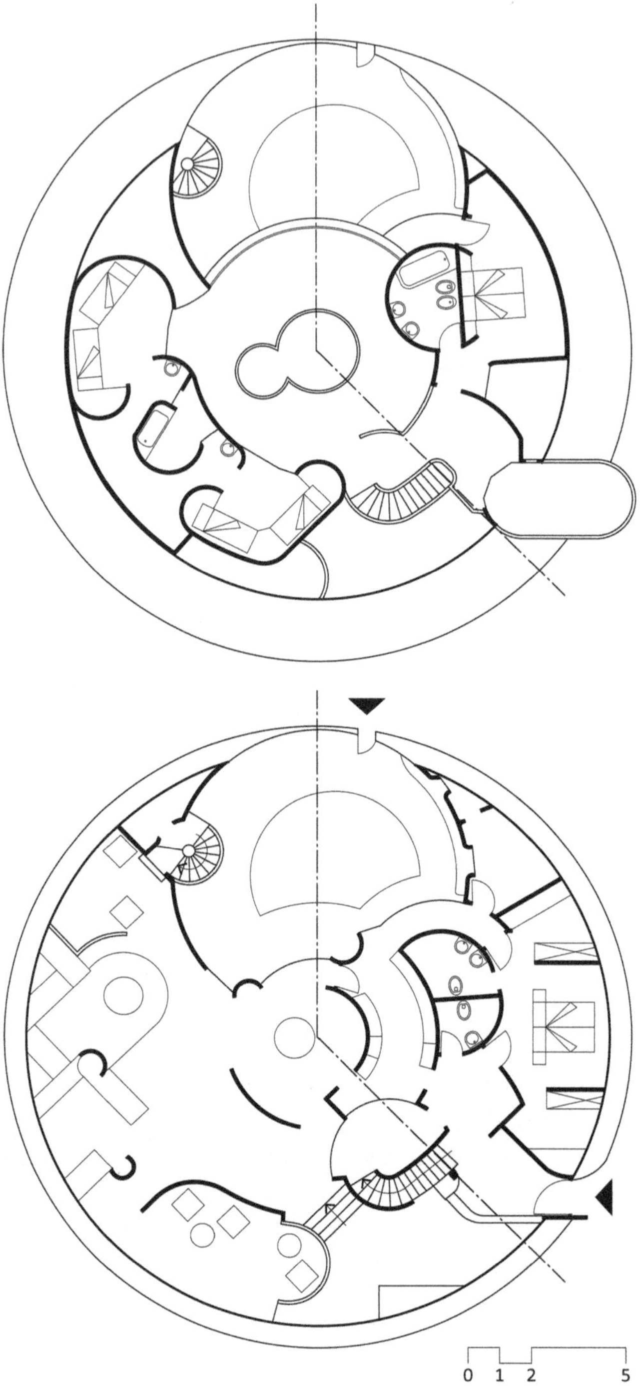

Figura 3.11 Furio Nordio, progetto per una casa sperimentale Binishell su due piani, 1967. Piante del piano terra e del primo piano (AP)

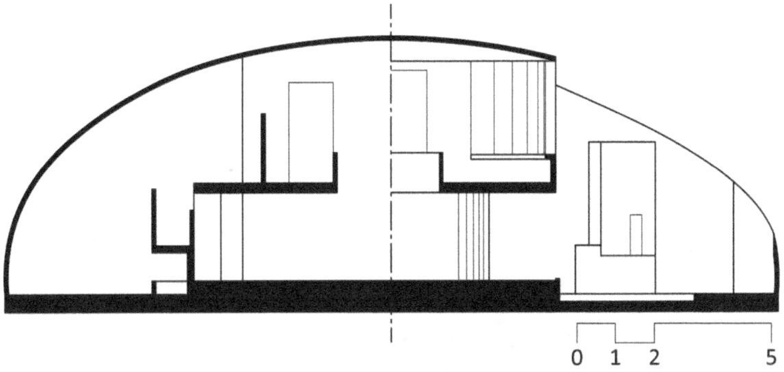

Figura 3.12 Furio Nordio, progetto per una casa sperimentale Binishell su due piani, 1967. Sezione (AP)

ni, ne espande visivamente la metratura spostando il baricentro della casa dal centro della cupola verso il perimetro. La biblioteca e le camere da letto sono disposte radialmente attorno al centro, così come la cucina e i bagni. La sala da pranzo è il fulcro della casa, ma sfrutta solo parzialmente la doppia altezza della cupola per via della stanza giochi al primo piano.

In questo progetto, il concetto stesso di abitazione su due livelli non permette completamente a Nordio di creare un grande spazio aperto centrale che valorizzi la cupola. La Binishell rimane abbastanza leggibile muovendosi da uno spazio all'altro, ma la percezione della copertura come singola struttura si perde all'interno delle stanze per via delle partizioni e delle solette tra piani.

Poiché questa casa sperimentale non è mai stata costruita, è difficile discutere delle sue qualità tettoniche o di come la sua realizzazione riesca a rivelare dettagli sulla tecnica costruttiva impiegata. Dai disegni, si può però notare come la forma della grande apertura in corrispondenza del giardino sembri derivare da un semplice esercizio geometrico, cioè dalla sottrazione tra la superficie della cupola e il cilindro estruso dall'area del giardino. Difficile che tale operazione geometrica avesse a che fare con la tettonica: è molto più probabile che fosse una strategia progettuale per aggiungere ridondanza alla composizione tramite la ripetizione della forma circolare.

Investigare il significato simbolico di questi grandi tagli sulle cupole Binishell, che diversi hanno definito come UFO atterrati sulla terra, non porterebbe la discussione da nessuna parte. Ha più valore analizzarne il senso compositivo, e notare quindi come questa apertura sulla copertura a guscio sia grande al punto da indebolire l'applicazione del sistema Binishell, che intrinsecamente vede il progetto architettonico come subordinato alla tecnica costruttiva. Per questa casa sperimentale, è come se Nordio avesse iniziato il

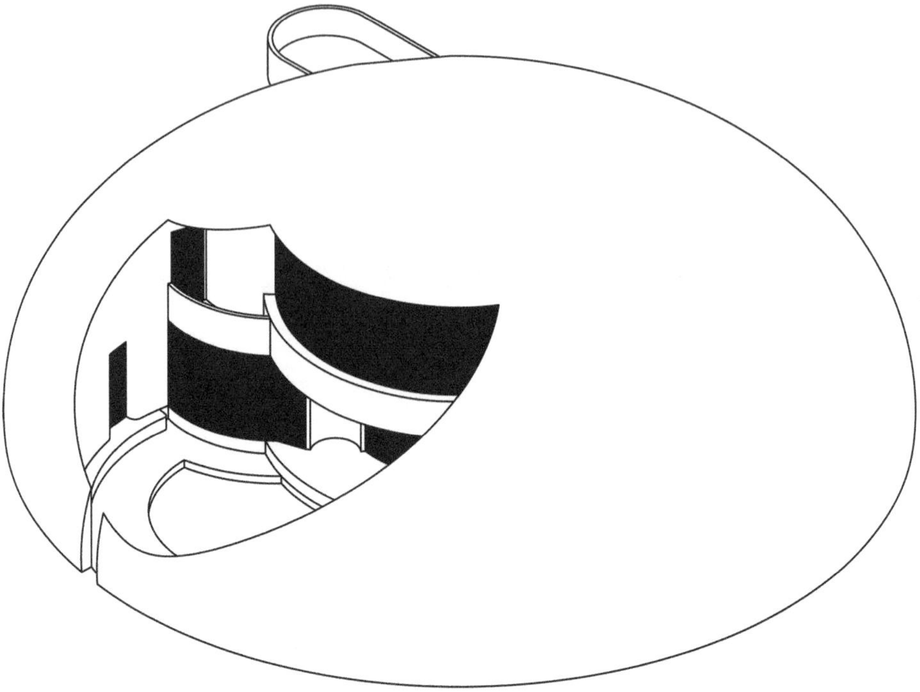

Figura 3.13 Furio Nordio, progetto per una casa sperimentale Binishell su due piani, 1967. Vista assonometrica (AP)

suo processo creativo partendo dalla pura geometria della cupola come principale condizione al contorno. Il progetto sembra quindi essere il risultato di un processo di sottrazione di volumi, nel quale la rimozione di porzioni significative della copertura genera un'architettura che rispetta la Binishell, senza esaltarne la monumentalità. Nordio non ambisce al progetto della pura forma strutturale, e non si preoccupa quindi di tagliare il guscio per rispondere ad altre necessità architettoniche, come l'esaltazione delle connessioni visive tra gli interni e l'esterno e la luminosità degli ambienti.

In fondo, la progettazione architettonica è un'arte del compromesso, ed è normale che ogni singolo progetto esprima la relazione tra forma architettonica, struttura e tecnica costruttiva in modo unico, a volte contrastante con gli altri. Ad esempio, nella Binishell di Crespellano, ogni scelta progettuale è volta a celebrare la cupola. Al contrario, nella casa sperimentale di Nordio, la geometria del guscio sottile risulta essere solo un punto di partenza, una sfida progettuale per l'architetto al fine di liberarsi proprio di quanto la Zorgo ha definito "prigione cubica", ovvero dalle forme e dai concetti standardizzati dell'abitazione moderna.

Villa Antonioni, progettata dallo stesso Bini, è un raro progetto di Binishell che predilige l'integrazione nel contesto sopra ogni altra cosa (Figg. 1.30 e 2.17). Si trova su un pendio in Costa Paradiso e funge da dispositivo per contemplare il mare e il paesaggio circostante. Bini incontra Michelangelo Antonioni e Monica Vitti nel 1968 e, per la prima volta, riceve l'incarico di progettare una Binishell residenziale direttamente da un cliente privato. Antonioni dimostra di avere le idee molto chiare: oltretutto, conosce bene la zona e pianifica di utilizzare la sua nuova cupola in Sardegna sia come casa vacanze sia come *location* per i suoi futuri film. Non si tratta quindi di una situazione in cui la *Binishells S.p.A.* avrebbe concesso in licenza il brevetto nell'ottica di costruire decine di cupole identiche tra loro. Villa Antonioni diventa così un'occasione unica per progettare una Binishell a carattere residenziale all'interno del paesaggio naturale e incontaminato della Sardegna (Figg. 3.14, 3.15, 3.16 e 3.17).

La presenza di un cliente privato poco convenzionale e di un sito di progetto unico e selvaggio porta Bini a concentrarsi più del solito sul rapporto con il contesto e sull'inserimento dell'edificio nel paesaggio, riducendo così il ruolo della struttura in calcestruzzo armato a quello di un vero e proprio riparo, sia fisico che simbolico. Dal punto di vista tecnico, non ci sono vantaggi a usare il sistema Binishell per una singola applicazione, poiché i costi di costruzione si riducono solo quando la stessa cassaforma pneumatica viene riutilizzata più volte.

L'area centrale della Villa Antonioni è, di fatto, uno spazio di circolazione all'aperto con un piccolo giardino; le altre funzioni, come cucina, soggiorno, camere da letto e bagni, sono disposte radialmente lungo il perimetro della cupola. Dal punto di vista della pura logica spaziale, questa configurazione non differisce molto da quella della Glenn McCord House di Frank Lloyd Wright, o persino dell'archetipa casa ovale sull'isola di Creta, in cui gli spazi di circolazione interna sono relegati nel nucleo dell'edificio. La *promenade architecturale* inizia all'esterno, attraversando una piccola passerella che conduce all'ingresso al primo piano. Una volta entrati, si accede alla zona giorno scendendo una scala in pietra, godendo nel frattempo di una vista panoramica sul mare grazie a una finestra a nastro appositamente progettata.

Per valutare la relazione tra forma architettonica, struttura e tecnica costruttiva nella Villa Antonioni, si possono applicare gli stessi criteri utilizzati per analizzare la Binishell di Crespellano, basati su tre caratteristiche progettuali. La prima riguarda l'organizzazione degli spazi interni, per capire se la cupola venga percepita come un ambiente unico oppure se risulti suddivisa da elementi divisori. La seconda attiene al ruolo dello spazio sottostante l'apice della cupola, al fine di determinare se questo sia centrale o gerarchicamente subor-

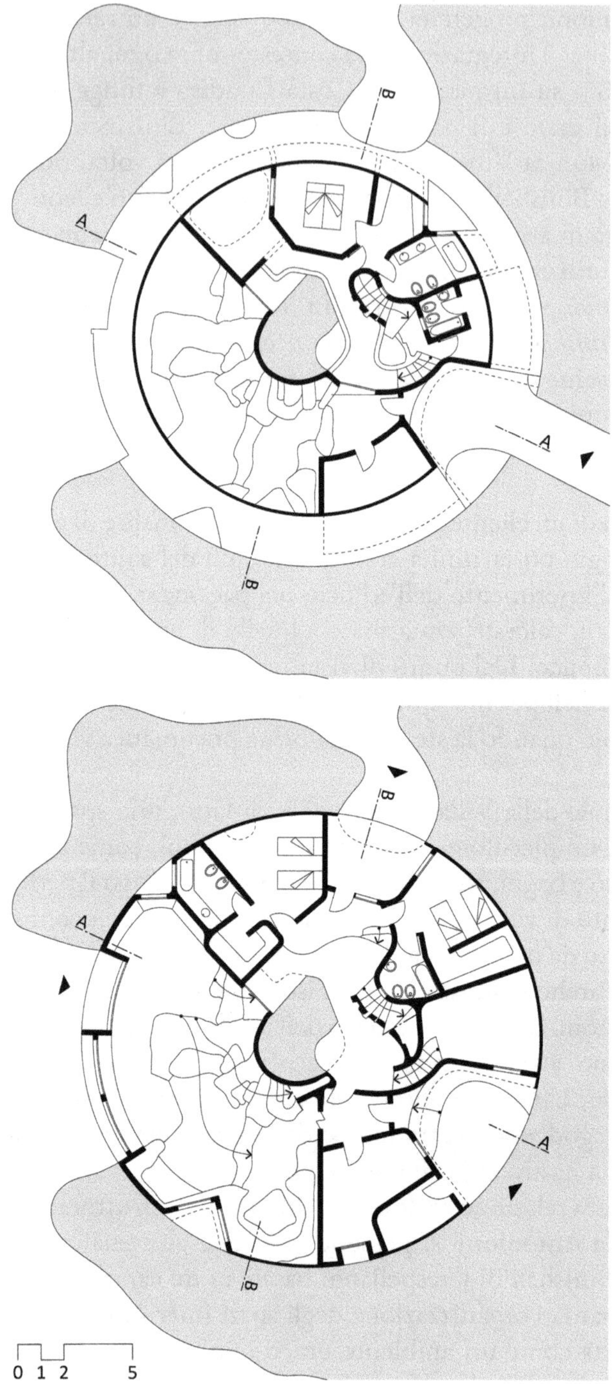

Figura 3.14 Dante Bini, Villa Antonioni, Costa Paradiso di Gallura, 1969–1971. Piante del piano terra e del primo piano (AP)

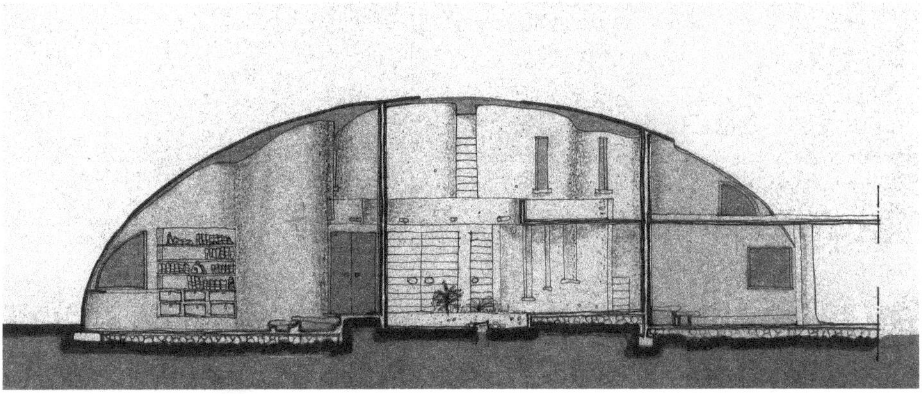

Figura 3.15 Dante Bini, Villa Antonioni, Costa Paradiso di Gallura, 1969–1971. Sezione A-A (DB)

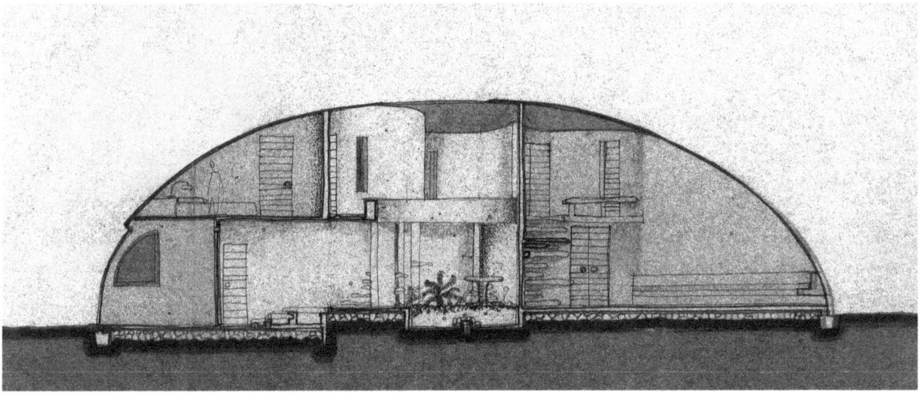

Figura 3.16 Dante Bini, Villa Antonioni, Costa Paradiso di Gallura, 1969–1971. Sezione B-B (DB)

dinato nella composizione complessiva dell'abitazione. La terza è relativa alle qualità tettoniche della Binishell, per stabilire in che misura l'uso della tecnica costruttiva pneumatica trovi un esito espressivo nella matericità della struttura realizzata.

Seguire lo stesso metodo per valutare due progetti così diversi potrebbe sembrare illogico. Tuttavia, è proprio analizzando i pochi aspetti comuni tra le due Binishell che si comprende come Bini abbia sempre attribuito la stessa importanza sia al progetto architettonico sia alla sua realizzazione. Dopotutto, Bini mira a realizzare una versione contemporanea del Pantheon con ciascuna delle sue Binishell: si considera innanzitutto un architetto, e solo in seguito un inventore di nuove tecniche costruttive e un imprenditore.

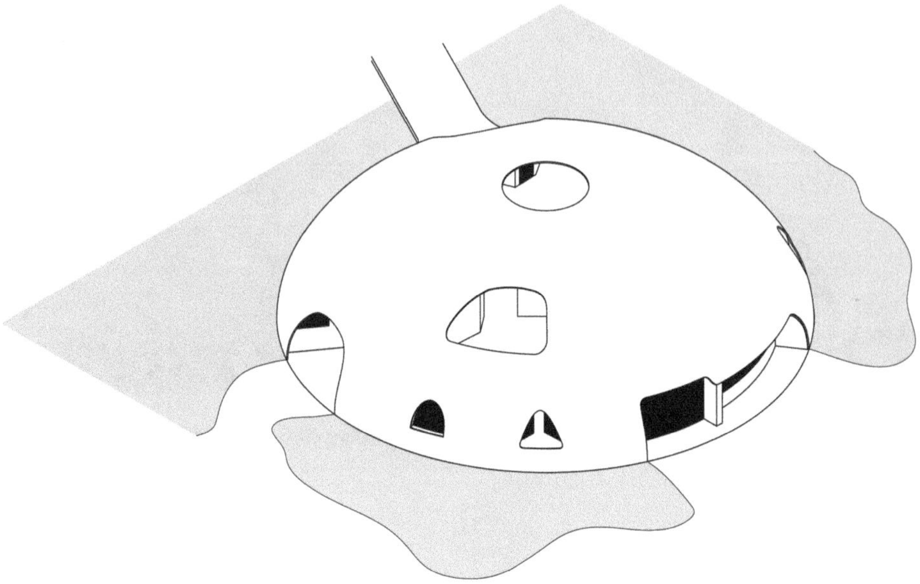

Figura 3.17 Dante Bini, Villa Antonioni, Costa Paradiso di Gallura, 1969–1971. Vista assonometrica (AP)

Per quanto riguarda il primo criterio, gli spazi interni di Villa Antonioni sono frammentati e prevalentemente aperti verso l'esterno. L'impressione è che la cupola non sia particolarmente valorizzata dalla distribuzione interna, poiché non può essere percepita come un unico grande spazio. Il motivo di questa scelta si chiarisce osservando la Binishell dalla strada soprastante, ovvero dall'alto verso la direzione del mare. Villa Antonioni non è un progetto di architettura introspettivo: la celebrazione della cupola avviene su una scala più ampia, attraverso il contrasto tra la purezza della forma strutturale e la natura incontaminata circostante.

Il secondo criterio è legato al ruolo dello spazio centrale sotto la Binishell nella composizione complessiva dell'abitazione. In questo caso, Bini progetta un cortile interno illuminato da un oculo come fulcro della villa, posizionando un piccolo giardino e gli spazi di circolazione al centro della pianta. Alla scala dell'edificio, non sembra una soluzione che sfrutti appieno il potenziale di questo grande vuoto, ma la situazione cambia considerando il progetto nel suo contesto. Villa Antonioni risulta, fondamentalmente, una macchina per contemplare il paesaggio e tutti i suoi spazi interni, inclusa questa corte, ne sono la prova. La connessione tra la casa e l'isola è sempre presente, anche nelle zone più protette dell'edificio. Lo spazio centrale ha quindi il compito di ribadire che Villa Antonioni è la cornice di un prezioso quadro: la Sardegna.

Il terzo criterio riguarda se e come la tecnica costruttiva Binishell sia rivelata o espressa come caratteristica tettonica dell'edificio. La forma strutturale è chiaramente leggibile in Villa Antonioni, soprattutto dall'esterno, ma non vi sono elementi specifici che suggeriscano l'uso di una cassaforma pneumatica per la costruzione del guscio sottile in calcestruzzo armato. Gli unici indizi possono essere la forma della cupola, dato che il sistema Binishell è anche un metodo di ricerca di forma strutturale, e la modalità con cui il guscio poggia piatto sul pendio, derivata dalla necessità di gettare il calcestruzzo su di un piano orizzontale: è questo il motivo per cui, in fondo, Villa Antonioni appare così simile ad altre cupole Binishell. Pur avendo studiato con attenzione ogni apertura, pensata per incorniciare scorci precisi della Costa Paradiso, e pur avendo introdotto elementi sulla copertura per armonizzarla con l'ambiente circostante, il netto contrasto tra il paesaggio sardo e la struttura in calcestruzzo armato appare come una scelta precisa e consapevole. Si potrebbe persino leggerlo come un ulteriore gesto progettuale, pensato per esaltare la cupola e la sua purezza geometrica.

3.3 La casa circolare nella cultura del progetto italiana

Con l'invenzione di Bini, la casa a pianta circolare si conferma un tema di ricerca progettuale per gli architetti e gli ingegneri italiani. La Binishell residenziale s'inserisce in una tradizione che comprende le case "igloo" in muratura di Mario Cavallè, costruite tra il 1909 e il 1912 nel quartiere La Maggiolina di Milano, il progetto non realizzato di Pier Luigi Nervi per una casa circolare prefabbricata con lastre in ferrocemento, datato 1946 e ampiamente diffuso anche all'infuori dall'Italia (Fig. 3.18), e la "Casa a tre cilindri" di Bruno Morassutti e Angelo Mangiarotti costruita, con progetto strutturale di Aldo Favini, tra il 1959 e il 1961 in Via Gavirate 27 a Milano (Fig. 3.19).

Le case igloo di Cavallè sono piccole residenze di 50 metri quadrati destinate alla classe operaia. Si sviluppano su due livelli – seminterrato e primo piano – all'interno di una pianta circolare di 7,5 metri di diametro. Il prototipo di Nervi, pensato in risposta agli sfollamenti causati dalla guerra, ha una pianta di 11,3 metri di diametro. Il progetto di Morassutti e Mangiarotti prevede invece appartamenti di lusso di circa 100 metri quadrati, distribuiti a partire da piante circolari di 12 metri di diametro, simili proprio ai primi progetti residenziali Binishell.

Il catalogo promozionale *Binishells. Nuova tecnica per nuove forme* e pubblicato a maggio del 1967, non risparmia elogi per le qualità architettoniche

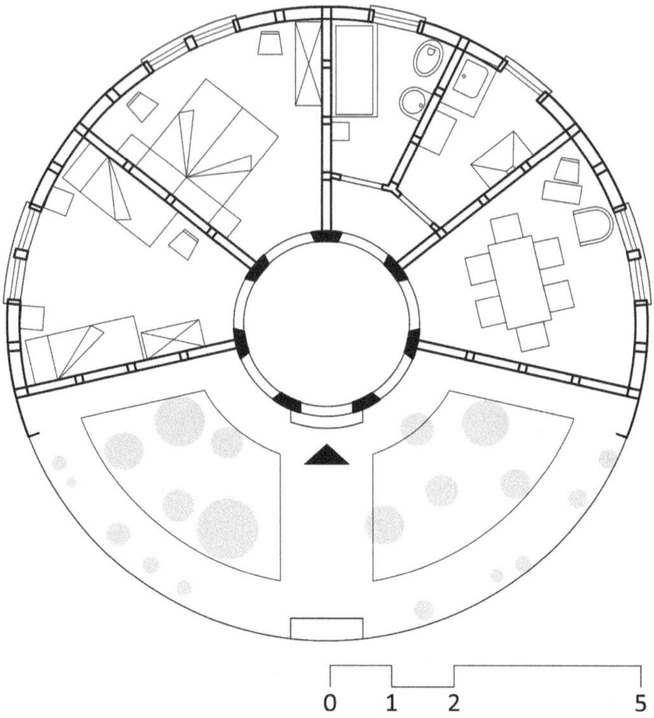

Figura 3.18 Pier Luigi Nervi, progetto di casa circolare prefabbricata, 1946. Pianta (AP)

delle Binishell residenziali: "Negli interni di queste moderne abitazioni possiamo cogliere otticamente uno spazio libero, [...] in una fantastica prospettiva spaziale, sempre nuova. In tal modo gli ambienti non sono più scatole ammassate e monotone, se pur ordinate tra di loro, ma si presentano ora in una nuova espressività formale di spazi differenziali, intersecantisi in una leggera ed elegante duttilità spaziale".

Il carattere promozionale di questa pubblicazione, ricca anche di testi descrittivi, non consente un'analisi critica completa dei progetti residenziali Binishell. Un successivo catalogo della *Binishells S.p.A.*, datato 1969–1970, presenta invece diverse varianti distributive basate su piante circolari di 12 metri di diametro. Un primo gruppo di progetti è a firma dello studio Edilizia Mediterranea di Napoli e include, ad esempio, una piccola casa vacanze in cui lo spazio centrale è adibito a soggiorno-pranzo, mentre le altre funzioni come camere e servizi sono distribuite radialmente attorno a questo nucleo. Questa soluzione privilegia la zona giorno in termini di ampiezza, ma limita l'accesso a luce naturale e viste (Fig. 3.20).

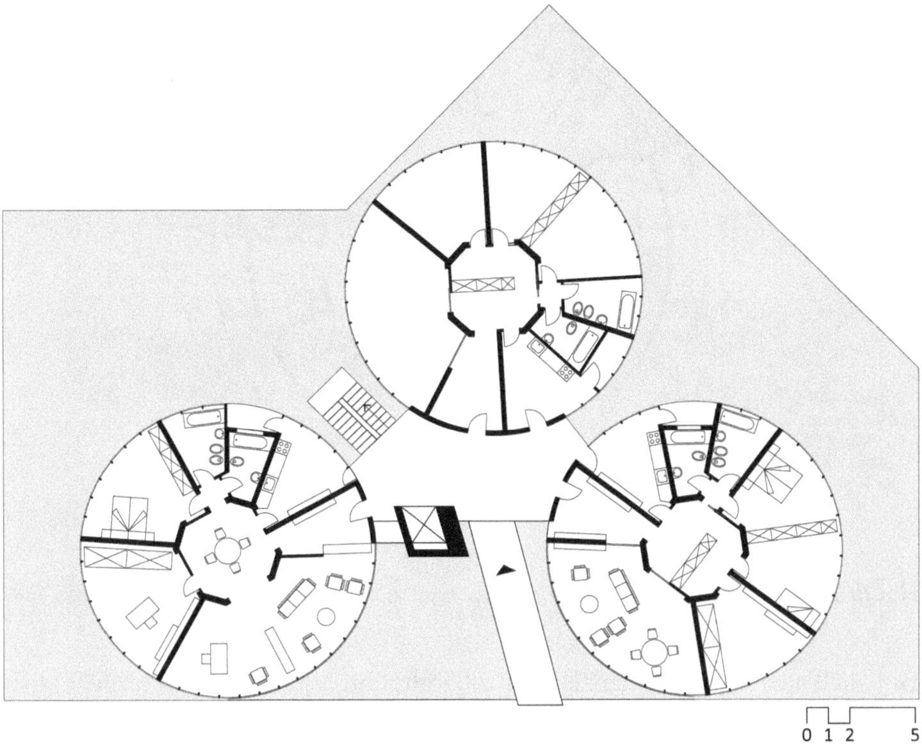

Figura 3.19 Bruno Morassutti e Angelo Mangiarotti, Casa a tre cilindri, Milano, 1956. Pianta (AP)

Questi e altri progetti sopra menzionati, inclusa la casa sperimentale da 20 metri di diametro realizzata da Nordio, dimostrano l'interesse di Bini per collaborazioni volte ad ampliare la gamma di possibili applicazioni progettuali del suo brevetto. L'obiettivo è promuovere il sistema Binishell e ampliarne le possibilità di successo commerciale, rivolgendosi tanto a committenti pubblici quanto privati, e, non da ultime, imprese interessate a ottenere la licenza della tecnica costruttiva per realizzare progetti in Italia e all'estero.

Dato che i progetti Binishell pubblicizzati nel catalogo promozionale del 1969–1970 non sono il prodotto creativo della sola mente di Bini, ma derivano da studi indipendenti di progettisti attivi in Italia e all'estero, risulta impossibile individuare elementi di continuità tra una proposta progettuale e l'altra. Questa limitazione può però trasformarsi in un'opportunità per confrontare i diversi approcci con cui architetti di formazione diversa hanno risposto alla sfida di adattare la forma di una cupola in calcestruzzo armato alla scala e ai requisiti funzionali di piccoli progetti residenziali. Progettare una

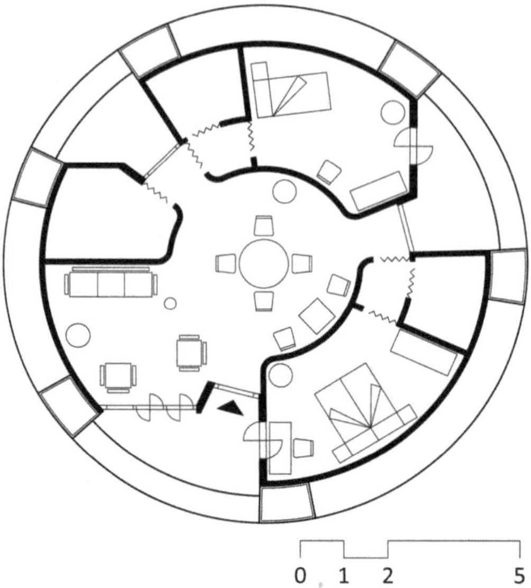

Figura 3.20 Ditta Edilizia Mediterranea, progetto di casa vacanze, Napoli. Pianta (AP)

Binishell a carattere residenziale è probabilmente il compito più impegnativo per un architetto che voglia coniugare, per usare le parole di Zorgno, "la matrice architettonica e volumetrica dell'abitazione con la matrice strutturale e costruttiva della cupola in calcestruzzo".

I progetti inclusi nel catalogo del 1970 dimostrano quanto sia difficile rispondere a questa sfida e adattare l'invenzione di Bini alle regole di base che guidano la progettazione degli spazi domestici, almeno per quelli più comuni. Ad esempio, l'assenza di linee ortogonali in una Binishell – non solo in pianta, ma anche in prospetto – rappresenta un primo ostacolo progettuale importante, particolarmente arduo da superare.

Questo contesto è fondamentale per comprendere come Bini sia arrivato, negli anni, allo sviluppo del sistema Minishell: un'evoluzione della Binishell pensata per applicazioni residenziali. È ragionevole supporre che l'insieme di queste sperimentazioni progettuali, documentate nei cataloghi promozionali della *Binishells S.p.A.*, abbia progressivamente messo in luce i limiti del brevetto originale, evidenziando non solo la necessità di innovare sul piano distributivo, ma anche di mettere in discussione i principi concettuali della forma strutturale a cupola, inizialmente applicata senza distinzione a ogni tipologia edilizia.

Del catalogo promozionale del 1970, due delle proposte progettuali più sofisticate dal punto di vista architettonico sono firmate da Nordio. La prima

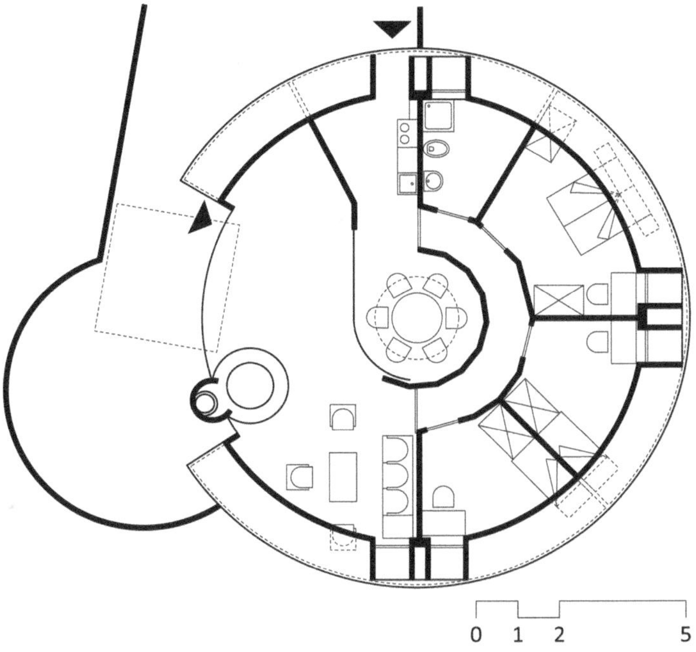

Figura 3.21 Furio Nordio, progetto di casa unifamiliare, 1970. Pianta (AP)

presenta una distribuzione degli spazi interni a mezza luna, proponendo una soluzione simile al progetto per casa vacanze sviluppato dallo studio Edilizia Mediterranea, ma con una zona giorno decisamente più luminosa e aperta verso l'esterno. Il soggiorno è posizionato al centro della pianta, mentre metà dello spazio coperto rimanente è destinato a zona pranzo e cucina, e l'altra metà a camere e servizi. Questa soluzione consente anche di creare una grande terrazza in corrispondenza dell'ingresso, garantendo maggiore connessione tra interni ed esterni e risolvendo così i limiti del progetto meno ambizioso dello studio Edilizia Mediterranea (Fig. 3.21). La seconda proposta è per un piccolo bungalow da quattro camere doppie e i servizi raggruppati al centro (Fig. 3.22).

Nonostante questi progetti siano più modesti di Villa Antonioni o della casa sperimentale da 20 metri per ambizione e scala, mostrano come Nordio non abbia mai ignorato la presenza di una copertura a guscio sottile nello sviluppo delle sue architetture. Tuttavia, la forma della Binishell sembra essere l'unico elemento preso in considerazione e, in queste proposte residenziali, non si ritrovano elementi che richiamino la tecnica costruttiva impiegata: un aspetto tettonico che Bini ha invece chiaramente valorizzato nella progettazione della sua prima cupola a Crespellano e nei progetti successivi.

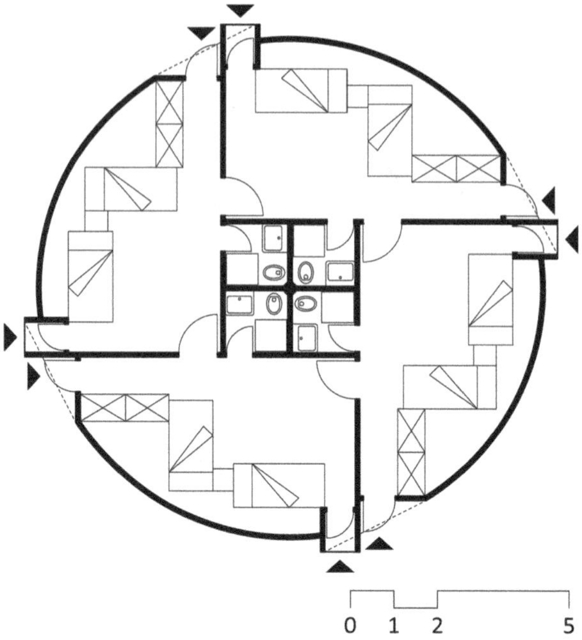

Figura 3.22 Furio Nordio, progetto di bungalow, 1970. Pianta (AP)

In questo contesto, confrontare le due proposte di Nordio con la "Casa a tre cilindri" di Mangiarotti e Morassutti evidenzia ancora meglio le difficoltà nel conciliare, sul piano architettonico, i requisiti funzionali di un'abitazione con la forma di una cupola in calcestruzzo armato.

Il nome della "Casa a tre cilindri", costruita a Milano nel 1959, richiama il numero e la forma delle tre torri identiche a pianta circolare che la compongono. Poiché gli spazi di circolazione verticale sono esterni ai tre cilindri e racchiusi in un volume vetrato che li collega, gli appartamenti possono sfruttare l'intera superficie della pianta circolare. Il progetto prevede un appartamento per piano, per un totale di nove appartamenti.

Come nei progetti di Nordio, gli spazi interni sono distribuiti radialmente attorno a una zona centrale, delimitata da quattro piccoli setti portanti, pensata come zona pranzo. Le somiglianze formali tra le piante della Casa a tre cilindri e quelle delle Binishell di Nordio non devono però trarre in inganno, dato che gli interni offrono qualità spaziali ben diverse.

Basta osservare le sezioni per notare come il compito di Mangiarotti e Morassutti fosse ben più semplice, poiché i loro soffitti sono ridotti a semplici linee orizzontali, e non presentano le problematiche delle curve delle Binishell. Inoltre, non utilizzando una struttura a guscio, che avrebbe scaricato i carichi lungo il perimetro, ma solette a sbalzo supportate da un telaio in calcestruzzo armato e da un nucleo centrale, adottano una soluzione che permette l'inserimento di finestre a nastro a 360 gradi, garantendo viste e luce naturale su tutta la superficie della facciata.

Anche limitandosi a considerare solo l'aspetto dell'illuminazione naturale, risulta evidente che un sistema a telaio strutturale, per quanto meno sofisticato ed elegante di un guscio sottile, offra molta più flessibilità progettuale rispetto al sistema Binishell.

Come menzionato all'inizio del capitolo, la presenza di forme curve nel progetto di architettura residenziale non costituisce necessariamente un problema, nemmeno quando la mancanza di ortogonalità si manifesta sia in pianta che in sezione. L'incompatibilità tipologica tra il sistema Binishell e la piccola abitazione, infatti, si configura piuttosto come un paradosso: quello di cercare di coniugare la semplicità seriale, modulare e a basso costo – caratteristiche tipiche della "prigione cubica" moderna – con la mancanza di ortogonalità propria della Binishell, nata anch'essa però per rispondere a simili necessità economiche e costruttive. Con tutta probabilità, è proprio questo il nodo critico che ha spinto Bini a sviluppare il sistema Minishell per applicazioni residenziali.

3.4 La quadratura del cerchio

Il progetto per una piccola casa vacanze unifamiliare dell'architetto parigino Alexandre Jeleff è un altro esempio, tra quelli inclusi nel catalogo promozionale del 1970, che merita una menzione. L'aspetto che distingue questa proposta progettuale dalle altre presenti nel catalogo è la pianta quadrata inscritta all'interno del perimetro circolare della Binishell. Si tratta di una soluzione che riduce la superficie utile degli spazi interni, ma che determina una chiara separazione visiva e funzionale tra la geometria della cupola e la volumetria dello spazio abitativo. La disposizione interna è razionalizzata, dato che Jeleff introduce tamponamenti verticali non strutturali come muri perimetrali; allo stesso tempo, le quattro aperture ad arco realizzate nella Binishell mantengono una propria autonomia compositiva rispetto alle porte e alle finestre dell'abitazione, ossia ai componenti edilizi standardizzati di non facile integrazione in una copertura a guscio sottile. Queste grandi aperture ad arco nella cupola dialogano con la pianta quadrata della casa e, in qualche modo, forniscono una "quadratura del cerchio" che preserva la simmetria complessiva della composizione (Fig. 3.23).

Il catalogo promozionale del 1970 illustra vari tentativi progettuali di "quadratura del cerchio", ma nessuna delle proposte pubblicate può considerarsi

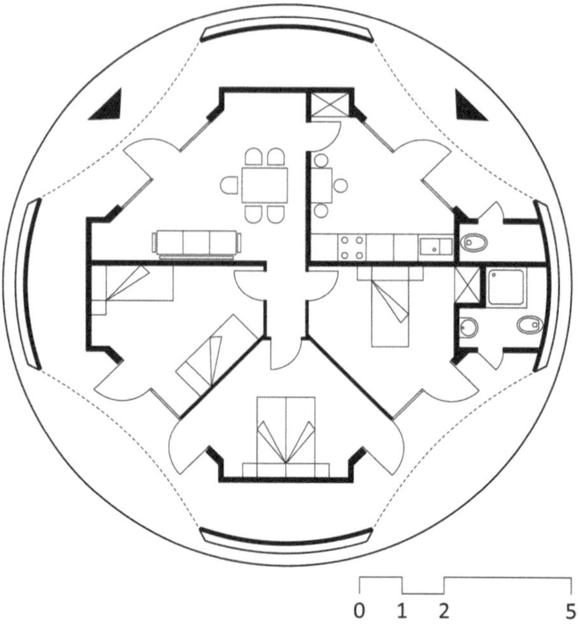

Figura 3.23 Alexandre Jeleff, progetto di casa vacanze, Guadalupa, 1969. Pianta (AP)

architettonicamente riuscita come quella di Jeleff. Ad esempio, il progetto dello studio Bonfiglioli, Evangelisti e Vacchi rappresenta una risposta prettamente funzionale al problema di progettare un'abitazione all'interno di una struttura a cupola, e ne ignora completamente le caratteristiche formali (Fig. 3.24). L'uso eccessivo di partizioni verticali e controsoffitti per ritagliare spazi domestici "cubici" nella Binishell non fa altro che generare soluzioni progettuali simili a quelle di tante altre abitazioni moderne con struttura a telaio, annullando così ogni possibilità di sfruttare le qualità spaziali e tettoniche della cupola. In questo progetto, Bonfiglioli, Evangelisti e Vacchi dispongono la cucina in posizione baricentrica, perdendo l'opportunità di sfruttare il grande spazio centrale sotto la cupola per una zona soggiorno, magari arredata con una libreria o destinata a uno studio. Utilizzando la terminologia del catalogo promozionale della *Binishells S.p.A.*, questo progetto è vittima di una "rigidità di pareti bidimensionali" e genera "scatole ammassate e monotone", vale a dire l'obiettivo opposto della "nuova espressività formale" pubblicizzata dal catalogo stesso.

La Casa Cupoletta di Luigi C. Olivieri, progettata per il settimanale femminile *Grazia*, ha invece il chiaro obiettivo di persuadere non solo le imprese, ma anche i clienti privati a utilizzare il sistema costruttivo Binishell per vedere realizzata la propria casa dei sogni. L'approccio progettuale di Olivieri si potrebbe

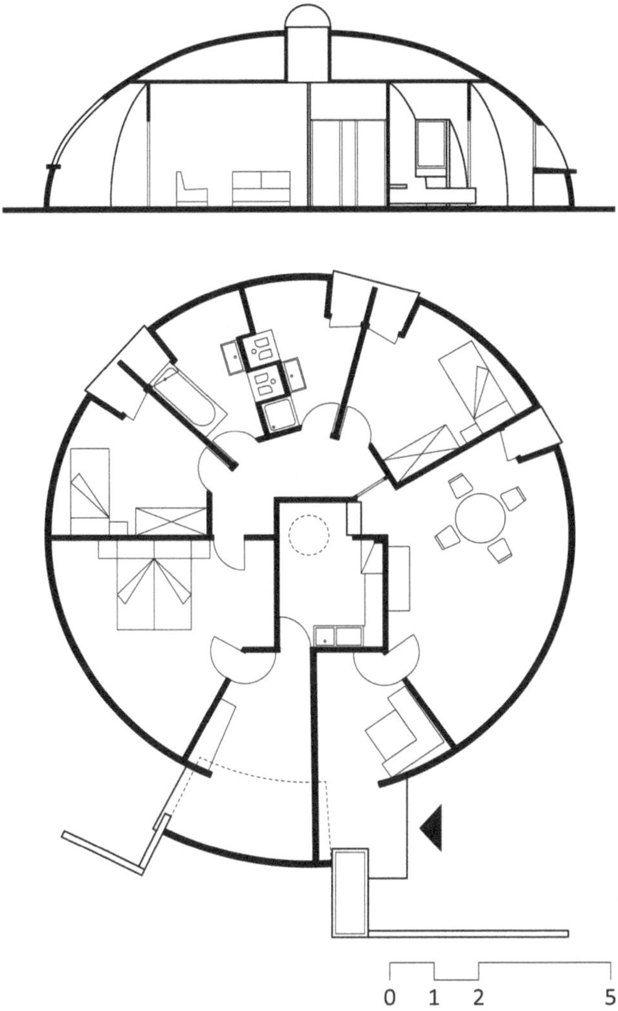

Figura 3.24 Ditta Bonfiglioli, Evangelisti e Vacchi, progetto di casa unifamiliare, Bologna, 1969. Pianta e sezione (AP)

definire cosmetico, in quanto applica uno strato di pittura beige alla superficie esterna in calcestruzzo a facciavista della cupola, aggiungendo un camino e una pergola in legno per richiamare il più possibile lo stereotipo della villetta unifamiliare immersa nel verde (Fig. 2.16).

La strategia di marketing utilizzata da Olivieri per persuadere le lettrici della rivista è discussa più in dettaglio nei Capitoli 2 e 5. Qui l'analisi si focalizza sulla pianta, in particolare sulla distribuzione interna e sulla sua relazione con la forma a guscio della Binishell. Il progetto di Casa Cupoletta suggerisce che Oli-

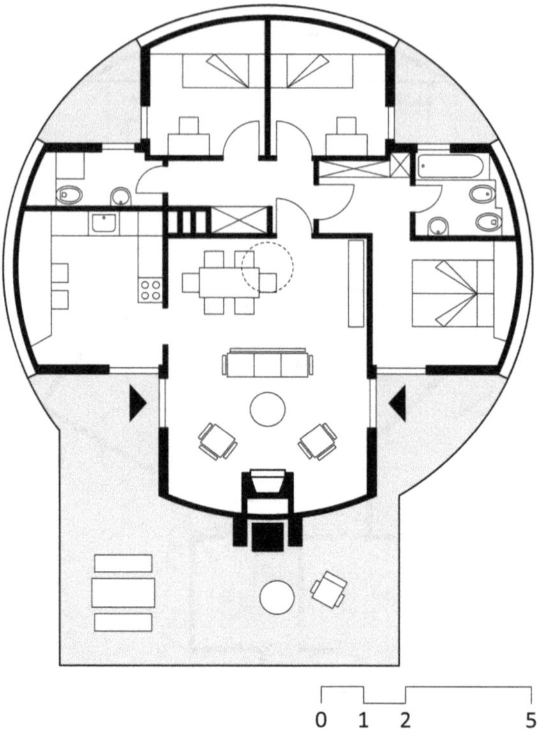

Figura 3.25 Luigi C. Olivieri, Casa Cupoletta, 1975. Pianta (AP)

vieri fosse ben consapevole delle difficoltà intrinseche nel progettare una casa a pianta circolare. Per eludere il problema, taglia porzioni intere della struttura della Binishell, con piani verticali, come se fosse una torta suddivisa in spicchi regolari, ottenendo così una pianta a croce. Questo approccio gli consente di creare pareti perimetrali verticali e diversi punti d'ingresso per la luce naturale, da tamponare con sistemi di serramenti standardizzati (Fig. 3.25).

Sebbene si tratti di una soluzione valida e ingegnosa sul piano funzionale, risulta difficile considerarla pienamente convincente e raffinata dal punto di vista architettonico. Olivieri, infatti, non riesce a realizzare quella che Zorgno definisce come "la confluenza della matrice architettonica e volumetrica con la matrice costruttiva e strutturale" dell'edificio. Tuttavia, non sorprende che un progetto di casa a catalogo, abbinato al sistema Binishell, ovvero una tecnica costruttiva automatizzata e modulare sviluppata per ridurre costi e sprechi, comporti una serie di compromessi, soprattutto sul piano architettonico.

Il villaggio turistico Torre Cintola a Monopoli, nei pressi di Bari, completato negli anni Settanta, è il più grande complesso residenziale Binishell al mondo.

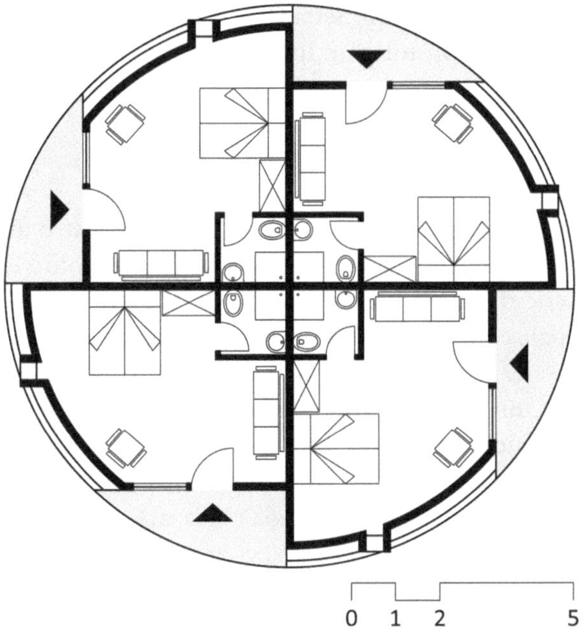

Figura 3.26 *Binishells S.p.A.*, Villaggio turistico Torre Cintola, Monopoli, anni Settanta. Pianta degli appartamenti (AP)

Comprende 40 cupole identiche da 15 metri di diametro, ognuna delle quali ospita quattro piccoli appartamenti da 20 metri quadrati (Fig. 3.26). Come per la Casa Cupoletta, la strategia progettuale ha previsto tagli verticali nel guscio di copertura per inserire componenti edilizi standard, principalmente muri perimetrali verticali, porte e finestre.

Difficile immaginare che la somiglianza tra Casa Cupoletta e gli appartamenti di Torre Cintola sia del tutto casuale: è probabilmente il risultato di ragionamenti funzionali. Sottraendo infatti piccole porzioni della struttura in calcestruzzo armato attraverso tagli con piani verticali, Bini risolve simultaneamente tre problemi: creare un accesso, semplificare la distribuzione interna e incrementare la superficie delle pareti verticali in grado di garantire una buona illuminazione naturale.

In sintesi, sia il progetto di Casa Cupoletta sia quello del villaggio turistico Torre Cintola rappresentano tentativi, seppur un po' acerbi, di adattare il sistema costruttivo Binishell alle tipologie abitative unifamiliari e plurifamiliari standard. Possono essere considerati tra i primi esperimenti di quanto oggi possiamo retrospettivamente definire sul piano critico come una "quadratura del cerchio" e rappresentano i precursori di altri metodi costruttivi pneumatici che Bini sviluppa negli anni Settanta e Ottanta, in particolare il sistema Minishell – concepito e prototipato in Australia – e il sistema Pack-Home.

3.5 I sistemi Minishell e Pack-Home

Come già menzionato nel Capitolo 1, nel 1971 il ministro australiano Leon Ashton Punch è alla ricerca di un sistema costruttivo rapido ed efficiente per realizzare una serie di centri polifunzionali, scuole e biblioteche in Australia. Lo scopo principale è mantenere le promesse fatte alcuni anni prima durante la campagna elettorale. Davis Hughes, all'epoca Agente Generale del New South Wales nel Regno Unito, cioè il rappresentante dello stato per gli interessi commerciali ed economici in Europa, si fa carico della questione e, durante le sue ricerche, scopre il lavoro di Bini. Lo contatta e organizza un breve viaggio in Italia per visitare alcune delle Binishell già realizzate. Ian Thomson, architetto del Ministero dei Lavori Pubblici del New South Wales, non impiega molto tempo a decretare il sistema Binishell come il più adatto per costruire diversi centri polifunzionali in tempi brevi, e finalizza quindi un contratto di lavoro con Bini.

Nel dicembre 1973 Bini emigra in Australia con l'intera famiglia, con l'intenzione iniziale di restare "sottosopra" per un solo anno e costruire dieci Binishell destinate a strutture scolastiche, e viene nominato "consulente architettonico incaricato di progettare, dirigere e formare il personale del Ministero in tutti gli aspetti della costruzione delle cupole Binishell" (Pilz 1978).

Sappiamo oggi che Bini è rimasto in Australia per un periodo più lungo – circa sei anni – e ha progettato e costruito molte più cupole rispetto alle dieci inizialmente previste. L'esperienza australiana rappresenta un momento culminante nella sua carriera di architetto, sebbene sia stata anche un periodo intenso e difficile, non privo di ostacoli, ben documentati dallo stesso Bini nel suo libro *A cavallo di un soffio d'aria. L'architettura autoformante* (Dante Bini 2009a) e, nella successiva edizione tradotta in inglese ed espansa, *Building with Air* (2014); questo periodo australiano è anche discusso nell'articolo "Dante Bini's 'New Architectural Formulae': Construction, Collapse and Demolition of Binishells in Australia 1974–2015" (Pugnale e Bologna 2015).

In Australia, Bini progetta cinque cupole di 18 metri di diametro per il Ministero dei Lavori Pubblici – tre per la Narrabeen North Public School, una per la Killarney Heights Primary School e una per la Ashbury Public School – e almeno dodici cupole di 36 metri di diametro per altre scuole nello stato del New South Wales. Le Binishell più piccole furono adibite a uffici, aree lettura o piccole biblioteche, variando la funzione in base alle necessità della singola scuola, mentre quelle più grandi vennero tutte concepite come centri polifunzionali.

Per queste cupole da 36 metri, Bini sviluppa due schemi progettuali, architettonicamente piuttosto differenti tra loro (Figg. 3.27 e 3.28). Il primo è particolarmente rilevante per questo capitolo perché non presenta la classica pianta circolare del sistema Binishell: la base della cupola è inscritta in un quadrato, il che permette a Bini di nasconderla parzialmente alla vista e di ricavare spazi aggiuntivi adibiti a spogliatoio e deposito. Dal punto di vista volumetrico, questa Binishell appare come inserita all'interno di una piramide quadrangolare incompleta, della quale sono visibili soltanto alcuni tratti degli spigoli di base.

Sebbene questo progetto possa essere visto come un ulteriore tentativo di "quadratura del cerchio", è molto più probabile che le vere ragioni di una composizione così simmetrica e monumentale siano legate all'architettura piuttosto che a mere esigenze funzionali, rappresentando per Bini un modo per valorizzare la cupola e celebrarne la forma.

Dopo aver concluso la sua esperienza con il Ministero dei Lavori Pubblici del New South Wales, durante la quale realizza diverse strutture scolastiche, Bini continua a sviluppare nuovi sistemi costruttivi. Ognuna di queste invenzioni risponde a problemi specifici emersi durante la sua pratica professionale: ad esempio, il sistema Minishell viene sviluppato nel 1979 per applicazioni residenziali di piccola scala, con l'obiettivo di risolvere due problemi ricorrenti nell'applicazione del sistema Binishell, ovvero il taglio delle aperture e la pianta circolare, entrambi incompatibili con la tipologia abitativa a basso costo.

Nel 1980, Bini costruisce cinque Minishell a Trinity Beach, Cairns, in Australia, tuttora ben conservate e utilizzate come case vacanze. Si tratta di alcune delle poche strutture costruite con uno dei sistemi pneumatici di Bini ancora esistenti nel paese. Dal punto di vista strutturale, si tratta di cinque gusci identici, ciascuno suddiviso a metà per ospitare due appartamenti indipendenti, mentre la distribuzione interna varia leggermente in base all'orientamento (Fig. 3.29).

La nascita del sistema costruttivo Minishell deriva certamente dall'esperienza diretta di Bini, sia come progettista sia come costruttore di Binishell residenziali, ma è molto probabile che le riflessioni di Ross Styles sui limiti architettonici del progettare con cupole a pianta circolare abbiano influito sul suo pensiero, convincendolo a proseguire nelle sue sperimentazioni.

Styles si laurea in architettura presso l'Università di Sydney nel 1975, proprio con una tesi interamente dedicata alle Binishell[6]. Poiché Styles è stato il

[6] Tra il 1968 e il 1973, Styles è tirocinante presso la *Government Architect's Branch* del *Department of Public Works* del New South Wales. Insieme a un altro tirocinante, John Rabong, viene incaricato di affiancare

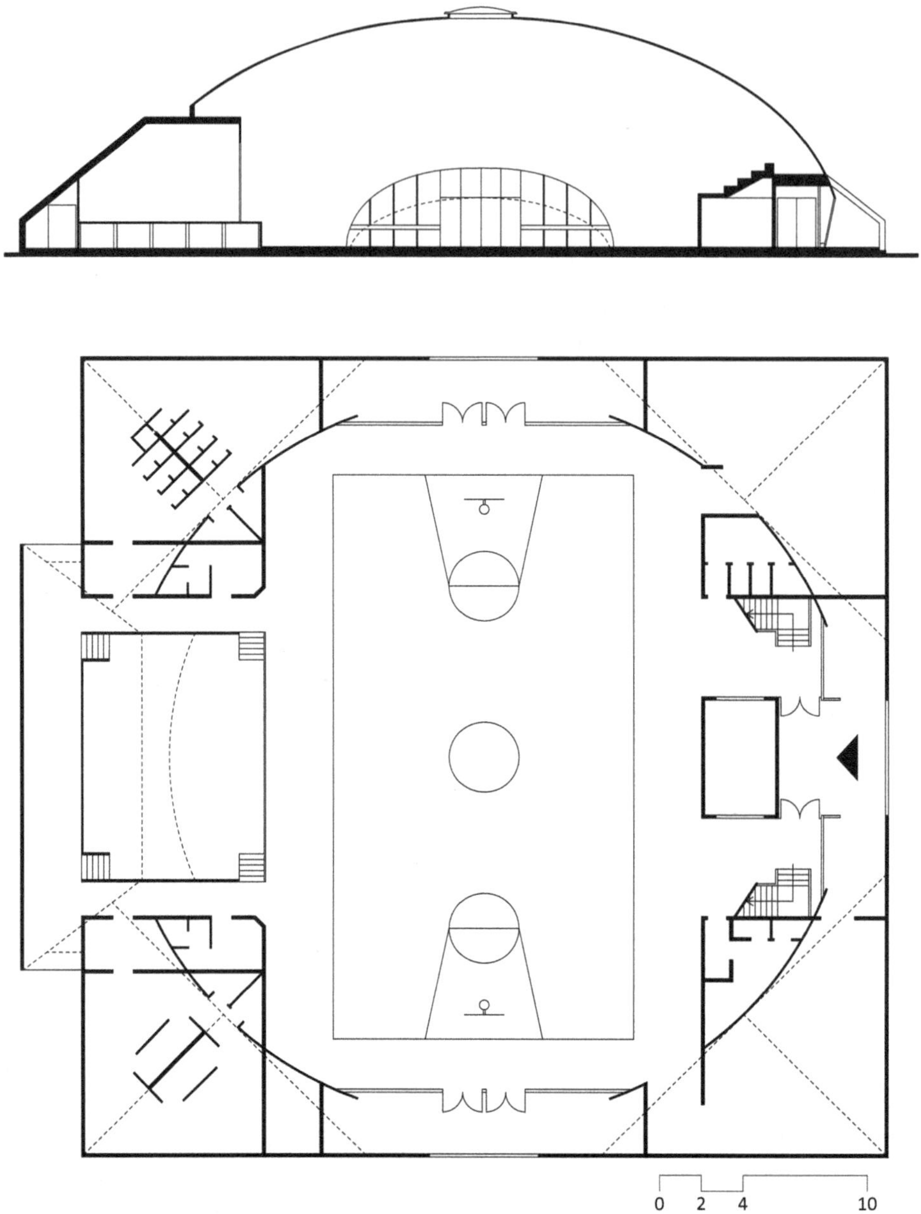

Figura 3.27 Dante Bini, progetto australiano di Binishell da 36 metri – *Scheme One*, 1974. Pianta e sezione (AP)

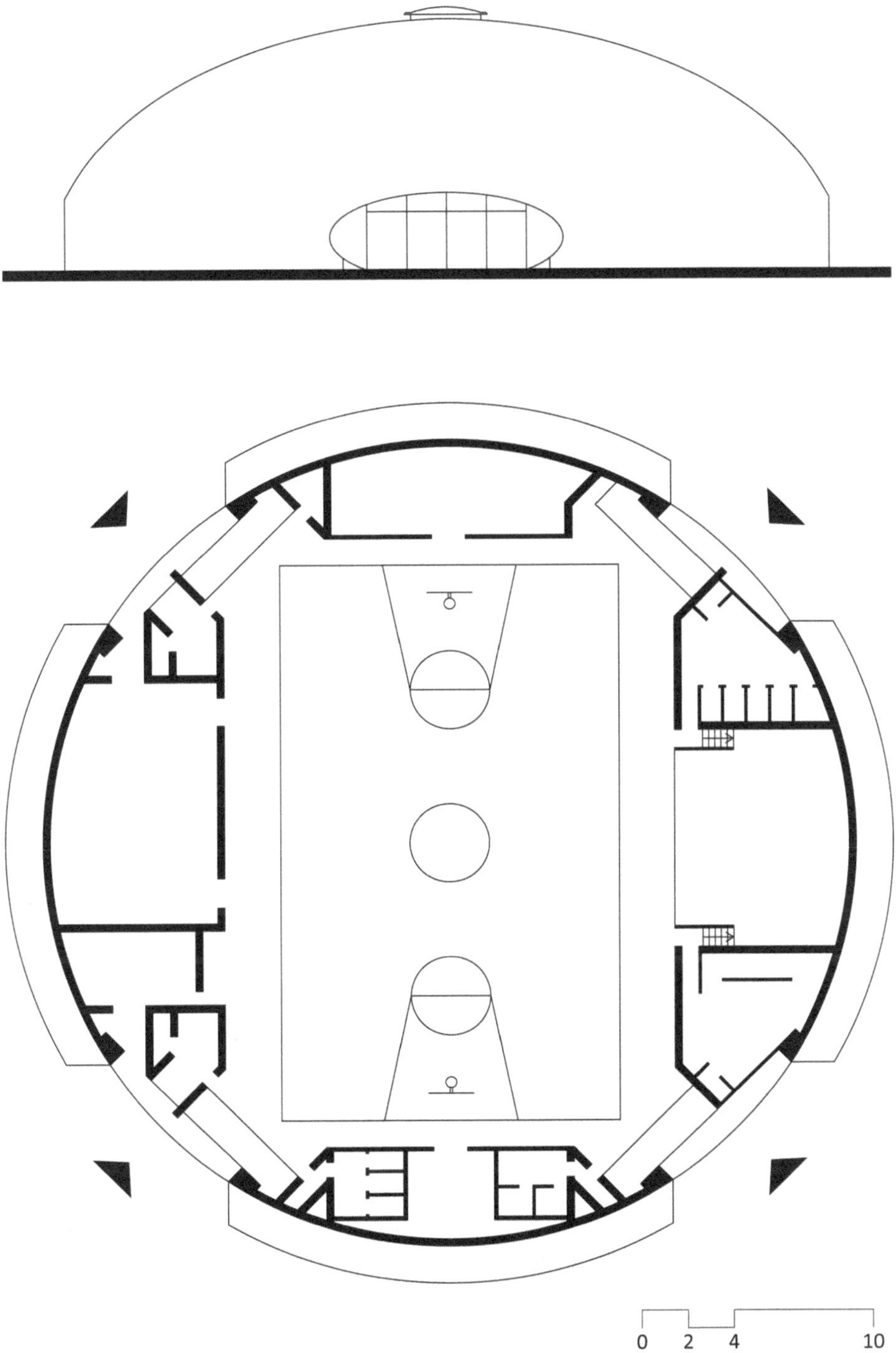

Figura 3.28 Dante Bini, progetto australiano di Binishell da 36 metri – *Scheme Two*, 1974. Pianta e prospetto (AP)

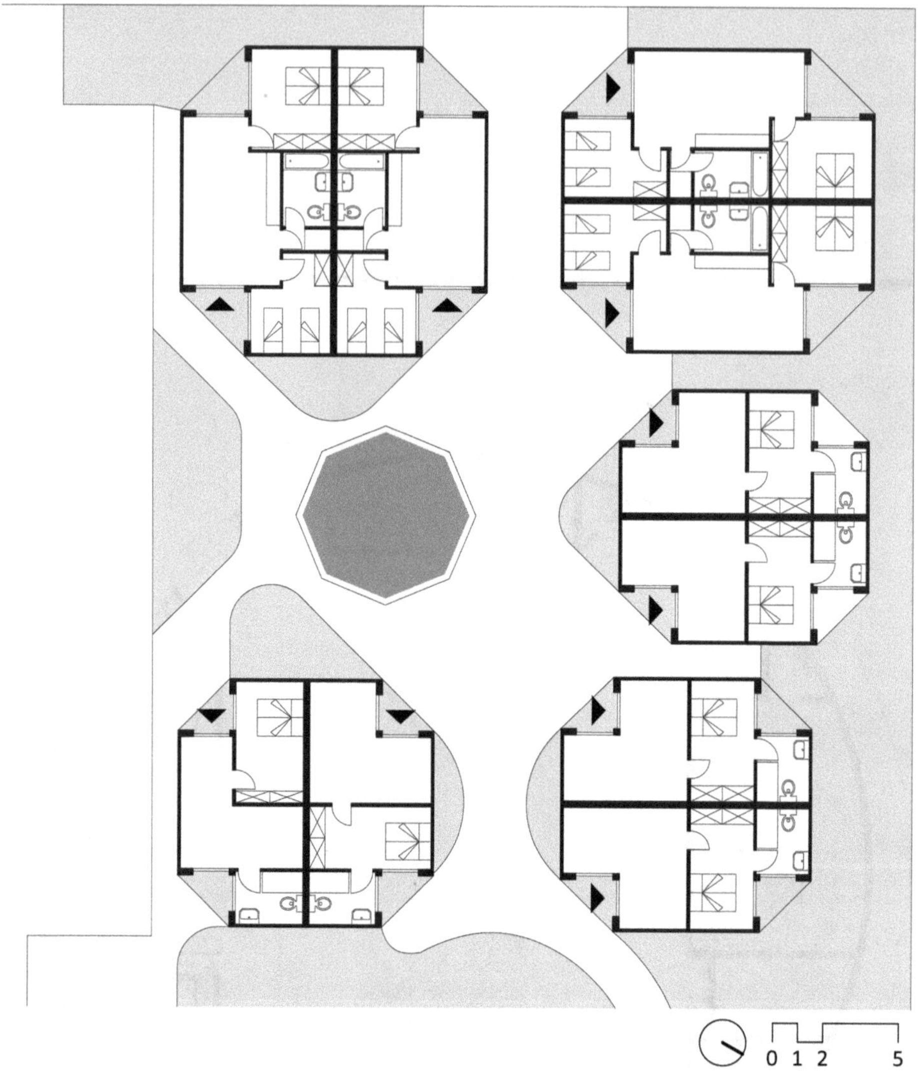

Figura 3.29 Dante Bini, case vacanze Minishell, Trinity Beach, Cairns, Queensland, 1979–1980. Planimetria generale (AP)

primo a studiare le invenzioni e i progetti di Bini sia da un punto di vista storico-critico che prettamente progettuale, non sorprende che la sua tesi di laurea abbia offerto diversi spunti utili all'architetto italiano per lo sviluppo di futuri brevetti.

Bini e di assisterlo con le sue conoscenze sulle tecniche costruttive e sui materiali locali per la realizzazione delle prime Binishell australiane a Narrabeen. Styles fornisce queste informazioni agli autori nel 2015.

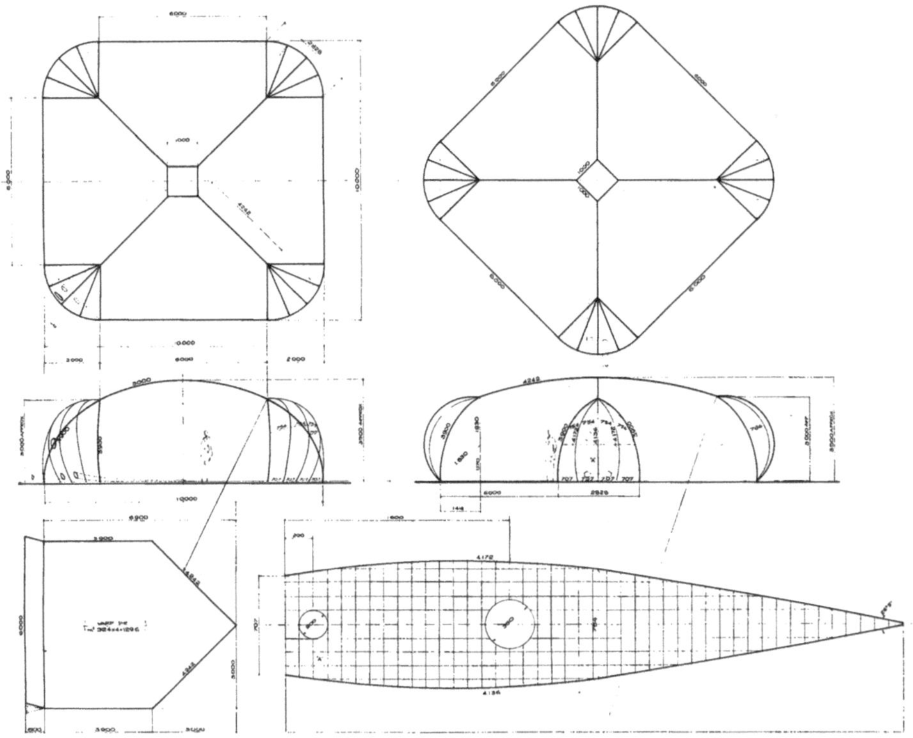

Figura 3.30 Dante Bini, membrana pneumatica del sistema Minishell, 1979. Disegni tecnici (DB)

Occorre infatti notare che una Minishell si costruisce essenzialmente come una Binishell: il calcestruzzo viene gettato a livello del terreno, su una superficie piana, e poi plasmato nella sua forma finale tramite una cassaforma pneumatica. È quindi, come la Binishell, una tecnica costruttiva, ma anche un metodo di ricerca di forma strutturale in scala 1:1.

Per questo nuovo sistema, Bini modifica la forma della membrana gonfiabile e il suo sistema di ancoraggio, in modo che la cupola abbia una pianta pressoché quadrata invece che circolare. Bini cambia anche la forma della membrana, progettandola con bordi verticali arrotondati, a forma di spinnaker, così che, durante la fase di sollevamento, il calcestruzzo non possa coprire quelle parti della cassaforma pneumatica. Questo è forse l'aspetto più innovativo, in quanto permette di creare quattro aperture ad arco ai vertici della base direttamente durante la fase di gonfiaggio della struttura, senza richiedere ulteriori tagli a sollevamento avvenuto (Figg. 3.30 e 3.31).

In un contributo per un convegno del 1993, Bini spiega che il sistema Minishell è stato concepito per piccoli progetti, con una planimetria quadrata

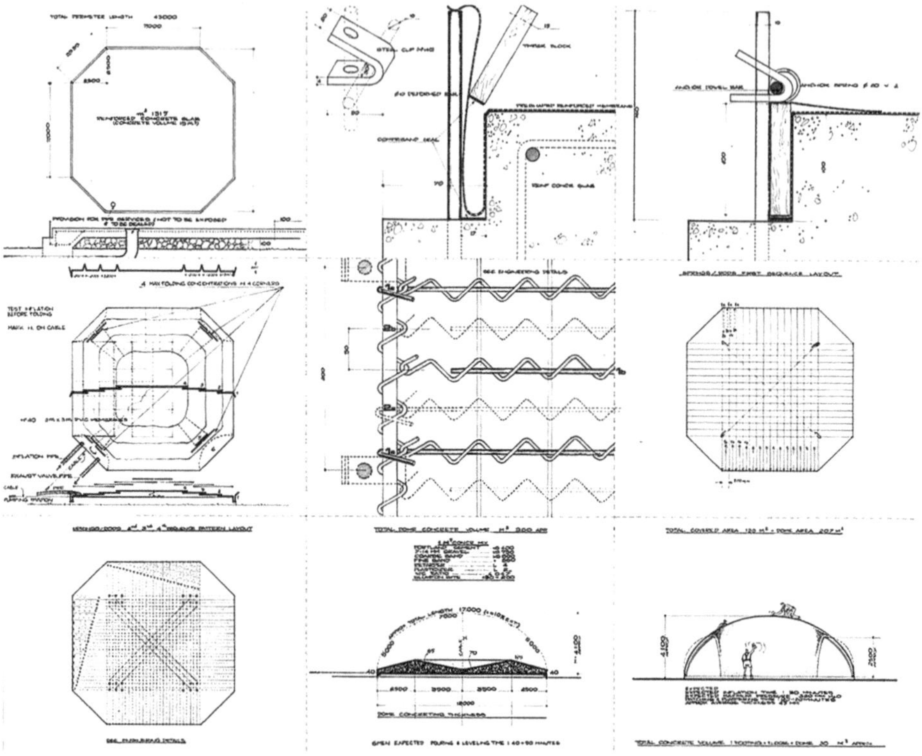

Figura 3.31 Dante Bini, il sistema Minishell, novembre 1979. Disegni della sequenza costruttiva (DB)

variabile da 8 a 10 metri di lato. Si tratta di una struttura che può venire realizzata in soli 30 minuti e richiede 4,6 metri cubi di calcestruzzo, armati con 400 barre corrugate da 6 mm, abbinate a molle da 36 mm di diametro (Bini 1993). Anche se in un articolo del 1989 Bini riporta dati leggermente diversi, affermando che la Minishell può coprire una superficie di 10 × 10 o 12 × 12 metri (Bini e Pietrogrande 1989), le dimensioni di questo sistema rimarrebbero comunque troppo ridotte per applicazioni diverse da quelle residenziali.

Bini definisce la Minishell come un'estensione del concetto che aveva dato origine alla Binishell, poiché le due tecniche differiscono principalmente nella forma della cupola più che nella sequenza e nel metodo costruttivo. Tuttavia, dal punto di vista architettonico, le differenze tra le due invenzioni vanno ben oltre la semplice questione formale: mentre la Binishell privilegia la forma strutturale sopra ogni altra considerazione, la Minishell nasce dall'esperienza maturata da Bini nella realizzazione di Binishell residenziali, e si configura come un sistema più funzionale, orientato agli aspetti pratici e alle convenzioni distributive piuttosto che alla purezza geometrica e alla monumentalità.

Si può ragionevolmente ipotizzare che la forma architettonica e strutturale della Minishell derivi talmente tanto da esigenze funzionali che sostituirla con pareti e altri componenti edilizi standard non altererebbe in maniera significativa il progetto degli interni. Questa ipotesi può essere dimostrata empiricamente analizzando la Minishell insieme a un altro brevetto sviluppato da Bini nel 1985. In quell'anno, su incarico delle autorità dell'allora Unione Sovietica, Bini studia un sistema costruttivo pneumatico per realizzare case prefabbricate unifamiliari a basso costo, in risposta alla crisi edilizia del Paese. La proposta di Bini consiste in un piccolo rifugio strutturale, inizialmente chiamato Pack-Home e poi ribattezzato Binishelter, composto da elementi prefabbricati standard, prodotti in serie, assemblati a terra e successivamente sollevati nella posizione finale tramite una membrana pneumatica (Bini e Pietrogrande 1989).

Un confronto tra le piante dei progetti Minishell e i disegni preparati per il brevetto Pack-Home rivela evidenti analogie tra i due sistemi, ma solleva anche interrogativi sull'adeguatezza dell'impiego delle strutture a guscio per il progetto abitativo di piccole dimensioni. A questa scala, infatti, un sistema composto da elementi prefabbricati bidimensionali e piani appare molto più coerente con gli obiettivi del progetto rispetto a un guscio a doppia curvatura in calcestruzzo armato, che per sua natura è pensato per coprire spazi ben più ampi, così da essere pienamente sfruttato come sistema strutturale a grande luce (Figg. 3.32 e 3.33).

3.6 Nuovi sistemi per nuove forme

Sebbene il successo di un progetto Binishell dipenda da molti fattori, i casi studio analizzati mostrano chiaramente che alcune tipologie edilizie si sono rivelate più flessibili di altre nell'adattarsi alla pianta circolare e alla forma della cupola in calcestruzzo armato.

Un catalogo promozionale in italiano della *Binishells S.p.A.*, datato 1967, include una pagina bianca su cui i potenziali clienti avrebbero potuto descrivere il loro problema o schizzare idee progettuali. La società sostiene infatti di poter offrire "un sistema nuovo per costruirle: più rapido, più economico, più ricco di possibilità. Un sistema che offre una risposta valida ad ogni problema edilizio, anche al vostro!"

Se ciò poteva valere per alcune applicazioni commerciali, industriali e scolastiche di dimensioni medie e grandi, Villa Antonioni rappresenta invece uno

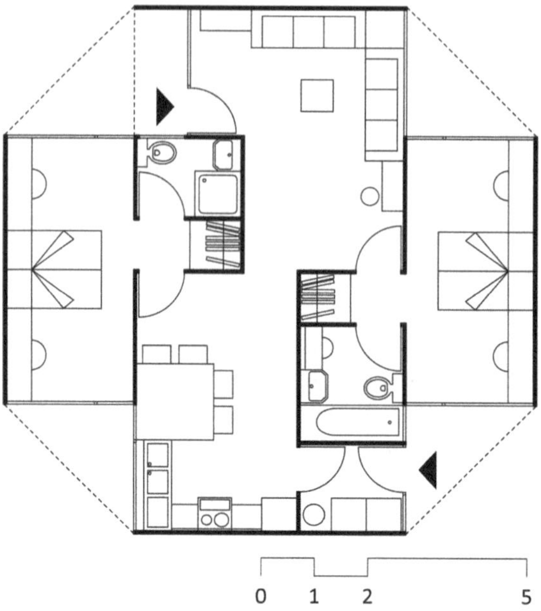

Figura 3.32 Dante Bini, i sistemi Minishell e Pack-Home, 1979 e 1986. Pianta tipo (AP)

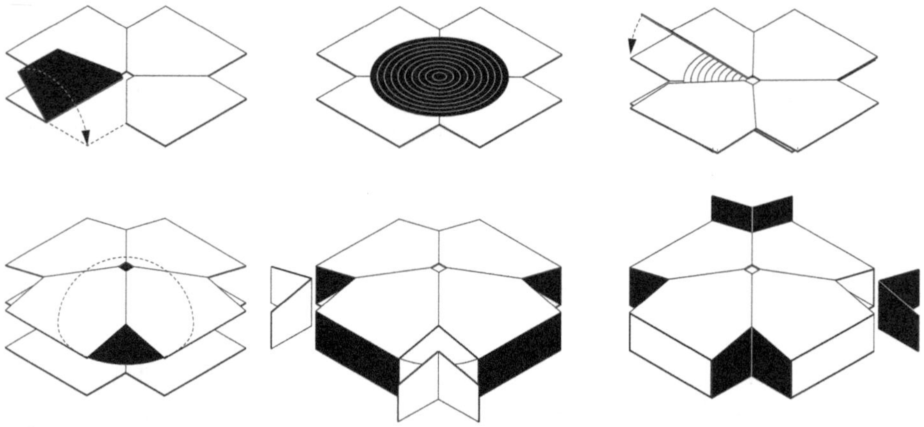

Figura 3.33 Dante Bini, il sistema Pack-Home, 1986. Sequenza costruttiva (AP)

dei rari progetti residenziali in cui la matrice architettonica e volumetrica dell'abitazione si fonde completamente con la struttura e il sistema costruttivo della cupola in calcestruzzo. In questo progetto, nulla è standardizzato né pensato per essere replicato o per ridurre i costi: si tratta di un'applicazione quasi paradossale del sistema Binishell, un progetto completamente su misura, nonostante la tecnica costruttiva fosse stata ideata per essere modulare.

Bini sviluppa il sistema Minishell durante la sua permanenza in Australia, dopo l'esperienza maturata nella progettazione di abitazioni unifamiliari e villaggi turistici in Italia. Nel complesso, la Minishell può essere considerata un'evoluzione riuscita del sistema Binishell, in quanto risolve molti dei suoi problemi funzionali e distributivi, specialmente nelle applicazioni residenziali. Tuttavia, la scala di questo nuovo brevetto solleva una questione chiave di tipo ontologico sull'adeguatezza delle strutture a guscio per la progettazione e la costruzione di abitazioni di piccole dimensioni.

Lo sviluppo del sistema Pack-Home nel 1985 suggerisce che tipologie strutturali e sistemi costruttivi più convenzionali funzionino meglio quando gli obiettivi principali sono la produzione seriale, la riduzione dei costi di costruzione e dei tempi di cantiere. Tuttavia, è ragionevole pensare che Bini non fosse interessato soltanto all'efficienza e agli aspetti tecnici: ragionando principalmente da architetto, le sue invenzioni rappresentano soprattutto il veicolo con cui esplorare nuove forme architettoniche e strutturali.

Come il padre, anche Nicolò Bini privilegia un equilibrio tra progetto e costruzione rispetto a un approccio puramente ingegneristico. Al momento della stesura di questo testo, pubblicizza sul sito Binishells.com diversi sistemi costruttivi pneumatici[7]. Alcuni di questi sono discussi nei Capitoli 4 e 5, in relazione alla progettazione delle aperture o ad aspetti legati alla modularità.

Questo capitolo si limita invece ad analizzare se e come Nicolò Bini affronti il rapporto tra architettura, struttura e forma costruttiva in continuità o meno con l'approccio del padre. Ancora una volta, la discussione ruota attorno alle parole di Zorgno e, di conseguenza, alla fusione tra la matrice architettonica e volumetrica di un edificio e la sua matrice costruttiva e strutturale.

Si può notare che nessuno dei sistemi di Nicolò Bini conserva la pianta circolare e, di conseguenza, soffre dei limiti tipici del brevetto Binishell originale. Una versione aggiornata del brevetto Minishell è ancora pubblicizzata sul sito web come opzione costruttiva per piccole abitazioni. Non sorprende, quindi, che anche gli altri sistemi non adottino la classica pianta circolare della Binishell, essendo progettati come soluzioni residenziali a basso costo, modulari e flessibili.

Se escludiamo il sistema Minishell dalle invenzioni pubblicizzate sul sito Binishells.com, in quanto originariamente sviluppato da Dante Bini nel 1979, quali alternative offre oggi Nicolò Bini alla "prigione cubica"?

Una prima risposta si trova nel System A, un metodo costruttivo per strutture a guscio sottile in calcestruzzo armato che si adatta a diverse configurazioni planimetriche e distributive. Per certi versi, e con qualche semplificazione,

[7] https://binishells.com. Consultato il 17 novembre 2025.

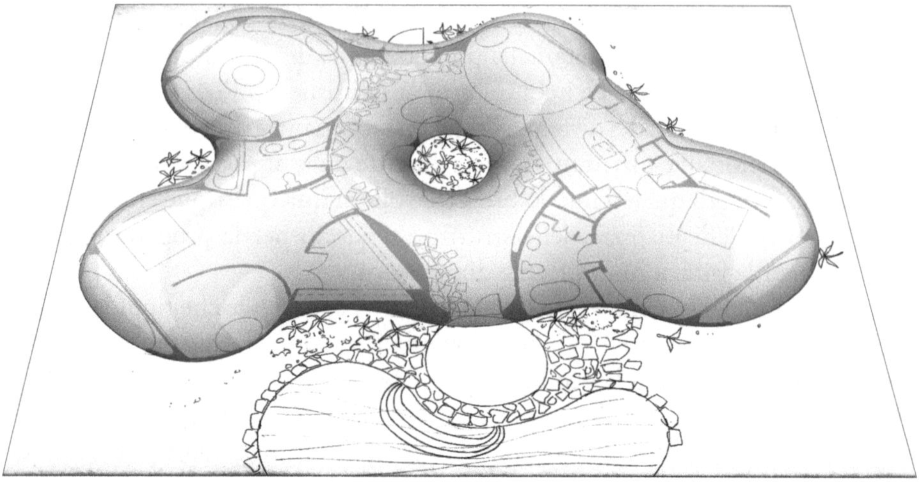

Figura 3.34 Nicolò Bini, progetto residenziale Binishell basato sull'applicazione del System A, 2009. Vista prospettica del modello digitale sovrapposto alla pianta (AP)

questo nuovo Binishell System A si presenta come un ibrido tra il concetto originale della Binishell, di cui eredita il sollevamento del calcestruzzo fresco tramite cassaforma pneumatica, e il sistema Minishell, dato che anche in questo caso le aperture vengono create contestualmente al processo di gonfiaggio della membrana. Come la Binishell originaria, il System A è una struttura curva, per lo più a doppia curvatura, priva di ortogonalità. Tuttavia, al pari della Minishell, si tratta di un sistema che si adatta alla pianta e non viceversa. La ricerca di forma strutturale è simulata digitalmente e si basa su una condizione al contorno principale: la geometria dell'attacco a terra, cioè il perimetro dell'abitazione. Dunque, è un sistema che richiama i modelli di ricerca di forma strutturale pneumatica sviluppati da Frei Otto e Heinz Isler a cavallo tra gli anni Sessanta e Settanta.

Un modello termoformato in plastica realizzato da Nicolò Bini mostra quanto il System A possa facilmente adattarsi a piante residenziali non convenzionali e non ortogonali (Fig. 3.34). Per valorizzare gli spazi interni, questo modello di copertura a guscio, basato sul System A, presenta un'alternanza di superfici con curvatura sinclastica e anticlastica, separando così gli ambienti domestici dagli spazi di circolazione e creando anche un cortile centrale.

Dal punto di vista geometrico, la copertura si pone come un'interpolazione tra quattro Binishell di diverso diametro posizionate ai vertici della pianta, che si fondono tra loro in un'unica superficie continua. Philip Steadman ha pubblicato un'analisi approfondita di questo tipo di forme, definendole *ciambelle architettoniche* (2015).

Il System A rappresenta il punto di arrivo di un percorso di ricerca sulle cupole residenziali in calcestruzzo armato, iniziato nel 1964 con il primo brevetto Binishell e proseguito fino al 1979 con lo sviluppo del sistema Minishell. Tuttavia, l'invenzione di Nicolò Bini non appartiene del tutto alla stessa famiglia di Binishell e Minishell progettate da suo padre: il System A rinuncia a caratteristiche chiave dei suoi predecessori, come standardizzazione, modularità e, di conseguenza, convenienza economica, per offrire all'architetto una maggiore flessibilità nell'esplorare forme strutturali nuove e adattabili alle esigenze di spazi abitativi di lusso.

4

Apriti, sesamo!

4.1 Ritagliare una Binishell: la sfida progettuale delle aperture

La pianta circolare è una caratteristica intrinseca del sistema Binishell che genera sia problematiche sia opportunità progettuali. Come discusso nei capitoli precedenti, per costruire una Binishell è necessario predisporre un anello di fondazione circolare, così da ancorare la membrana utilizzata per plasmare il calcestruzzo nella sua forma finale. Questo aspetto tecnico può diventare una limitazione progettuale quando il sistema viene adottato come surrogato delle soluzioni abitative convenzionali. Non è semplice organizzare gli spazi interni utilizzando ambienti e arredi standard quando il perimetro dell'edificio è curvo. Tuttavia, la totale assenza di ortogonalità nella forma della Binishell può essere sfruttata per creare configurazioni spaziali uniche e su misura. Ad esempio, è possibile valorizzare la curvatura e l'altezza variabile della struttura a cupola realizzando aperture in punti specifici, tramite tagli o forature, così da esaltarne le qualità spaziali grazie all'illuminazione naturale. Come qualsiasi altro vincolo progettuale, anche questo può trasformarsi in una fonte d'ispirazione per l'architetto.

Poiché una Binishell viene gettata a livello del terreno su una superficie piana, e la sua forma è ottenuta tramite il gonfiaggio di una cassaforma pneumatica completamente sigillata, la struttura finale risulta priva di aperture e, quindi, inizialmente inaccessibile. Questo solleva un problema tecnico già in fase di cantiere: come si entra?

Questa difficoltà non si presenta con i metodi costruttivi convenzionali, che prevedono la realizzazione dall'interno verso l'esterno, partendo dalla pre-

A. Pugnale, A. Bologna, *Oltre la cupola*, https://doi.org/10.1007/978-3-032-19785-6_4

Figura 4.1 Dante Bini, cupola di 30 metri di diametro realizzata alla "fungaia", San Cesario sul Panaro, 1964–1965. Dettaglio dell'apertura alla base del guscio (DB)

disposizione delle casseforme al di sotto della struttura a guscio, cioè all'intradosso. Al contrario, nella Binishell l'intero processo di costruzione si concentra esclusivamente sulla superficie esterna, l'estradosso, e la cupola deve essere tagliata o forata, ovvero parzialmente demolita, per consentire l'accesso all'interno sia agli operai sia, successivamente, agli utenti dell'edificio (Fig. 4.1).

4.2 *Form-finding* e aperture: metodi e strategie progettuali

La progettazione di gusci sottili in calcestruzzo armato si basa tradizionalmente sull'uso di geometrie analitiche o su metodi di ricerca di forma strutturale (più noti come *form-finding*), che creano automaticamente le aperture come parte integrante del processo. Sebbene negli ultimi decenni siano cresciuti esponenzialmente i progetti a forma libera, ottimizzati digitalmente e sviluppati secondo processi *top-down*, in questo contesto appare più coerente limitarsi a discutere le strategie progettuali classiche, che risultano più affini alla concezione e alla realizzazione del sistema Binishell.

Ad esempio, il *reverse hanging method* è utilizzato per progettare – o, più precisamente, per "trovare" – forme ottimali per strutture a guscio continue o discrete. Anche se oggi il processo può essere simulato digitalmente, tradizionalmente si basa sulla costruzione di un modello in scala con elementi flessibili privi di rigidezza flessionale (cordicelle o catenelle), che consentono alla struttura di assumere spontaneamente la configurazione funicolare sotto il proprio

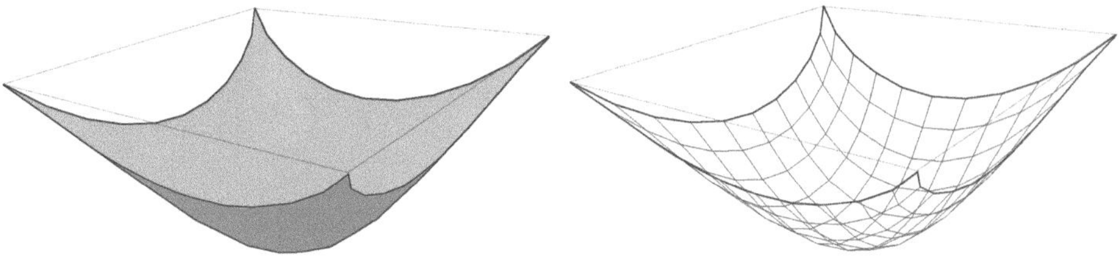

Figura 4.2 Il *reverse hanging method*. Schemi di *form-finding* con modelli in tessuto, a sinistra, e con una rete di cavi rigida, a destra (AP)

peso. Questa geometria viene poi invertita – ad esempio fotografando il modello e specchiandone l'immagine – per essere utilizzata come riferimento per la struttura reale. Con questo metodo, le aperture si formano naturalmente tra i punti di supporto del modello (Fig. 4.2).

Heinz Isler ha progettato numerosi gusci in calcestruzzo armato utilizzando il *reverse hanging method*. Tra gli esempi più significativi vi sono quelli realizzati per la stazione di servizio di Deitingen, completata nel 1968 sull'autostrada Berna-Zurigo (Chilton 2000: 92–95). Si tratta di due semplici strutture a pianta triangolare, identiche tra loro, che offrono riparo all'area di rifornimento. Grazie alla loro altezza, sono chiaramente visibili dall'autostrada e si distinguono per l'apparente sottigliezza e assenza di peso della copertura. Isler realizza il modello di *form-finding* utilizzando un pezzo di tessuto triangolare ancorato ai tre vertici. In questo modo, lasciando che il materiale assuma spontaneamente la propria configurazione sotto il carico gravitazionale, si generano tre grandi archi di apertura tra i punti di supporto, come risultato diretto del processo di ricerca di forma strutturale.

Vincolando il modello fisico lungo i bordi di base, il *reverse hanging method* può generare strutture funicolari chiuse, prive di aperture. Queste configurazioni spaziali sono piuttosto comuni nella progettazione di coperture a grande luce per corti interne, come nel caso della *gridshell* della Great Court del British Museum di Londra, inaugurata nel 2000 (Williams 2001), del Museo di Storia di Amburgo (Holgate 1997: 110–115), oppure, più recentemente, del Nederlands Scheepvaartmuseum di Amsterdam (Adriaenssens et al. 2010: 112–119) e della Robert and Arlene Kogod Courtyard dello Smithsonian American Art Museum a Washington DC (Peters 2007). È invece meno frequente trovare *gridshell* integralmente vincolate lungo il perimetro e collocate a livello del suolo. Si possono citare solo pochi esempi sperimentali di questo tipo, come la *gridshell* in legno realizzata da Frei Otto a Essen nel 1962, caratterizzata da una semplice geometria sinclastica su pianta superellittica, e la più complessa *gridshell* della Multihalle di Mannheim, costruita nel 1975 (Fig. 4.3; Liddell

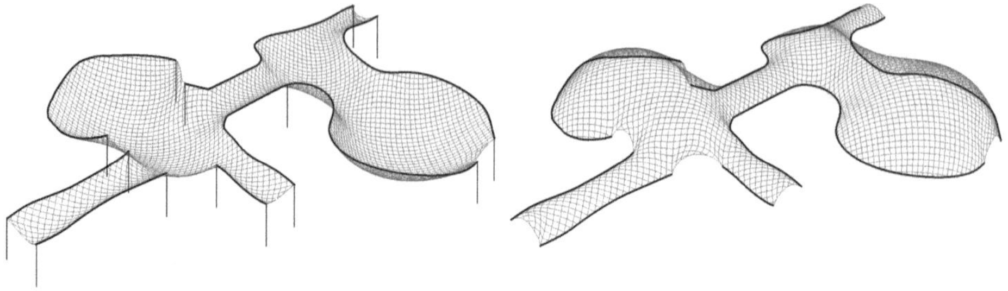

Figura 4.3 Frei Otto, Multihalle di Mannheim, 1975. Schemi di *form-finding* (AP)

2015). Quest'ultima rientra tuttavia solo parzialmente in questa categoria, poiché le travi di bordo, pur essendo parallele al piano di campagna, risultano sollevate e intervallate da alcuni archi catenari che permettono l'accesso alla struttura.

Progettare strutture a guscio integralmente vincolate ai bordi rappresenta dunque una condizione rara, salvo nei casi di coperture sospese in quota ad altri edifici. Al contrario, l'impiego del *reverse hanging method* per generare archi di bordo come parte integrante del processo di *form-finding* costituisce una pratica molto più diffusa.

Le strutture a guscio sottile sono spesso progettate a partire da geometrie note, come sfere, cilindri e paraboloidi iperbolici, con il principale obiettivo di semplificare la descrizione, la rappresentazione e la costruzione di forme strutturali a singola o doppia curvatura. Quelle in calcestruzzo armato derivate dalla geometria della sfera mirano soprattutto a razionalizzare il processo costruttivo. È il caso del Kresge Auditorium di Eero Saarinen, costruito presso il Massachusetts Institute of Technology (MIT) tra il 1953 e il 1955, la cui geometria di copertura è generata dall'intersezione di una sfera con tre superfici cilindriche (Fig. 4.4). Questa operazione geometrica ha prodotto tre grandi aperture, successivamente tamponate con facciate vetrate, senza che fosse necessario eseguire ulteriori tagli direttamente sulla superficie in calcestruzzo per consentire l'accesso all'edificio (Foxe 2010). Lo stesso principio si applica alle vele della Sydney Opera House di Jørn Utzon, composte a partire da spicchi di sfera, ottenuti attraverso molteplici tagli a cuneo su un'unica geometria di riferimento.

I paraboloidi iperbolici, noti anche come "selle", sono superfici rigate anticlastiche che negli anni Sessanta sono ampiamente impiegati da architetti e ingegneri, grazie ai vantaggi che offrono nella realizzazione di casseforme in legno. Félix Candela è universalmente riconosciuto come il personaggio che ha saputo sfruttare al massimo il potenziale di questa geometria nel campo del-

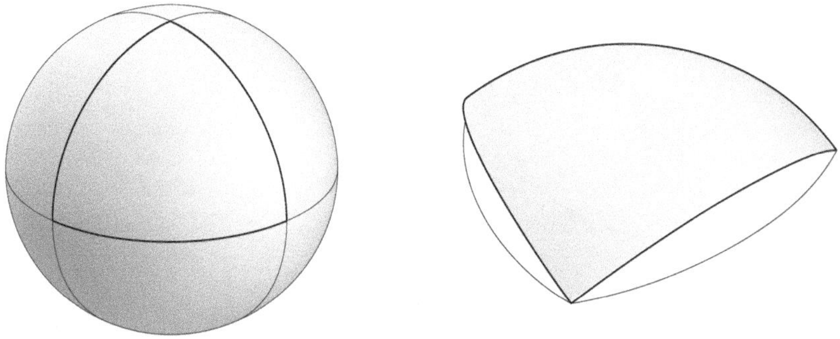

Figura 4.4 Eero Saarinen, Kresge Auditorium, Massachusetts Institute of Technology (MIT), Cambridge, 1953–1955. Geometria del guscio di copertura (AP)

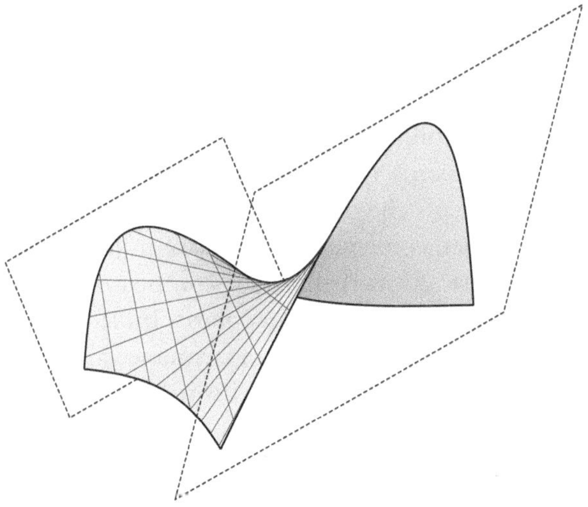

Figura 4.5 Félix Candela, Cappella di Cuernavaca, Morelos, 1958. Schema della struttura a paraboloide iperbolico (AP)

l'architettura e della progettazione strutturale. La sua Cappella di Cuernavaca, in Messico, del 1958 (Fig. 4.5), rappresenta forse l'esempio più semplice e, allo stesso tempo, elegante: un singolo paraboloide iperbolico, tagliato da due piani inclinati, che genera una struttura slanciata a forma di corno, caratterizzata da due ampie aperture paraboliche (Draper et al. 2008: 128–141).

Il parametro che definisce la geometria del bordo è l'orientamento del piano di taglio rispetto alla superficie del paraboloide iperbolico. Quando tale piano è parallelo a una direzione generatrice si ottiene una retta; quando è allineato a entrambe le direzioni generatrici si ottengono due rette incidenti. Altri orientamenti generano curve paraboliche o iperboliche.

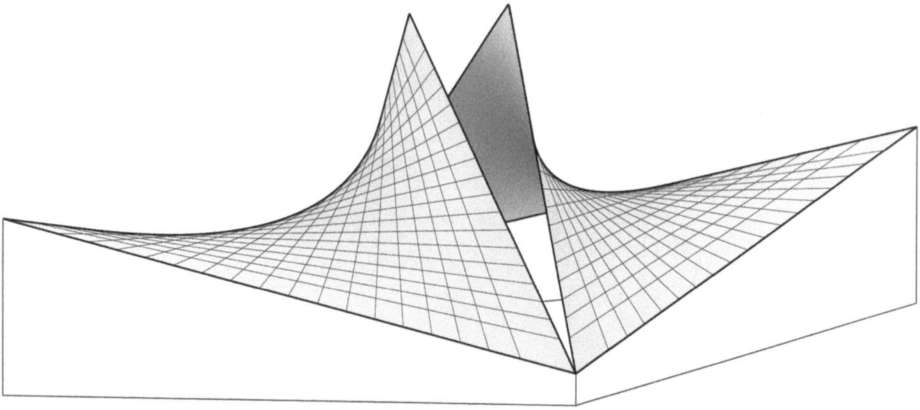

Figura 4.6 Félix Candela, Chiesa di San José Obrero, Monterrey, 1959. Schema della struttura a paraboloide iperbolico (AP)

In architettura, le possibilità progettuali risultano quindi due: paraboloidi iperbolici a bordi curvi, come nel caso della Cappella di Cuernavaca, la cui copertura è tagliata da piani che definiscono curve iperboliche, e paraboloidi iperbolici a bordi rettilinei, come nella Chiesa di San José Obrero a Monterrey del 1959 (Fig. 4.6). Quest'ultima risulta dalla composizione di due paraboloidi iperbolici identici e genera un grande lucernario tra le due superfici. Inoltre, la struttura è interamente sollevata da terra e rimane quindi aperta alla base.

È importante notare che, sebbene i gusci sottili progettati a partire da forme geometriche presentino di solito aperture alla base della struttura, vi sono alcuni progetti in cui l'articolazione di paraboloidi iperbolici o superfici sferiche genera anche tagli nella parte superiore dell'edificio, come nel caso della Chiesa di San José Obrero, ma anche nella più nota Sydney Opera House.

Nella Cattedrale di Santa Maria Assunta a San Francisco, progettata da Pier Luigi Nervi e Pietro Belluschi tra il 1963 e il 1971, i paraboloidi iperbolici sono tagliati da piani paralleli alle direzioni generatrici, che li rendono modulari e componibili grazie ai bordi rettilinei (Fig. 4.7). La struttura è costituita da otto paraboloidi iperbolici, accoppiati e specchiati due volte per definire un impianto simmetrico a croce, figura ulteriormente sottolineata dalle lame di luce che i tagli tra i gusci proiettano nello spazio sottostante. È un altro esempio di architettura sacra in cui le forme geometriche vengono impiegate per generare aperture nella parte alta della struttura, e non soltanto alla base.

Il ristorante Los Manantiales a Xochimilco, in Messico (1958), è uno dei progetti più celebri di Candela. Dal punto di vista geometrico, si tratta di una disposizione radiale di un modulo di paraboloide iperbolico, tagliato tramite

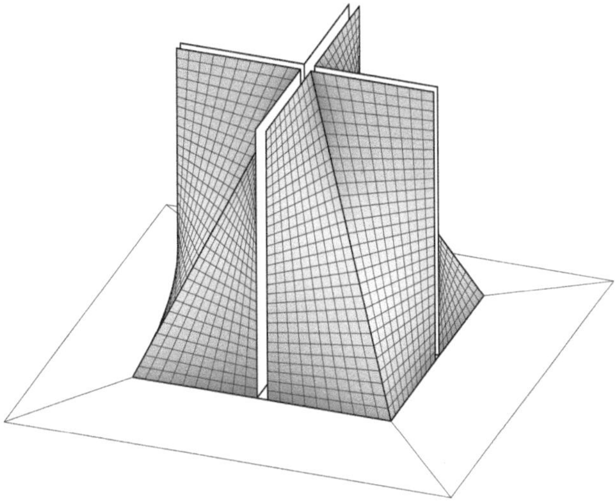

Figura 4.7 Pier Luigi Nervi e Pietro Belluschi, Cattedrale di Santa Maria Assunta, San Francisco, California, 1963–1971. Schema della struttura a paraboloide iperbolico (AP)

un piano inclinato e due piani verticali paralleli alle direzioni generatrici. Il piano inclinato genera il profilo iperbolico perimetrale della struttura, mentre i piani definiscono i bordi rettilinei che consentono ai singoli moduli di essere assemblati in un'unica superficie continua. Il carattere distintivo dell'edificio, costituito dal profilo ondulato in prospetto e dalle otto aperture ad arco, è sostanzialmente determinato da parametri geometrici, ossia dal taglio e dall'articolazione di un semplice modulo di paraboloide iperbolico (Fig. 4.8).

I metodi di *form-finding* utilizzati per il progetto delle tensostrutture, o più in generale delle superfici minime, seguono una logica simile per quanto riguarda la definizione delle aperture come parte integrante del processo. Partendo da un singolo bordo chiuso, è possibile generare superfici minime tramite bolle di sapone, modelli fisici in tessuto o corrispondenti simulazioni digitali, e il risultato è sempre una superficie anticlastica a sella, molto simile alla geometria del paraboloide iperbolico, sebbene matematicamente distinta. Viene quindi naturale tracciare parallelismi formali tra la geometria del ristorante Los Manantiales di Candela a Xochimilco e il Tanzbrunnen (noto anche come Dance Pavilion), progettato da Otto a Colonia nel 1957 per la Bundesgartenschau (Fig. 4.9; Pugnale 2018). Sebbene il primo sia un guscio in calcestruzzo armato concepito a partire da forme geometriche e il secondo una tensostruttura, ossia una superficie minima, entrambi i progetti seguono logiche compositive simili e sono caratterizzati da prospetti ondulati con ampie aperture. Anche la pianta circolare costituisce un elemento progettuale chia-

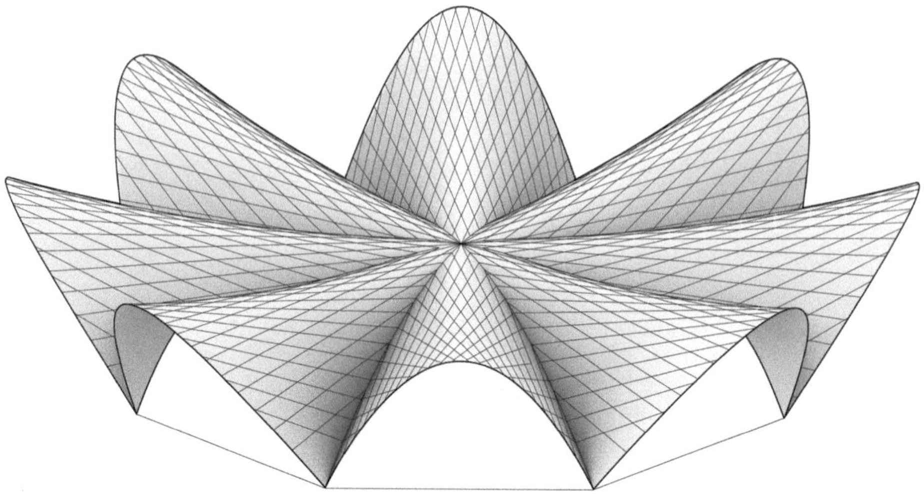

Figura 4.8 Félix Candela, ristorante, Xochimilco, Città del Messico, 1958. Schema della struttura a paraboloide iperbolico (AP)

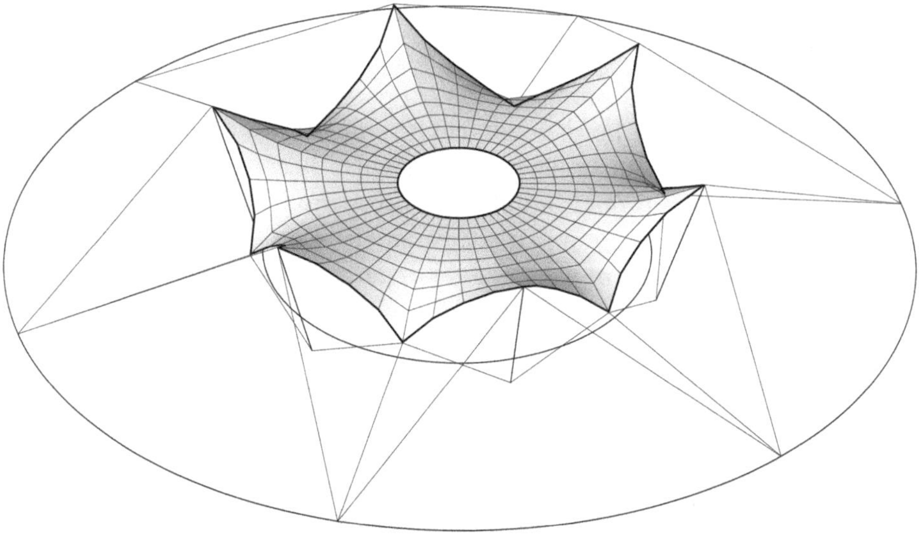

Figura 4.9 Frei Otto, Tanzbrunnen (Dance Pavilion), Colonia, 1957. Schema della tensostruttura (AP)

ve, fattore particolarmente significativo per uno studio dedicato alle strutture Binishell.

Tra le tecniche di *form-finding* che non producono configurazioni strutturali con aperture, il metodo pneumatico di Isler – noto come *inflated hill* e

Figura 4.10 Heinz Isler, Metodo di ricerca di forma pneumatica o *inflated hill*, sviluppato nel 1954. Un modello originale fotografato nell'ufficio di Isler a Lyssach nel 2003 (ER)

pensato specificamente per la progettazione di gusci sottili in calcestruzzo armato – impiega una membrana sottile, vincolata a una base lungo il perimetro. In questo caso, la forma strutturale viene generata pressurizzando la membrana in gomma o in lattice, fissata a un telaio di bordo, la cui geometria può variare in base alle esigenze progettuali. Poiché questo metodo di *form-finding* richiede un modello perfettamente a tenuta d'aria, le aperture possono essere ricavate soltanto dopo aver definito la geometria finale del guscio (Fig. 4.10; Chilton 2000).

Il metodo *inflated hill* di Isler può sembrare una versione in scala del sistema Binishell; allo stesso modo, le Binishell possono apparire come il prototipo 1:1 dei modelli pneumatici di Isler, poiché in entrambi i casi l'aria è il mezzo impiegato e l'obiettivo è la realizzazione di gusci sottili in calcestruzzo armato. Questa analogia, tuttavia, non è concettualmente corretta. Il sistema Binishell nasce infatti con l'obiettivo di combinare l'efficienza strutturale con i principi di automazione costruttiva, affrontando i problemi tipici del *form-finding* classico. È un metodo che parte dal pragmatismo costruttivo per giungere alla forma strutturale e all'architettura: l'opposto del processo progettuale che traduce forme funicolari, superfici minime o pneumatiche in realtà materica soltanto attraverso l'impiego di costose casseforme e manodopera specializzata.

Questa differenza concettuale non è un mero problema teorico. Progettare un guscio sottile a partire da modelli in scala consente infatti una notevole libertà progettuale e un maggiore controllo sulle condizioni al contorno del problema di *form-finding*; al contrario, l'uso del sistema Binishell introduce vincoli progettuali stringenti, in quanto tecnica costruttiva predeterminata. Tra questi vincoli vi è quello del taglio delle aperture, che costituisce il tema di questo capitolo.

4.3 Come tagliare una Binishell

Bini affronta il tema delle aperture attraverso diverse soluzioni progettuali. Ross Styles, nella sua tesi di laurea (1975), le descrive e le categorizza, seppur indirettamente, analizzando le strategie di illuminazione naturale adottate nelle Binishell. Individua due possibilità: la luce naturale può entrare lungo il perimetro della struttura, a livello del terreno, oppure dall'alto. La scelta tra queste due condizioni determina in modo univoco se la struttura sia illuminata direttamente o indirettamente.

4.3.1 Illuminazione diretta

Styles descrive due principali approcci alla progettazione della luce naturale nelle strutture a guscio partendo da due riferimenti particolarmente noti. Il primo è il Pantheon di Roma, la cui copertura è caratterizzata da un oculo circolare aperto, posto all'apice della cupola emisferica: una soluzione che Bini ripropone più volte nelle sue esplorazioni progettuali con il sistema Binishell.

Bini non ha mai nascosto la sua fascinazione per il Pantheon; nei suoi libri scrive di quanto questa architettura lo abbia ispirato e di come abbia sempre ambito a realizzarne una versione contemporanea (Dante Bini 2009a, 2014a). L'influenza del Pantheon è evidente già nei suoi primi prototipi alla "fungaia" e nel suo primo progetto a Crespellano – completato nel luglio 1964 – che riprende l'oculo del Pantheon, seppur vetrato.

Diversi elementi architettonici rafforzano l'idea che l'oculo costituisca un aspetto centrale nella composizione della Binishell di Crespellano. Primo fra tutti, l'impronta dei ferri d'armatura sull'intradosso del guscio, lasciata deliberatamente a vista, che delinea anelli concentrici capaci di enfatizzare la geometria della struttura e la posizione centrale dell'oculo. All'esterno, la Bini-

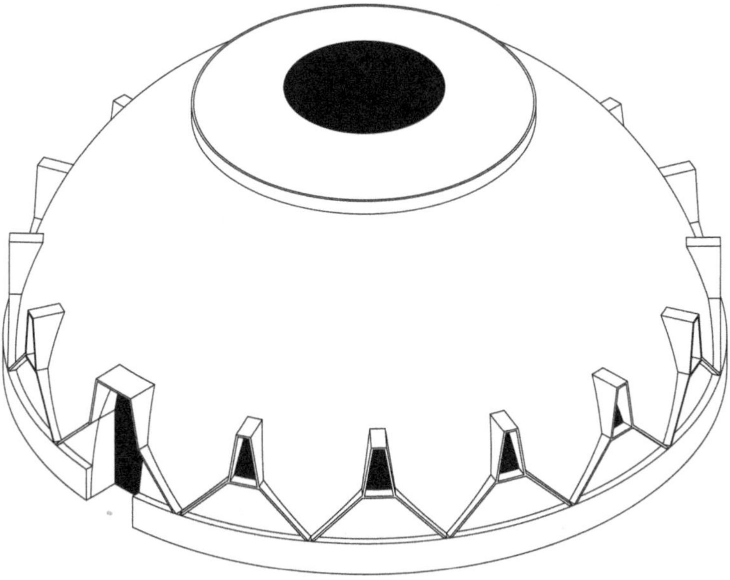

Figura 4.11 Dante Bini, Binishell di Crespellano, Sede della Unipack, luglio 1964. Assonometria (AP)

shell è conclusa da un coronamento circolare che rende percepibile la presenza dell'oculo, sebbene non sia direttamente visibile (Fig. 4.11).

Il prototipo di Binishell di 30 metri di diametro, costruito alla "fungaia" nel 1965 per dimostrare a Mario Salvadori l'efficacia del sistema costruttivo, presenta anch'esso un oculo che richiama esplicitamente il Pantheon; le due cupole sono inoltre facilmente comparabili, poiché presentano una scala molto simile (Fig. 4.12).

Bini ripropone l'oculo anche nella Villa Antonioni in Sardegna. In questo progetto, tuttavia, la distribuzione interna ruota attorno a un piccolo cortile centrale, e l'apertura circolare all'apice della cupola non fornisce luce o aria direttamente agli ambienti abitativi, ma solo allo spazio di circolazione esterno. Questa scelta potrebbe apparire poco coerente con il riferimento al Pantheon e con gli altri progetti menzionati in precedenza. Tuttavia, considerando che Villa Antonioni è una delle poche Binishell concepite per un sito specifico, e non progettata "a catalogo", risulta comprensibile che il disegno delle aperture sia stato guidato più dall'intento di inquadrare vedute particolari del paesaggio che dal perseguimento di un'idea astratta di monumentalità (Figg. 4.13 e 4.14).

Si potrebbe sostenere che la presenza dell'oculo nelle strutture Binishell sia stata una diretta conseguenza dei progressivi miglioramenti apportati al-

Figura 4.12 Dante Bini, cupola di 30 metri di diametro alla "fungaia", San Cesario sul Panaro, 1964–1965. Vista interna (CD)

la tecnica di compattazione del calcestruzzo. Il brevetto viene infatti rivisitato e perfezionato in più riprese e, a un certo punto, è introdotto il ricorso a vibratori superficiali per compattare il calcestruzzo fresco immediatamente dopo il sollevamento. Questi vibratori sono controllati manualmente dal piano di campagna tramite corde fissate a un perno posto sulla sommità del guscio. Si potrebbe quasi costruire il mito secondo cui questo perno sia stato il vero generatore dell'oculo nelle Binishell, e credere che un elemento architettonico tanto simbolico sia in realtà il residuo di una tecnica costruttiva. La realtà, però, è che Bini ha semplicemente voluto ricreare una versione contemporanea del Pantheon, come dimostra la presenza dell'oculo fin dai primissimi progetti, quando la compattazione del calcestruzzo non prevedeva ancora l'impiego di vibratori, perni o corde (Fig. 4.15).

Una proposta progettuale per una grande sala congressi, che Bini sviluppa nel 1987 per l'allora Unione Sovietica ma che è rimasta su carta, conferma come il concetto di monumentalità fosse un aspetto centrale in molti progetti Binishell destinati a edifici pubblici e governativi di una certa scala. In questo caso, i disegni non prevedono il classico oculo aperto, ma un fascio di luce proiettato verso il cielo e nervature, probabilmente non strutturali, che collegano visivamente gli attacchi a terra della cupola a questa sorgente lu-

Figura 4.13 Dante Bini, Villa Antonioni, Costa Paradiso di Gallura, 1969–1971. Vista del cortile interno e dell'oculo della cupola (RC)

minosa (Fig. 4.16). Uno schizzo prospettico, curiosamente disegnato su una fotografia scurita della Binishell del Malvern Girls' College di Edimburgo del 1978, illustra come il progetto sarebbe apparso di notte. Qui la monumentalità può essere interpretata come una celebrazione diretta della cupola, dalla sua geometria e dalla sua scala (Fig. 4.17).

L'oculo è spesso presente nei grandi progetti di cupole Binishell, come nel centro sportivo progettato da Marco Meozzi e Paolo Pettini tra il 1976 e il 1977 per Prato. Anche se Bini non partecipa direttamente al progetto di questa cupola di 32 metri di diametro, è ragionevole supporre che il lucernario circolare posto all'apice assolva a una funzione che va oltre il semplice apporto di luce naturale. Ciò si deduce dalla disposizione dei condotti di ventilazione e

Figura 4.14 Dante Bini, Villa Antonioni, Costa Paradiso di Gallura, 1969–1971. Vista del mare dalla finestra a nastro (PA, DRS)

dalla presenza di altri pannelli sospesi al soffitto, che formano anelli concentrici, capaci di enfatizzare la forma della Binishell e la sua apertura verso il cielo (Fig. 4.18).

4.3.2 Illuminazione indiretta

La varietà progettuale e costruttiva delle Binishell include soluzioni senza oculo alla sommità della cupola. La presenza di tale apertura sembra dipendere da molti fattori, tra cui la funzione dell'edificio, la distribuzione degli spazi interni e l'approccio dell'architetto alla progettazione della luce naturale.

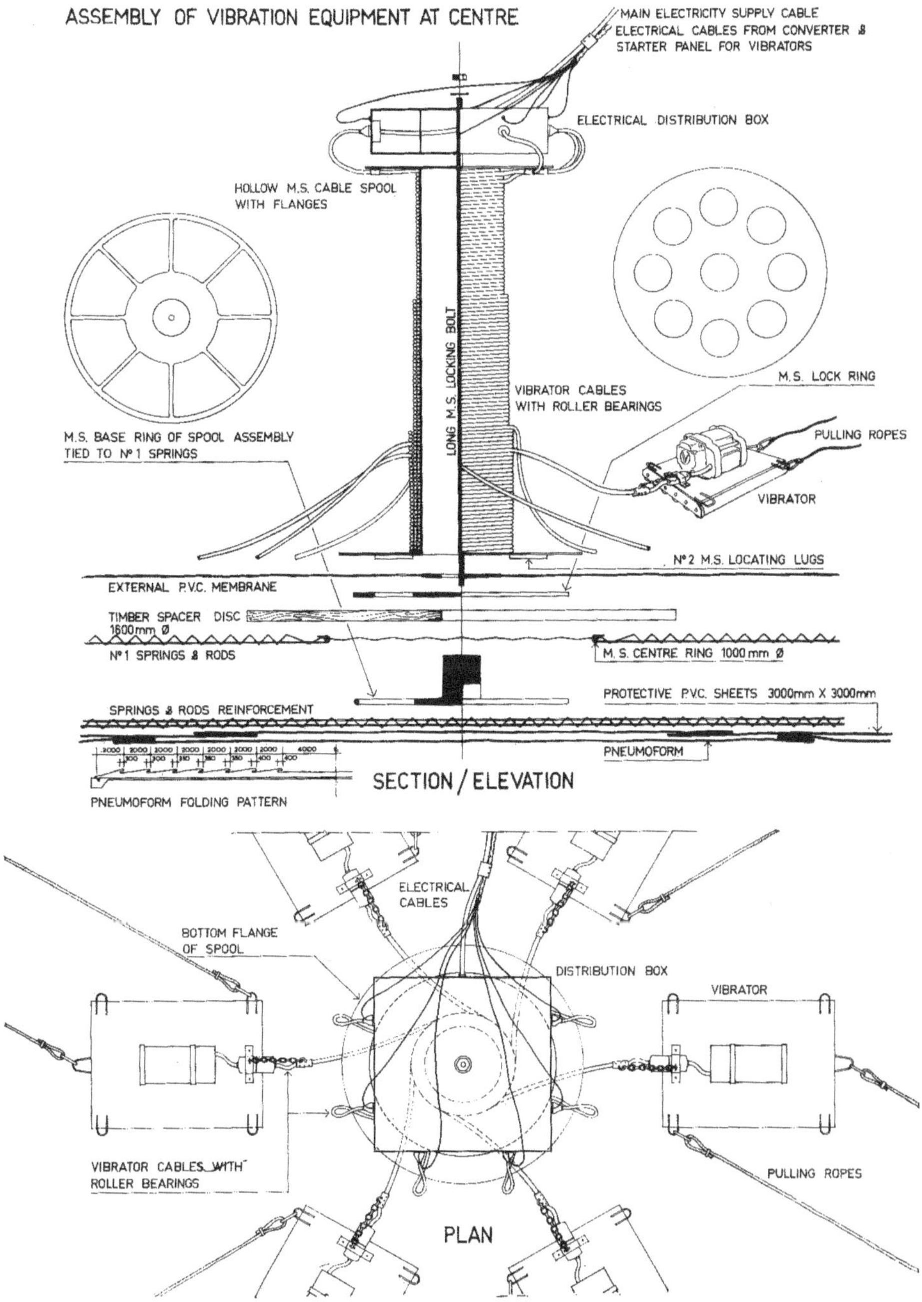

Figura 4.15 Dante Bini, metodo di compattazione del calcestruzzo per il sistema Binishell, migliorato nel 1974. Schemi di costruzione (DB)

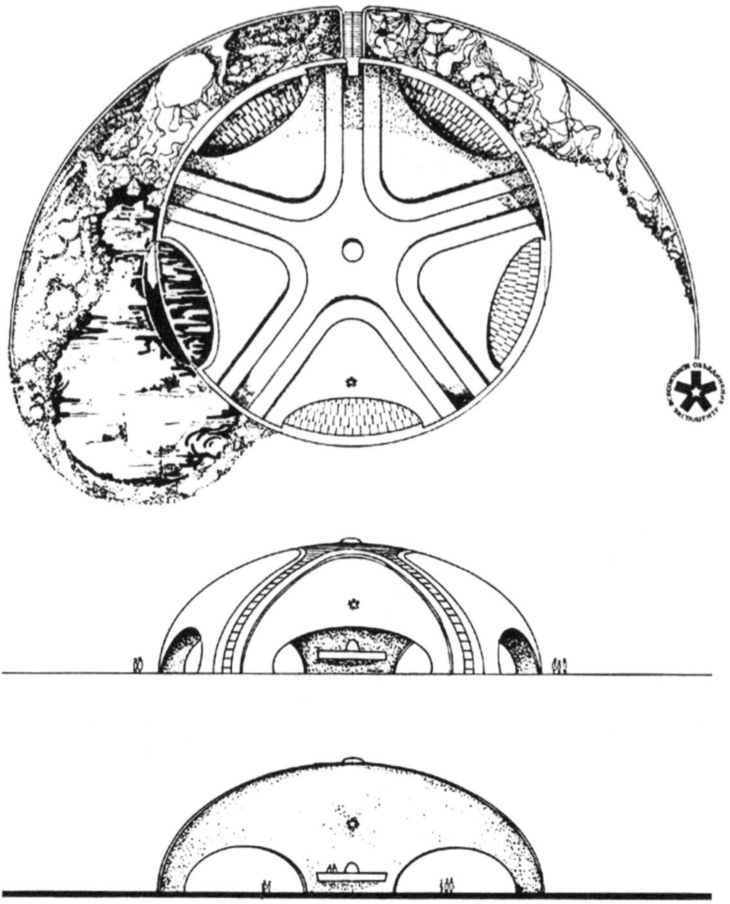

Figura 4.16 Dante Bini, progetto Binishell per una grande sala congressi nell'Unione delle Repubbliche Socialiste Sovietiche (URSS), 1987. Piano, sezione e prospetto (DB)

Ad esempio, la Binishell di Pegola, uno dei primi prototipi che Bini realizza, non ha un oculo ed è invece tagliata alla base per creare le porte e le finestre necessarie a garantire l'accesso e l'illuminazione naturale dell'edificio. Styles descrive questo approccio progettuale, concettualmente opposto al precedente, facendo riferimento alla cupola di Hagia Sophia a Istanbul, dove quaranta finestre ad arco separano visivamente la base dell'edificio dalla sua cupola, permettendo così ai visitatori di percepire la struttura come estremamente leggera, quasi fluttuante.

La Binishell di Pegola è probabilmente ispirata da questo o da un altro riferimento progettuale analogo: ha un diametro di 12 metri e presenta 18 aperture disposte lungo il perimetro (Fig. 4.19). Dal punto di vista costruttivo, è uno

Figura 4.17 Dante Bini, progetto Binishell per una grande sala congressi nell'Unione delle Repubbliche Socialiste Sovietiche (URSS), 1987. Schizzo su una fotografia della Binishell al Malvern Girls' College, Edimburgo (DB)

dei pochi esempi in cui Bini utilizza una membrana emisferica come cassaforma, così da creare un angolo di attacco più verticale tra il piano di campagna e la struttura rispetto a quello di una cupola ribassata, facilitando così il taglio delle aperture e l'inserimento di elementi prefabbricati strutturali.

Una strategia progettuale simile si ritrova nella Binishell per l'Hotel Ariston Molino Buja ad Abano Terme, completata nel 1968. Sebbene questa struttura non sia emisferica e abbia un diametro maggiore, ripropone una serie di aperture simili lungo il perimetro e gli stessi elementi prefabbricati ad arco. In questo caso, l'intradosso del guscio è decorato con i simboli dello zodiaco e delle costellazioni, organizzati secondo una griglia di paralleli e meridiani che segue il ritmo delle aperture e sottolinea la forma della cupola stessa (Fig. 4.20).

4.4 L'attacco a terra

Nel caso di gusci e volte sottili, l'attacco a terra è particolarmente critico, perché le condizioni al contorno incidono sul processo di ricerca di forma, offrendo al progettista diverse possibilità per enfatizzare ulteriormente la leggerezza intrinseca della struttura; per esempio, sollevandola da terra e, al tempo stesso, creando nuove aperture e quindi punti d'ingresso per la luce naturale.

Figura 4.18 Marco Meozzi e Paolo Pettini, piscina Binishell, Prato, 1976–1977. Vista interna (DB)

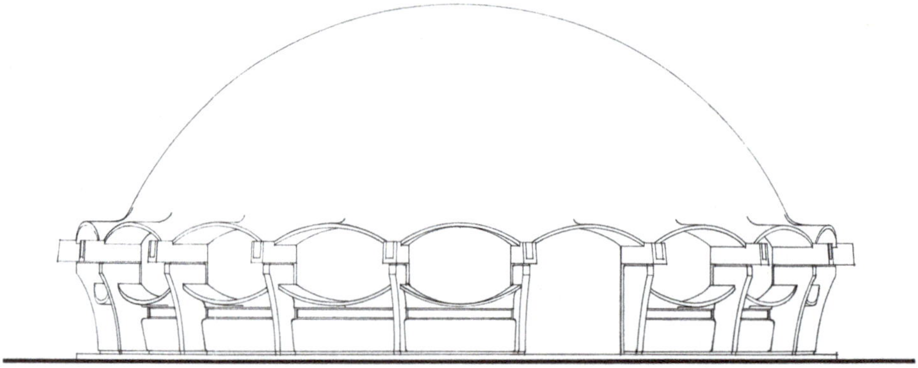

Figura 4.19 Dante Bini, Binishell di Pegola, 1964–1965. Sezione (DB)

Per le Binishell tagliate alla base, in particolare lungo l'intero perimetro, il disegno dell'attacco a terra non definisce solo il modo in cui la cupola tocca il piano di campagna, ma anche come si integra con il contesto.

Styles affronta questo tema nella sua tesi di laurea, sostenendo con fermezza che una Binishell ben progettata non dovrebbe semplicemente poggiare su un

Figura 4.20 Dante Bini e impresa Culligan, Binishell per l'Hotel Ariston Molino Buja, Abano Terme, 1968. Vista interna della cupola (HAMB)

terreno piano come se fosse un oggetto caduto dal cielo. Dal punto di vista architettonico, si tratta di un ragionamento coerente con la tradizione della disciplina: elementi strutturali come le colonne classiche sono infatti tripartiti in base, fusto e capitello, così da sottolineare i punti di connessione tra le parti dell'edificio. Allo stesso modo, la Binishell può essere considerata un elemento compositivo da articolare e assemblare con altre parti, al fine di rafforzare la relazione tra forma architettonica, struttura e funzione.

Styles descrive poi le strategie progettuali adottate per risolvere l'attacco a terra delle Binishell, almeno quelle rilevabili al momento della stesura della sua tesi. Propone diverse opzioni, che spaziano dalla costruzione di spazi ipogei al sollevamento della cupola da terra; ma, nonostante l'apparente varietà, tutte le soluzioni possono essere ricondotte a due grandi famiglie: la prima mira a occultare l'attacco a terra, mentre la seconda a eliminare il contatto diretto tra suolo e guscio attraverso l'aggiunta di altri elementi strutturali.

Qui, la discussione sull'attacco a terra e sulla concezione delle aperture nelle strutture Binishell ruota attorno ai temi di monoliticità, massa e leggerezza, affrontati anche attraverso il rapporto con la luce naturale e l'inquadratura di vedute specifiche sul paesaggio circostante.

4.4.1 Smaterializzare l'attacco a terra

Esempi di Binishell in cui la cupola è parzialmente coperta alla base da altri volumi si trovano in alcuni progetti realizzati in Australia. Come già menzionato, Bini emigra a Sydney negli anni Settanta per progettare e costruire rapidamente una serie di edifici polifunzionali a supporto delle strutture scolastiche locali. Le Binishell che realizza durante la sua permanenza australiana si basano tutte su due modelli progettuali ben identificati come *Scheme One* e *Scheme Two* all'interno dei disegni ufficiali. Il suo progetto per la Narrabeen North Public School – il primo in territorio australiano – rappresenta l'unica eccezione a questi due schemi, in quanto presenta tre Binishell di piccole dimensioni, ciascuna con un diametro di 18 metri, mentre i successivi progetti adottano cupole di 36 metri.

Nel primo schema progettuale, la cupola è inscritta in una pianta quadrata e copre uno spazio polifunzionale che include un campo da basket e un palco. Servizi e spogliatoi sono collocati agli angoli del quadrato, all'interno di volumi aggiuntivi. L'accesso a questo spazio polivalente avviene attraverso tre grandi aperture ad arco, ciascuna situata a metà di un lato della pianta.

In questa composizione, simmetrica sui due assi, le uniche parti della Binishell visibili dall'esterno sono i tre archi d'ingresso e la sommità della cupola. L'attacco a terra è quasi interamente nascosto dai quattro volumi d'angolo, ciascuno con tetti a falde, la cui forma complessiva richiama quella di una piramide incompiuta che racchiude al suo interno la cupola. L'inclinazione delle falde di copertura è determinata dalla geometria del guscio, a cui esse risultano tangenti (Figg. 4.21 e 4.22).

Dal punto di vista funzionale, questo schema progettuale si dimostra efficace in quanto permette di sfruttare al meglio gli spazi della cupola con altezza ridotta. Dal punto di vista architettonico, l'occultamento della base della Binishell, fatta eccezione per gli archi d'ingresso, esalta la simmetria della composizione e quindi la monumentalità: dunque, questa scelta progettuale può essere interpretata come un'ulteriore strategia di esaltazione della presenza e della sagoma della cupola.

L'idea di affiancare, o meglio circondare, la Binishell con altri volumi dalla geometria semplice compare già in uno dei primissimi progetti concettuali pubblicati nei cataloghi promozionali della società *Binishells S.p.A.* Uno di questi, datato 1973, attribuisce il progetto all'architetto Virgilio Vercelloni e all'ingegnere Giancarlo Tuzzato, indicandone come destinazione d'uso un palazzo dello sport.

Questo riferimento testimonia non solo il coinvolgimento di diversi professionisti nell'applicazione del brevetto Binishell sin dalle sue origini, ma anche

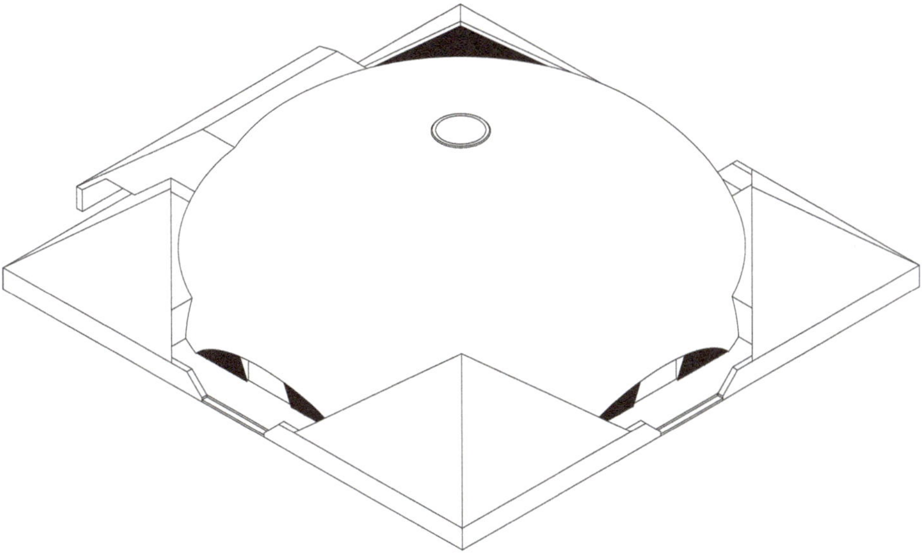

Figura 4.21 Dante Bini, progetto Binishell australiano di 36 metri di diametro - *Scheme One*, 1974. Assonometria (AP)

Figura 4.22 Dante Bini, Binishell polivalente al Georges River College, Peakhurst, New South Wales, 1974. Fotografia dell'edificio pochi giorni prima della demolizione, 12 maggio 2014 (AP)

le grandi ambizioni imprenditoriali della società di Bini, intenzionata a proporre il sistema costruttivo per un'ampia gamma di tipologie edilizie. Bini non ricorda ulteriori dettagli, ma conferma che si tratta di una delle prime

Figura 4.23 Virgilio Vercelloni e Giancarlo Tuzzato, progetto preliminare di Binishell per un palazzo dello sport, 1964–1965. Modello (DB)

ipotesi progettuali in cui la Binishell aveva forma emisferica, e non ellittica, quest'ultima poi adottata come standard nelle applicazioni più recenti.

Come nel centro polifunzionale australiano, anche qui la cupola è al centro della composizione, alla quale s'innestano volumi aggiuntivi che ne mascherano quasi interamente l'attacco a terra. La Binishell s'impone come elemento principale per via della sua altezza e del contrasto tra elementi lineari e curvi, ossia tra la geometria della sfera e i volumi parallelepipedi che la circondano. L'unica porzione dell'attacco a terra visibile dall'esterno è l'ingresso: un'apertura ricavata tramite tagli ortogonali che accentua ulteriormente la tensione tra linee rette e la superficie curva del guscio.

Nonostante questo progetto sia rimasto su carta, rimane una testimonianza dell'ambizione di Bini e delle sue alte aspettative per il futuro del brevetto appena depositato. Considerata la prossimità geografica e temporale con le strutture a grande luce progettate e costruite da Nervi, non sorprende che Bini mirasse a impiegare la sua tecnica costruttiva pneumatica in realizzazioni prestigiose, come i grandi edifici pubblici (Fig. 4.23).

4.4.2 La Binishell ipogea

Nel corso degli anni, Bini continua a esplorare nuove soluzioni per l'attacco a terra, privilegiando in particolare l'approccio che ne prevede il quasi tota-

Figura 4.24 Dante Bini, progetto Binishell per il concorso del nuovo de Young Museum, San Francisco, California, 1999–2000. Modello (DB)

le occultamento. Tra il 1999 e il 2000 sviluppa una proposta per il concorso del nuovo *de Young Museum* a San Francisco, in California, dando vita alla prima Binishell che può essere sostanzialmente considerata un'architettura ipogea (Fig. 4.24). La cupola è quasi interamente coperta dal terreno circostante, modellato artificialmente per creare i percorsi di accesso al museo, collocati al livello sotterraneo. Questi percorsi sono disposti radialmente e definiscono le prospettive attraverso cui i visitatori si avvicinano all'edificio e ne scoprono la principale attrazione: la Binishell stessa.

Questo progetto costituisce un'ulteriore prova di quanto la geometria sia stata centrale nel lavoro di Bini e di come egli abbia privilegiato l'impiego di solidi semplici per esaltare la monumentalità e il valore simbolico delle sue architetture. Nonostante la proposta non abbia vinto il concorso, rappresenta un esempio chiave delle idee di Bini sull'integrazione dei gusci in calcestruzzo armato all'interno di composizioni spaziali più complesse, valide sia per l'edilizia residenziale sia per gli edifici pubblici.

Numerosi architetti hanno impiegato solidi geometrici puri, come sfere o piramidi, nella progettazione di grandi edifici pubblici. Tra questi, Renzo Piano lavora tra il 2000 e il 2008 alla California Academy of Sciences, i cui spazi interni derivano da una sofisticata intersezione di forme elementari. Il volume principale è un parallelepipedo vetrato, la cui copertura vegetale lo fa percepire come una superficie sospesa più che come un corpo solido. La copertura, ondulata e caratterizzata da una doppia curvatura anticlastica, appare come la deformazione di una superficie piana orizzontale, generata dalla presenza di grandi sfere all'interno del museo, più alte del parallelepipedo. Queste sfere, oltre a modellare la copertura, scandiscono gli spazi interni, articolano i rapporti visivi tra interno ed esterno e regolano l'ingresso della luce naturale e la ventilazione. Per Piano, le sfere rappresentano la conoscenza e la loro trasparenza materica richiama la fragilità del pianeta Terra. La geometria diventa così un mezzo per trasmettere messaggi simbolici, ed è anche una strategia per indicare la gerarchia tra le diverse funzioni dell'edificio attraverso variazioni di scala e simmetrie.

La principale differenza tra la proposta progettuale di Bini per il de Young Museum e la California Academy of Sciences riguarda il ruolo stesso della geometria nel progetto. Bini concepisce l'intero edificio attorno alla Binishell, che costituisce un vincolo fondativo: una forma derivata dalla volontà di fare architettura a partire da una specifica tecnica costruttiva. I volumi circostanti, infatti, non entrano mai in contatto con la cupola, che costituisce l'elemento architettonico centrale della composizione e non può essere fusa con altre forme, ma solo affiancata da volumi complementari. Piano, al contrario, utilizza la geometria della sfera come elemento manipolabile e la fonde con una superficie di copertura ondulata e fluida, privilegiando la permeabilità e la porosità degli spazi piuttosto che la loro monumentalità e monoliticità.

Un'analogia, invece, tra i due progetti riguarda il modo in cui gli architetti lavorano sulla percezione delle quote, in particolare sulla variazione del piano di campagna tra l'esterno e l'interno dell'edificio. Visitando il museo di Piano, la copertura vegetale può essere facilmente percepita come il vero piano terreno: l'impressione è di trovarsi in uno spazio ipogeo per via dell'ondulazione della copertura e del modo in cui la luce naturale penetra attraverso i piccoli lucernari. Il progetto di Bini cerca di ottenere lo stesso effetto tramite la manipolazione del suolo e le strette rampe che sembrano condurre a una struttura ipogea, in realtà costruita poco sotto il piano di campagna. In maniera più pronunciata, ma simile al suo *Scheme One* descritto sopra, Bini ricorre a un espediente visivo per far sembrare la cupola interrata, senza collocarla effettivamente sotto il livello del terreno.

4.4.3 La Binishell mimetica

L'architettura ipogea è un tema progettuale affascinante perché implica un'inversione del modo in cui l'edificio è concepito dall'architetto e percepito dall'utente, spostando l'attenzione dalla facciata o dall'involucro, che normalmente

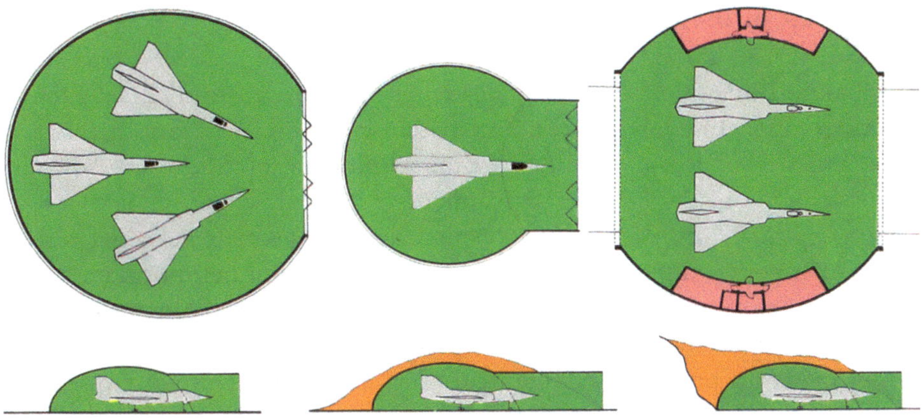

Figura 4.25 *Binishells S.p.A.*, hangar militari, fine anni Settanta. Piante e sezioni (DB)

ne definiscono volume e ingombro. Nell'architettura ipogea non esistono prospetti e l'unica parte che non può essere occultata alla vista è l'ingresso. Questa apertura diventa quindi una componente cruciale del progetto, poiché è l'unico elemento visibile che mette in relazione gli spazi interni con il mondo esterno. Nell'architettura costruita fuori terra, invece, è la facciata a comunicare le qualità tettoniche dell'edificio e la sua massa, mentre le aperture ne determinano la porosità, la permeabilità e la trasparenza.

Nell'analisi di un edificio ipogeo, non è semplice fare riferimento ai tradizionali elementi architettonici, come muro e copertura, ed è più efficace concentrarsi su altri aspetti, come la distribuzione interna. Un edificio ipogeo, ad esempio, può essere accessibile da un lucernario, ossia un'apertura orizzontale. Questa soluzione consente di esplorare gli interni partendo dai piani superiori e scendendo verso quelli inferiori, secondo un ordine gerarchico opposto rispetto agli edifici ordinari. Un'alternativa meno radicale consiste invece nel progettare un'apertura verticale, ad esempio creando una rampa o un tunnel nel terreno. Quest'ultima viene adottata in diversi progetti di hangar militari Binishell. È probabile che questa scelta sia motivata da ragioni funzionali: la circolazione verticale avrebbe richiesto l'impiego di ascensori, una tecnologia eccessivamente complessa rispetto allo scopo. È però un peccato che un tema affascinante come l'architettura ipogea non sia stato esplorato da Bini oltre al concorso per il de Young Museum e a queste poche applicazioni prettamente a carattere funzionalistico, come i rifugi militari progettati tra il 1984 e il 1993 per l'aeroporto dell'isola di Guernsey, localizzata tra Regno Unito e Francia (Fig. 4.25).

4.4.4 La Binishell vola

Negli anni, Bini esplora diverse strategie per integrare le Binishell nel paesaggio circostante. In contrasto con l'approccio ipogeo o con l'idea di celare la cupola dietro altri corpi di fabbrica, Bini sperimenta soprattutto in Australia la possibilità di distinguere percettivamente la struttura dal terreno.

Styles include diverse di queste esplorazioni progettuali nella sua tesi di laurea. Un primo disegno concettuale mostra una Binishell poggiata su un basamento, sollevata quindi dal piano di campagna: un accorgimento che definisce una soglia tra spazi pubblici e privati meno netta rispetto ai progetti in cui la cupola poggia direttamente a terra. L'effetto percettivo è quello di una struttura più leggera, in quanto sembra galleggiare sul suolo, ma al tempo stesso più saldamente integrata nel contesto grazie alla presenza del basamento e di grandi aperture all'imposta che estendono gli spazi interni mettendoli in continuità con quelli esterni.

Un approccio progettuale analogo si ritrova in uno schizzo preliminare per la sala polifunzionale della Ashbury Public School, nel New South Wales, del 1977. Sebbene questa Binishell non sia stata poi costruita seguendo tale disegno, lo schizzo rimane significativo perché evidenzia l'attenzione di Bini all'integrazione architettonica delle sue strutture con il paesaggio circostante (Fig. 4.26). Mostra inoltre che l'idea iniziale per la Binishell di Ashbury era più articolata e prevedeva un numero maggiore di aperture rispetto a quelle effettivamente realizzate, molte delle quali collegate a percorsi esterni, rivelando così una sensibilità nella concezione dei percorsi distributivi e nel preventivare la percezione della cupola da prospettive specifiche. Una tale attenzione al contesto si ritrova in modo altrettanto evidente solo in Villa Antonioni, ed è probabile che proprio da quel progetto e dalle conversazioni con Michelangelo Antonioni Bini abbia tratto importanti insegnamenti anche per lo sviluppo dei suoi progetti australiani.

Oltretutto, questo schizzo evidenzia come la pura espressività strutturale non fosse una priorità di Bini. È comune, nel progetto di gusci sottili a grande luce, sfruttare l'attacco a terra come occasione per esprimere, puntando all'eleganza e alla massima leggerezza strutturale, il trasferimento delle forze dal guscio alle fondazioni. Nel Palazzetto dello Sport di Roma, ad esempio, Nervi prevede nervature strutturali sulla cupola e inserisce una serie di pilastri a Y a suo supporto, così da rendere immediatamente leggibili i percorsi di trasferimento delle forze a terra. Al contrario, nello schizzo di Bini per la Ashbury Public School, il punto di contatto della cupola con il piano di campagna rimane celato. Altri parametri progettuali sono stati privilegiati, raggiungen-

Figura 4.26 Dante Bini, progetto di Binishell elaborato in Australia, 1974. Schizzo preliminare (Riprodotto da Styles 1975: 127)

do un compromesso tra idea architettonica e requisiti funzionali che Robert Venturi avrebbe descritto come complesso e contraddittorio.

È evidente sin dai primi progetti come Bini esplori la tensione tra geometrie lineari e curve, dove le seconde appartengono al linguaggio del guscio strutturale e le prime agli elementi accessori. È quasi l'opposto dell'idea secondo cui l'architettura moderna sia prevalentemente ortogonale e razionale e si misuri con un contesto naturale fatto di forme complesse e sinuose. Negli schizzi elaborati in Australia, la Binishell si configura invece come un oggetto curvo ma puro, dove risultano più articolati il basamento e gli elementi accessori.

Nel sollevare la cupola da terra, sembra che l'intento di Bini sia quello di farle "mettere radici", fissandola al suolo tramite un sistema di percorsi esterni che ne accentuano al contempo la leggerezza (Figg. 4.27, 4.28 e 4.29). Non a caso, nella sua tesi Styles interpreta questa strategia paragonando la Binishell a una cellula vivente e i percorsi alle arterie che la alimentano. È un'analogia organica che consente di leggere la cupola come un organismo unicellulare in rapporto simbiotico con il terreno su cui sorge. La stessa immagine può essere estesa anche ad aggregazioni di Binishell, tema che viene affrontato nel Capitolo 5.

Figura 4.27 Dante Bini, progetto di Binishell elaborato in Australia, 1974. Schizzo preliminare (Riprodotto da Styles 1975: 141)

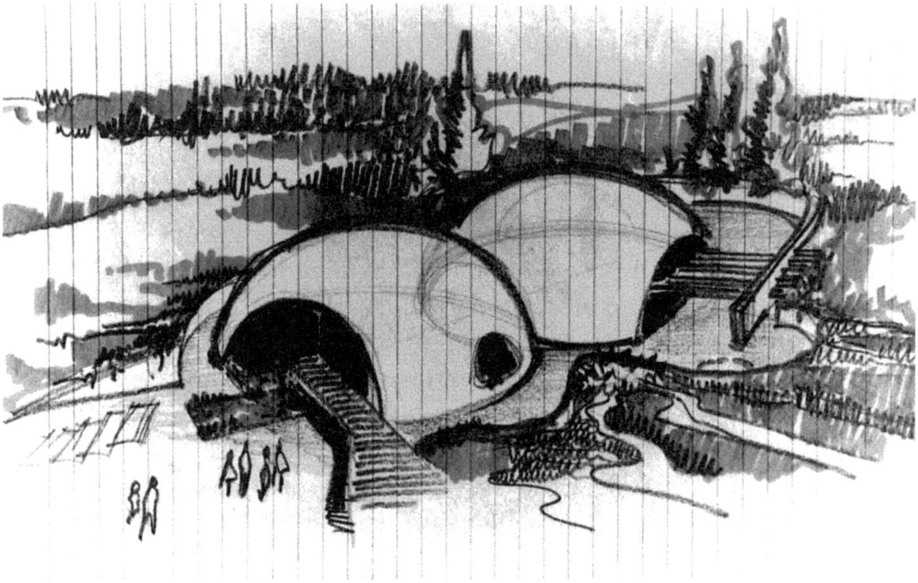

Figura 4.28 Dante Bini, progetto di Binishell elaborato in Australia, 1974. Schizzo preliminare (Riprodotto da Styles 1975: 126)

4.4.5 La Binishell sul pendio

I percorsi esterni nello schizzo per la Ashbury Public School richiamano in parte l'approccio progettuale già adottato in Villa Antonioni in Sardegna, alla quale si accede tramite una piccola passerella pedonale che non solo conduce alla cupola, ma apre la prospettiva verso il mare sullo sfondo. In quest'ulti-

Figura 4.29 Dante Bini, progetto di Binishell elaborato in Australia, 1974. Schizzo preliminare (Riprodotto da Styles 1975: 127)

ma, però, i percorsi esterni assumono un ruolo ancora più importante, poiché l'edificio sorge su un pendio: i percorsi diventano così il mezzo per risolvere il dislivello tra l'edificio e la strada di accesso. Bini colloca l'ingresso al piano superiore e, una volta all'interno, si scende a quello inferiore, dove le finestre inquadrano scorci mirati del mare.

Questo tema del rapporto con il pendio ricorre anche in Casa Bianchi a Riva San Vitale, in Svizzera, progettata da Mario Botta nel 1971 (Fig. 4.30). Entrambi i progetti utilizzano geometrie pure in contrasto con le superfici naturali delle topografie circostanti, e gli spazi interni sono ricavati attraverso sottrazioni di volumi, un'operazione che genera aperture e inquadra viste sul paesaggio. Mentre Casa Bianchi impiega solo linee ortogonali e solidi parallelepipedi, Villa Antonioni è una cupola ellittica con tagli prevalentemente curvilinei.

In entrambi i casi l'accesso avviene dal piano superiore tramite una stretta passerella pedonale. La distribuzione verticale è collocata al centro della pianta, e la sinergia tra questa *promenade architecturale* e il disegno delle aperture genera una forte connessione tra spazi interni ed esterni, ampliando le dimensioni percepite dei due edifici attraverso connessioni visive con il paesaggio circostante.

Figura 4.30 In alto: Dante Bini, Villa Antonioni, Costa Paradiso di Gallura, 1969–1971. Vista del percorso d'ingresso (DRS); In basso: Mario Botta, Casa Bianchi, Riva San Vitale, 1971. Vista dalla passerella d'ingresso (AZ, MB)

Figura 4.31 Dante Bini, Narrabeen North Public School, New South Wales, 1974. Schizzo dell'apertura principale della biblioteca, nota come la "perla della conoscenza" (DB)

4.5 Morfologia delle aperture

Sebbene i tagli scultorei compaiano già nelle primissime Binishell, l'esempio più iconico – e maggiormente pubblicato – di questo linguaggio è un progetto australiano del 1974, che comprende tre cupole realizzate alla Narrabeen North Public School. Uno schizzo concettuale di Bini mostra come l'apertura a forma libera sulla cupola destinata a biblioteca nasca da un'idea simbolica: la superficie del guscio si solleva come un sipario, aprendo idealmente le proprie porte ai giovani studenti e rivelando la "perla della conoscenza"[1]. In uno schizzo Bini trasforma la brutalità del taglio della cupola in calcestruzzo armato in un'immagine poetica: la perla diventa al tempo stesso un riferimento diretto alla funzione dell'edificio e un richiamo indiretto alla purezza e semplicità della forma strutturale (Fig. 4.31).

Nella sua tesi, Styles confronta l'effetto dei tagli scultorei nelle Binishell con il più convenzionale inserimento di porte e finestre standard. Focalizzandosi

[1] "Perla della conoscenza" è un'espressione che Bini ha utilizzato ricorrentemente nel descrivere questo progetto agli autori.

sulle qualità spaziali e percettive, osserva che nelle cupole – e più in generale nelle strutture a guscio a doppia curvatura – le aperture non vengono percepite come appaiono nei loro disegni in prospetto, poiché questo tipo di architettura non possiede superfici di facciata ben definite e distinte, come invece accade nella maggior parte degli edifici a telaio. Tale osservazione è particolarmente valida quando i tagli non seguono una griglia ortogonale, privando così l'osservatore di punti di riferimento geometrici stabili a cui ancorare la percezione. Negli edifici parallelepipedi, possiamo facilmente mettere in relazione piante e prospetti con ciò che osserviamo camminandoci attorno; con le forme curve, invece, la questione si complica. A prima vista, questa considerazione può sembrare ovvia, ma rappresenta in realtà un importante promemoria del fatto che il nostro punto di vista è raramente statico: cambia continuamente mentre ci muoviamo attorno e all'interno della cupola.

In una Binishell priva di aperture, concetti come facciata, fronte, retro, lati, angoli, muri e copertura hanno poco o nessun significato. È sufficiente un solo prospetto per descriverne la forma e persino camminare intorno alla struttura può risultare disorientante, data l'assenza di variazioni formali. Perforare un volume così puro con porte e finestre convenzionali renderebbe facile individuare ingresso, lati e retro dell'edificio, ma – dal punto di vista architettonico – equivarrebbe a ignorare la natura stessa della cupola, concepita per non essere percepita come un edificio con pareti prevalentemente piane e quattro prospetti (Fig. 1.25).

Alcune Binishell realizzate in Messico dalla *Binica sa* presentano ampie aperture quadrate e rettangolari, che mostrano chiaramente i rischi di introdurre linee e piani ortogonali in una geometria a guscio. Al contrario, i tagli curvilinei generano una condizione in cui la percezione della superficie muta continuamente al variare del punto di vista dell'osservatore (Figg. 4.32 e 4.33).

Alla luce di questo ragionamento, si può senz'altro sostenere che la grande apertura d'ingresso della Binishell di Narrabeen, con il suo profilo curvilineo e la "perla della conoscenza" a sostegno del guscio, rappresenti l'immagine più iconica del lavoro di Bini (Fig. 4.34). Esistono infatti numerosi scatti da diverse angolazioni di questo dettaglio, a dimostrazione di quanto sia cruciale non solo la forma dell'apertura ma anche la prospettiva da cui la si osserva. Una foto da sud-est, ad esempio, mette in risalto la "perla della conoscenza" collocata al di sotto della Binishell, mentre un'altra da sud-ovest valorizza soprattutto l'ampio taglio curvo, lasciando la sfera sottostante in ombra (Fig. 4.35).

La forma è solo una delle variabili da considerare nello studio delle aperture di una Binishell. Anche la dimensione del taglio è un fattore rilevante, così come la sua posizione in relazione alla distribuzione interna.

Figura 4.32 Felipe Humberto Concha Hernández *(Binica sa)*, Centralino telefonico Binishell, Città del Messico, anni Settanta. Vista esterna dell'ingresso (DB)

Figura 4.33 Felipe Humberto Concha Hernández *(Binica sa)*, Centralino telefonico Binishell, anni Settanta. Disegno (DB)

In molti schizzi dei progetti elaborati in Australia pubblicati nella tesi di Styles si nota, ad esempio, come il disegno delle aperture lavori in sinergia con quello dei percorsi esterni, dando l'impressione che l'edificio si espanda e si radichi nel paesaggio circostante. Un approccio analogo si ritrova in Villa

Figura 4.34 Dante Bini, Narrabeen North Public School, New South Wales, 1974. L'ingresso della biblioteca (DB)

Figura 4.35 Dante Bini, Narrabeen North Public School, New South Wales, 1974. Prospetti (DB)

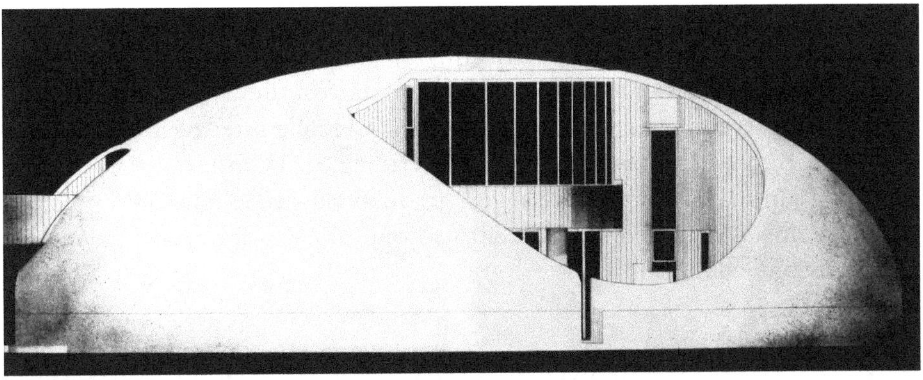

Figura 4.36 Furio Nordio, progetto di casa Binishell sperimentale, 1967. Prospetto (DB)

Antonioni, dove le aperture definiscono i percorsi di comunicazione fisica, ma soprattutto visiva tra interno ed esterno, ancorando l'edificio al sito.

Una strategia diametralmente opposta si riscontra in una Binishell di 20 metri di diametro, progettata da Furio Nordio e pubblicizzata come "casa sperimentale" in un catalogo della *Binishells S.p.A.* del maggio 1967, ma mai realizzata (Fig. 4.36). Qui la cupola presenta un unico grande taglio, tanto ampio da rimuoverne anche l'apice. Se da un lato questa scelta permette a Nordio di ricavare due pareti finestrate affacciate su un cortile interno, dall'altro il guscio in calcestruzzo armato sembra perdere la sua primaria funzione strutturale di copertura a grande luce, trasformandosi in un semplice involucro, una sorta di schermo posizionato per garantire maggior privacy agli abitanti della casa. L'assenza di un sito, e quindi di un contesto in cui collocare questo progetto, accentua ulteriormente il contrasto con Villa Antonioni, dove la cupola è invece pienamente integrata nel paesaggio e funziona come parte di un sistema più ampio.

Parecchie delle immagini presenti nella tesi di Styles riguardano progetti di Binishell mai realizzati. Purtroppo, il nome dell'architetto non è sempre riportato, così come spesso manca l'indicazione della data e della provenienza del disegno. Talvolta, inoltre, le didascalie non coincidono con le descrizioni dello stesso progetto pubblicate nei cataloghi promozionali della *Binishells S.p.A.* Queste discrepanze rendono difficile datare con precisione il materiale d'archivio e stabilire fino a che punto possa essere attribuito direttamente a Bini. Nonostante ciò, alcuni di questi progetti mostrano approcci alla concezione delle aperture unici, non riscontrabili altrove. Ad esempio, uno schizzo per un piccolo edificio residenziale, caratterizzato da ampi tagli sulla cupola e da un cortile interno scoperto, sembra riferirsi più alla casa sperimentale di Nordio discussa sopra che ad altri lavori di Bini.

Quando la dimensione delle aperture diventa così rilevante da impedire alla struttura stessa di fungere da riparo, ci si dovrebbe interrogare se sia stato il sistema Binishell a plasmare l'idea progettuale o, al contrario, se siano stati il programma funzionale e le regole tradizionali dell'abitare ad aver eroso il guscio fino a ridurlo a un elemento secondario, quasi ornamentale, della composizione complessiva.

4.6 Creare le aperture nella fase di sollevamento pneumatico

Il tema e la narrativa di questo capitolo s'ispirano a un aspetto peculiare del sistema costruttivo Binishell: le aperture possono essere ricavate nel guscio solo dopo che il getto in calcestruzzo armato, realizzato sul piano di campagna, è stato sollevato e modellato nella sua forma finale. Non tutti i sistemi costruttivi sviluppati da Bini richiedevano però che le aperture fossero ricavate per sottrazione dopo il sollevamento della struttura.

Si può citare, ad esempio, uno dei suoi primi esperimenti: un prototipo del 1967, un guscio anticlastico a forma di sella, indubbiamente ispirato ai progetti di Heinz Isler e Félix Candela (Dante Bini 2014a). In questo progetto la membrana era sagomata in modo da contenere il calcestruzzo fresco entro un'area prestabilita, generando così aperture nelle zone rimanenti direttamente durante il processo di gonfiaggio. Le fotografie di cantiere mostrano come la membrana a doppia curvatura anticlastica sia stata determinante per definire simultaneamente sia la forma strutturale sia le aperture (Fig. 4.37).

Sebbene questo prototipo non abbia portato allo sviluppo di un brevetto specifico per la costruzione di gusci a sella mediante membrana pneumatica, l'idea alla base dell'esperimento è stata comunque inglobata in un altro sistema: la Minishell del 1979. Come discusso nel Capitolo 3, la Minishell può essere considerata un'evoluzione diretta della Binishell, in cui la pianta quadrata offre un'alternativa a quella circolare e alla conseguente forma a cupola, rendendo il sistema più adatto all'ambito residenziale.

La configurazione della Minishell si avvicina di più al volume di una scatola, risultando quindi più facilmente applicabile a piccoli progetti di abitazioni. Inoltre, la membrana utilizzata per erigere una Minishell genera automaticamente quattro aperture agli angoli di base, evitando la necessità di ricavarle a posteriori da un guscio già formato, come invece avveniva con il sistema Binishell originario.

Figura 4.37 Dante Bini, prototipo di guscio di cemento a forma di sella costruito alla "fungaia", San Cesario sul Panaro, 1967. Processo di gonfiaggio (DB)

Nel 1980 la *Jennings Industries Ltd* realizza cinque Minishell per altrettante case vacanze a Trinity Beach, a Cairns, nel Queensland. Dal confronto con le cupole del villaggio turistico di Torre Cintola, realizzate in Italia con il sistema Binishell, emerge come nei progetti residenziali di Bini il disegno delle aperture tenda spesso a "squadrare" la naturale curvatura del guscio per soddisfare esigenze funzionali. A Torre Cintola i tagli sono infatti realizzati con piani verticali, così da ottenere porzioni murarie piane e consentire l'impiego di serramenti convenzionali (Fig. 4.38). Tali piani contribuiscono anche a rimodellare il perimetro circolare dell'edificio, razionalizzando la distribuzione interna. Nelle Minishell di Trinity Beach, invece, le aperture collocate ai quattro angoli della pianta eliminano direttamente quelle porzioni della

Figura 4.38 *Binishells S.p.A.*, villaggio turistico Torre Cintola, Monopoli, anni Settanta. Vista esterna di una casa vacanze Binishell (DB)

Figura 4.39 Dante Bini, case vacanze Minishell, Trinity Beach, Cairns, Queensland, 1979–1980. Sequenza costruttiva (DB)

struttura in cui altezza e curvatura avrebbero rappresentato un ostacolo alla progettazione degli interni (Figg. 4.39 e 4.40).

Come menzionato nel Capitolo 6, Nicolò Bini lavora attivamente allo sviluppo di nuovi sistemi di automazione del processo costruttivo, in particolare di gusci sottili. Molti dei suoi esperimenti e prototipi possono essere letti co-

Figura 4.40 Dante Bini, case vacanze Minishell, Trinity Beach, Cairns, Queensland, 1979–1980. Vista interna dell'intradosso al rustico del guscio (DB)

me evoluzioni delle idee introdotte dal padre con il brevetto della Minishell del 1979: la creazione delle aperture durante il processo di gonfiaggio e l'adattamento della pianta in funzione della distribuzione degli spazi interni. In particolare, sul tema delle aperture, è naturale che i sistemi di Nicolò Bini si ispirino più alla Minishell che al brevetto originario della Binishell, alla luce della crescente consapevolezza in materia di sostenibilità ambientale nel settore delle costruzioni. Oggi, infatti, non sarebbe più concepibile ricavare le aperture da un guscio in calcestruzzo già completato tramite operazioni di taglio o parziale demolizione, con inevitabile spreco di materiale e produzione di rifiuti.

Nicolò Bini privilegia la natura come riferimento progettuale più che i principi classici dell'architettura. Nella villa di Malibù, progettata tra il 2012 e il 2017 e discussa in dettaglio nel Capitolo 6, colloca le aperture alla base affinché la luce naturale si rifletta sul pavimento e sull'intradosso del guscio, enfatizzandone la doppia curvatura e rafforzando la connessione con il giardino esterno. In una foto di cantiere, la struttura in calcestruzzo appena completata, prima dell'inserimento delle partizioni e degli infissi, evoca una grotta o forme naturali analoghe, modellate dall'erosione dell'acqua nel tempo. Dante Bini, al contrario, s'ispira a riferimenti classici e a immagini simboliche, ricorrendo più volte a lucernari che richiamano l'oculo del Pantheon per sottolineare la monumentalità della cupola, oppure introducendo geometrie pure come la sfera per rappresentare concetti astratti, come la "perla della conoscenza" all'ingresso della biblioteca di Narrabeen.

5

Basi lunari: Intersezione e ripetizione di Binishell

5.1 Standardizzazione, modularità e prefabbricazione

Il sistema Binishell nasce con l'obiettivo di semplificare e velocizzare la costruzione di gusci sottili in calcestruzzo armato, utilizzando membrane pneumatiche come casseforme. L'idea si fonda su tre concetti chiave: standardizzazione, modularità e prefabbricazione (Fig. 5.1).

I primi prototipi e i progetti pubblicati nei cataloghi promozionali della *Binishells S.p.A.* mostrano come il sistema potesse trovare applicazione in ambito residenziale, commerciale, industriale e persino militare, a piccola e media scala. Bini si rende però presto conto che il diametro massimo di una singola Binishell costituisce un vincolo per adattare la tecnica costruttiva pneumatica a edifici di dimensioni maggiori. Una sola cupola, infatti, non basta a coprire un palazzetto dello sport con tribune, un complesso scolastico o un grande centro commerciale.

Bini affronta dunque questa problematica in due modi complementari ma distinti. Da un lato, utilizza la ripetizione seriale di cupole, guidato dalla modularità che caratterizza il suo sistema costruttivo. Dall'altro, ottiene coperture a grande luce tramite l'intersezione geometrica di cupole standard di dimensioni più contenute.

Quest'ultima è una strategia progettuale già esplorata da diversi architetti e ingegneri dell'epoca, noti per i loro contributi nel campo delle strutture spaziali e a guscio. Félix Candela, ad esempio, ricorre sistematicamente all'intersezione di forme semplici, in particolare paraboloidi iperbolici, per dar vita a strutture complesse e di grandi dimensioni (Garlock e Billington 2008).

A. Pugnale, A. Bologna, *Oltre la cupola*, https://doi.org/10.1007/978-3-032-19785-6_5

Figura 5.1 *Binishells S.p.A.*, Binishell per la Rice Export Corporation, Pipri, Karachi City, Pakistan, fine anni Settanta (DB)

Anche Eduardo Torroja e Anton Tedesko privilegiano la ripetizione e l'intersezione come strategie compositive, realizzando coperture a grande luce sia a partire da superfici sinclastiche, come i cilindri, sia da superfici anticlastiche, come nel caso dei paraboloidi iperbolici utilizzati dallo stesso Candela (Torroja 1958; Engel 1997).

La ripetizione seriale non implica necessariamente un contatto fisico tra due cupole distinte, mentre l'intersezione richiede operazioni di taglio del guscio per ottenere la connessione materiale tra le singole Binishell. Questa distinzione può sembrare sottile, ma è fondamentale in questo contesto. Dal punto di vista architettonico, le intersezioni geometriche incidono sia sul progetto della struttura e delle aperture, sia sulla distribuzione interna e sul rapporto tra il programma funzionale e la forma complessiva dell'edificio. La ripetizione seriale, invece, tende a influenzare soprattutto la progettazione degli spazi esterni, l'organizzazione dei percorsi di collegamento tra le Binishell e l'eventuale inserimento di elementi aggiuntivi, come passaggi coperti o volumi edilizi complementari (Fig. 5.2).

Dopo una breve introduzione ai concetti di standardizzazione, modularità e prefabbricazione, e al loro legame con la progettazione delle Binishell, il capitolo discute di come Bini abbia utilizzato le strategie di ripetizione seriale e intersezione geometrica per ampliare gli ambiti applicativi del suo sistema costruttivo, rendendolo adatto anche a grandi progetti come villaggi turistici e complessi industriali. Tra i lavori analizzati figurano due delle sue opere più iconiche in Australia: la Narrabeen North Public School nel New South Wales e lo Space City Shopping Centre nel Queensland.

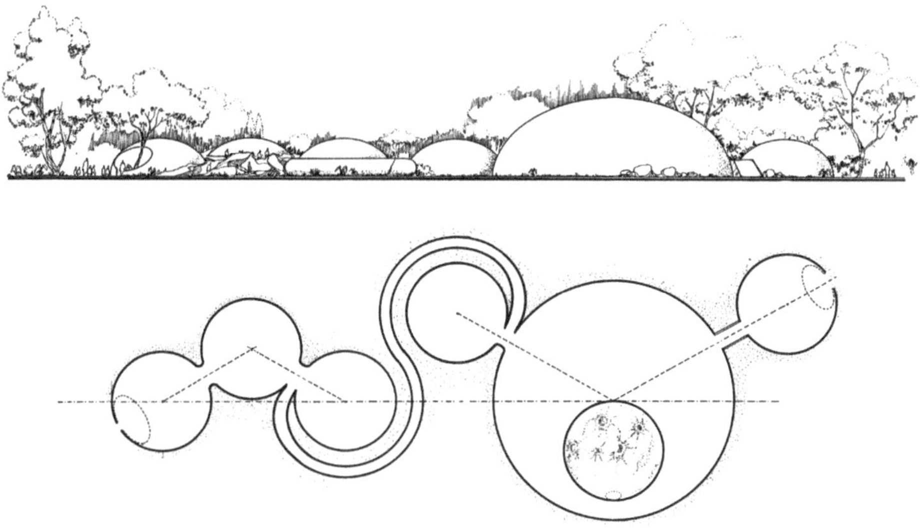

Figura 5.2 Dante Bini, progetto Binishell per un parco di divertimenti nell'Unione delle Repubbliche Socialiste Sovietiche (URSS), 1987. Pianta e sezione (DB)

5.1.1 Identità e diversificazione formale

Il concetto di modularità è presente sin dall'antichità nel campo della progettazione architettonica e strutturale: la ripetizione di pochi elementi modulari ricorre in numerosi capolavori realizzati durante l'Impero Romano, come l'acquedotto di Segovia e il Colosseo di Roma, esempi in cui un semplice arco diventa l'elemento caratterizzante dell'intero progetto.

Nel Novecento, la modularità è stata ampiamente esplorata dal Movimento Moderno, con chiari riferimenti allo sviluppo industriale e alla razionalizzazione della produzione seriale. È però tra gli anni Sessanta e Settanta che la prefabbricazione assume un ruolo centrale nell'architettura residenziale. Un esempio emblematico di questo periodo è Habitat 67 di Moshe Safdie, prototipo basato sull'assemblaggio di piccoli moduli parallelepipedi prefabbricati (Legault 2021). La configurazione dell'insieme nasce dalla combinazione di questi elementi attraverso sovrapposizioni, rotazioni e traslazioni, così da generare unità abitative sempre diverse pur partendo da una medesima geometria di base. L'aspetto architettonico più significativo è che la morfologia di Habitat 67 risulta talmente complessa da non poter essere pienamente compresa senza il supporto dei disegni. Questo effetto, volutamente ricercato, crea una tensione tra l'apparente casualità della composizione e la rigorosa regolarità del modulo e del principio stesso di prefabbricazione. In questo modo, Safdie rie-

Figura 5.3 Paul Rudolph, Oriental Masonic Gardens, New Haven, Connecticut, 1968–1970. Veduta a volo d'uccello (LC, PRC)

sce a definire spazi unici e differenziati, capaci di offrire agli abitanti un senso di identità e appartenenza pur all'interno dei vincoli della produzione seriale.

L'unicità formale svolge un ruolo fondamentale nel processo di appropriazione dello spazio domestico, poiché permette di sviluppare un senso di individualità e un'identità riconoscibile. Un ulteriore problema, comune a molti progetti di abitazioni modulari e prefabbricate, è il richiamo all'icona dell'oggetto industriale, come il container: nessuno vuole, infatti, vivere in un container. Ne consegue che il progettista debba dare priorità alla dimensione psicologica rispetto agli aspetti prestazionali della casa modulare. Secondo Paul Rudolph, architetto dell'Oriental Masonic Gardens (1968–1970) a New Haven, Connecticut, la vera sfida consiste nel proporre un'alternativa alle case unifamiliari o a schiera, assegnando a ciascuna unità abitativa un proprio lotto di terreno e un cortile privato (Fig. 5.3). La questione riguarda dunque il modo in cui elementi modulari e prefabbricati vengono organizzati affinché, pur richiamando formalmente l'oggetto seriale da cui derivano, siano in grado di preservare e trasmettere le qualità proprie dell'abitare (Rudolph 1970: 218–219).

La costruzione dell'identità nell'unità abitativa modulare, attraverso un processo di diversificazione formale, è un aspetto cruciale per il successo del progetto. Nel caso della Binishell, però, la forma a cupola rende praticamente impossibile trattare la struttura come un modulo liberamente ricombinabile con altri simili o identici: solo tramite operazioni di taglio sul guscio è possibile renderla geometricamente assemblabile. Questo capitolo analizza come

Bini abbia affrontato tale sfida progettuale, sia in ambito residenziale sia in altri contesti.

5.1.2 Flessibilità e adattabilità

Più ancora che in Habitat 67, è il progetto di Kishō Kurokawa per la Nagakin Capsule Tower a Tokyo, del 1970–1972, ad adottare un linguaggio che celebra apertamente la propria natura industriale, tecnologica e modulare (Kurokawa 1977: 105–111). L'edificio è costituito da capsule abitative indipendenti, agganciate a una struttura portante in acciaio e calcestruzzo armato. Qui la ricerca progettuale non si limita alla sperimentazione sulla costruzione modulare e prefabbricata, ma si estende anche ai temi della flessibilità dello spazio e dell'adattamento nel tempo, resi possibili dalla sostituzione delle capsule in caso di usura o di obsolescenza tecnologica.

Tra il 1970 e il 1971, Renzo Piano e Richard Rogers esplorano temi affini di flessibilità, adattabilità ed espansione nel progetto del Centre Pompidou a Parigi, icona dell'architettura contemporanea che espone in facciata strutture e impianti per liberare gli spazi interni da vincoli fisici e consentire una riconfigurazione continua delle sale museali (Dal Co 2016). Nei primi anni della loro carriera, i due architetti fanno della flessibilità un tema centrale, sviluppandolo in diversi progetti tuttora in uso. Gli uffici B&B Italia a Novedrate del 1971, ad esempio, anticipano in scala ridotta il concetto del Centre Pompidou. Le case unifamiliari costruite tra il 1970 e il 1974 a Cusago, nei pressi di Milano, adottano la stessa logica industriale: la copertura a capriata trasferisce i carichi sui due muri portanti laterali, liberando lo spazio interno da appoggi intermedi (Buchanan 1993: 50–51). Questa soluzione consente anche l'ampliamento nel tempo, poiché le altre due pareti perimetrali, vetrate e non portanti, possono essere riposizionate dopo l'aggiunta di una nuova campata strutturale.

Il tema della flessibilità assume particolare rilevanza in questo contesto, poiché costituisce l'obiettivo principale per cui sono stati sviluppati – e successivamente pubblicizzati come moderni e innovativi nei cataloghi promozionali – i progetti Binishell destinati a scuole e strutture ricettive. In generale, la flessibilità può essere intesa come la possibilità di riorganizzare la distribuzione interna senza essere ostacolati da elementi strutturali o impiantistici. Nel caso delle Binishell, tuttavia, il concetto assume un significato differente: indica la capacità di un complesso edilizio di ampliarsi nel tempo, aggiungendo una o più cupole fino a raggiungere la superficie coperta desiderata. Tale ampliamento può includere anche elementi edilizi convenzionali, come percorsi coperti,

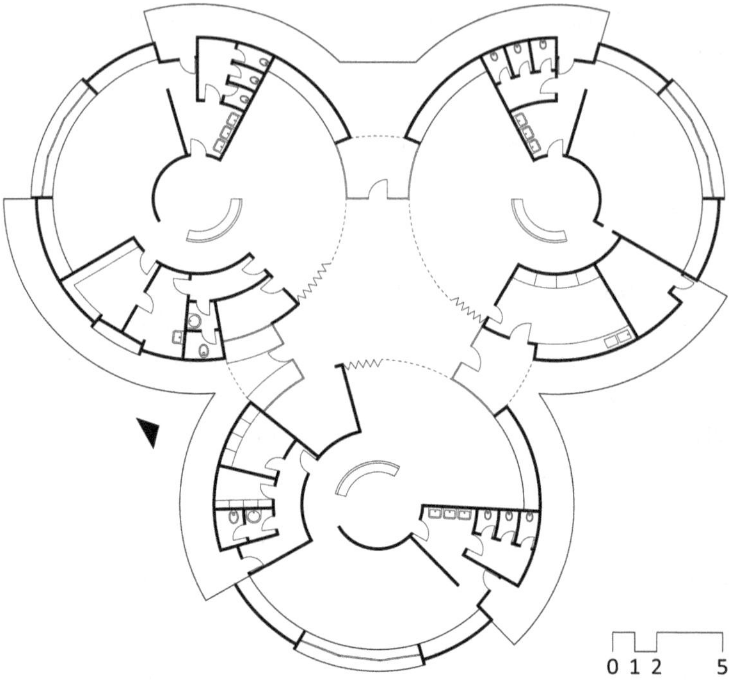

Figura 5.4 *Binishells S.p.A.*, progetto scolastico a tre sezioni, 1970. Pianta (AP)

per collegare le singole unità. Il complesso inizialmente costruito rappresenta quindi solo una delle possibili configurazioni spaziali del medesimo sistema di aggregazione, in cui il numero di gusci sottili ne determina la scala, mentre la loro disposizione in pianta definisce la morfologia. Ad esempio, una piccola scuola da tre sezioni, composta da tre cupole, può ampliarsi nel tempo per accogliere un maggior numero di studenti mediante l'aggiunta di ulteriori unità Binishell. Allo stesso modo, strutture come villaggi turistici o motel possono crescere progressivamente nel corso degli anni. Si tratta anche di una logica da "casa a catalogo", pensata per adattare lo stesso schema di base a siti, contesti ed esigenze progettuali differenti (Figg. 5.4 e 5.5).

5.1.3 Razionalità e semplicità strutturale

Il processo di razionalizzazione geometrica rappresenta sempre un aspetto fondamentale nella progettazione di gusci sottili, poiché da esso dipendono l'efficienza costruttiva, i costi e la qualità tettonica della struttura: un'esecuzione semplice e precisa riduce infatti errori di cantiere e tolleranze. La questione as-

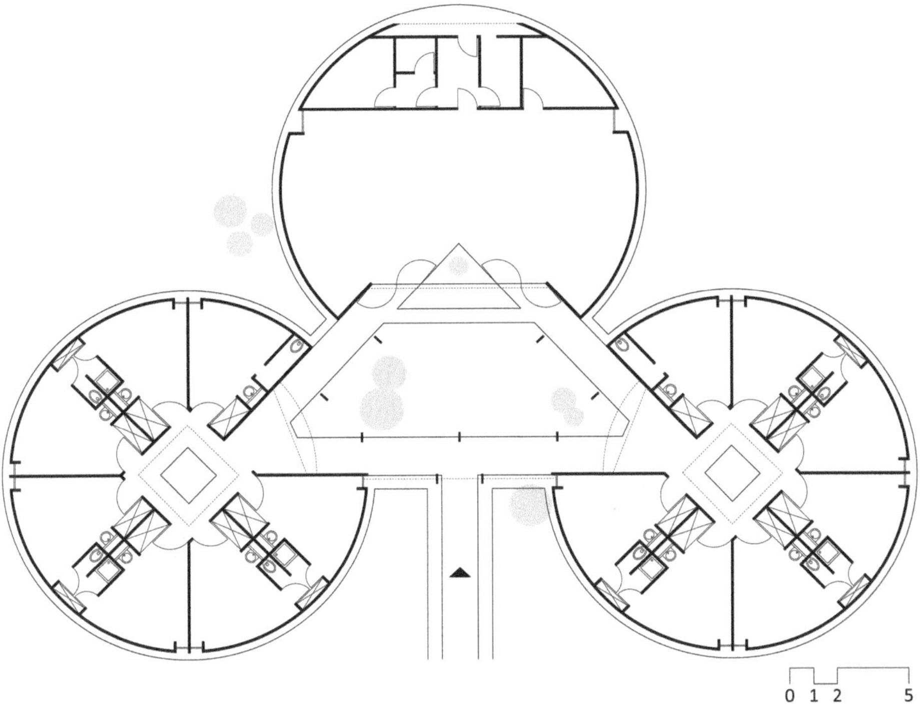

Figura 5.5 *Binishells S.p.A.*, progetto di villaggio turistico, anni Settanta. Pianta di un modulo a tre cupole (AP)

sume particolare rilevanza prima dello sviluppo dei software di modellazione tridimensionale (CAD), che semplificano la rappresentazione delle superfici a doppia curvatura, e dei processi di ottimizzazione e fabbricazione digitale, capaci di risolvere, almeno in parte, i problemi costruttivi intrinseci delle forme complesse e a geometria libera.

Pier Luigi Nervi è probabilmente il progettista che più di altri ha trasformato la prefabbricazione in un'arte, lavorando su forme geometriche semplici, facilmente discretizzabili in schemi costruttivi ripetibili ed eseguibili direttamente in cantiere con rapidità ed efficienza. Per Nervi, la razionalità geometrica diventa lo strumento per raggiungere la leggerezza strutturale e, al tempo stesso, rendere leggibili i percorsi delle forze all'interno delle sue architetture (Gargiani e Bologna 2016).

La razionalità e la semplicità strutturale risultano particolarmente rilevanti in questo contesto, poiché le invenzioni di Bini si basano sulla prefabbricazione e sull'uso della geometria non solo per risolvere i problemi costruttivi dei gusci sottili, ma anche per proporre un'idea di struttura e architettura alternativa rispetto alle tipologie tradizionali su piccola e media scala. Un solo esempio documentato si discosta da questa logica: si tratta di un prototipo di copertura modulare a pianta quadrata destinata ad applicazioni industriali, introdotto nel Capitolo 1 e ripreso più avanti. È significativo che questo rappresenti l'unico caso in cui Bini si concentri sul progetto di un componente modulare, anziché su un edificio completo composto da elementi ripetibili.

5.2 La Binishell come modulo ripetibile

L'approccio di Bini a queste tematiche varia in base alla tipologia edilizia. Nei progetti residenziali privilegia unicità formale e senso d'identità, mentre negli edifici pubblici, commerciali e industriali concentra l'attenzione sulla flessibilità del sistema costruttivo e sullo sviluppo di soluzioni tecnologiche necessarie a garantirla.

È bene ricordare che il brevetto Binishell diventa economicamente vantaggioso solo quando viene impiegato più volte per realizzare la stessa forma strutturale di base, cioè quando l'attrezzatura di cantiere – principalmente la cassaforma a membrana – può essere riutilizzata. Da qui deriva l'importanza delle due strategie progettuali con cui Bini si confronta: la ripetizione seriale e l'intersezione di cupole Binishell, entrambe necessarie per rendere il suo sistema coerente con la propria ragion d'essere.

Nel corso degli anni, inoltre, Bini modifica e adatta più volte il suo sistema costruttivo originale, sia per rispondere a esigenze progettuali specifiche, sia per risolvere problemi emersi dall'uso e dall'esperienza. Un esempio significativo è il brevetto Minishell del 1979, ideato per realizzare gusci sottili in calcestruzzo armato con pianta approssimativamente quadrata e aperture già previste ai quattro vertici. Si tratta di un'evoluzione diretta del sistema Binishell, che risolve sia il problema della pianta circolare sia quello del taglio delle aperture in ambito residenziale (Figg. 3.29, 3.30, 4.39 e 4.40).

Sebbene la ricostruzione cronologica delle invenzioni e dei sistemi costruttivi di Bini possa sembrare l'approccio storiografico più immediato, non è questo l'obiettivo del presente studio. Qui si indaga il rapporto di reciproca influenza tra strategie progettuali e tecniche costruttive, evitando di trattare lo sviluppo tecnico come se fosse isolato dal contesto architettonico. In questo modo, le qualità architettoniche e spaziali dei progetti di Bini non vengono discusse unicamente come risultato di una progressiva evoluzione tecnologica, ma come espressione di un dialogo continuo tra scelte formali, aspetti tecnico-funzionali e, in parte, considerazioni commerciali.

5.2.1 Dalla casa a catalogo ai villaggi turistici

Come già osservato, la ripetizione dell'elemento modulare costituisce il principio alla base di progetti residenziali iconici, come Habitat 67 o gli Oriental Masonic Gardens. In questi casi, l'assemblaggio di parti uguali in configurazioni sempre diverse risponde, da un lato, alla necessità di offrire agli abitanti un senso di identità e individualità. Dall'altro, soddisfa il requisito funzionale di ottenere unità abitative più ampie rispetto al modulo di base, o di metrature differenti, in modo da adattarsi a esigenze abitative eterogenee.

Tuttavia, questi aspetti non sembrano avere lo stesso peso nei progetti Binishell a carattere residenziale, poiché anche una piccola cupola di 12 metri di diametro può garantire circa 110 metri quadrati, sufficienti a ospitare una casa unifamiliare. Dal punto di vista architettonico, la vera sfida consiste nel trasformare un guscio sottile – un semplice elemento strutturale – in un'abitazione: si tratta di un problema tipologico che precede i temi della modularità, della prefabbricazione e, di conseguenza, della logica della "casa a catalogo". Prima ancora di affrontare la questione dell'identità o dell'individualità dello spazio, occorre infatti "vendere" ai potenziali acquirenti l'idea stessa di vivere in una cupola, che non ripropone alcuno stilema formale tipico della casa unifamiliare.

La Casa Cupoletta di Luigi C. Olivieri, già citata nei Capitoli 2 e 3, rappresenta una risposta a queste problematiche, cercando di integrare tutte le caratteristiche che l'utente medio si aspetta da una casa unifamiliare standard: immersa nel verde, con area barbecue e pergolato, un alto camino, anche se prefabbricato, porte e finestre ricavate da porzioni murarie piane in mattoni piuttosto che da pareti curve. Sebbene lo stesso Olivieri descriva la Binishell di Casa Cupoletta come un igloo o come un pallone pressostatico da tennis – quest'ultima un'associazione singolare, considerata la destinazione residenziale – il progetto non viene promosso dal settimanale femminile *Grazia* enfatizzandone la forma a cupola da cui prende il nome. L'attenzione si concentra invece sulle innovazioni tecniche introdotte per ridurre i costi di costruzione senza compromettere la qualità dell'abitare. La fotografia principale pubblicata dalla rivista mostra Casa Cupoletta immersa in un lotto isolato, circondato da una fitta vegetazione (Fig. 2.16). L'edificio, dipinto in un giallo chiaro, è parzialmente celato da un albero per attenuare la percezione della struttura a guscio in calcestruzzo armato. Gli interni sono descritti come spaziosi, ma senza alcun riferimento esplicito all'intradosso curvo, se non per sottolinearne la funzionalità, in quanto consente di liberare spazio per gli impianti e per il sistema di riscaldamento.

Figura 5.6 *Binishells S.p.A.*, villaggio turistico Torre Cintola, Monopoli, anni Settanta. Pagina tratta da un catalogo promozionale (DB)

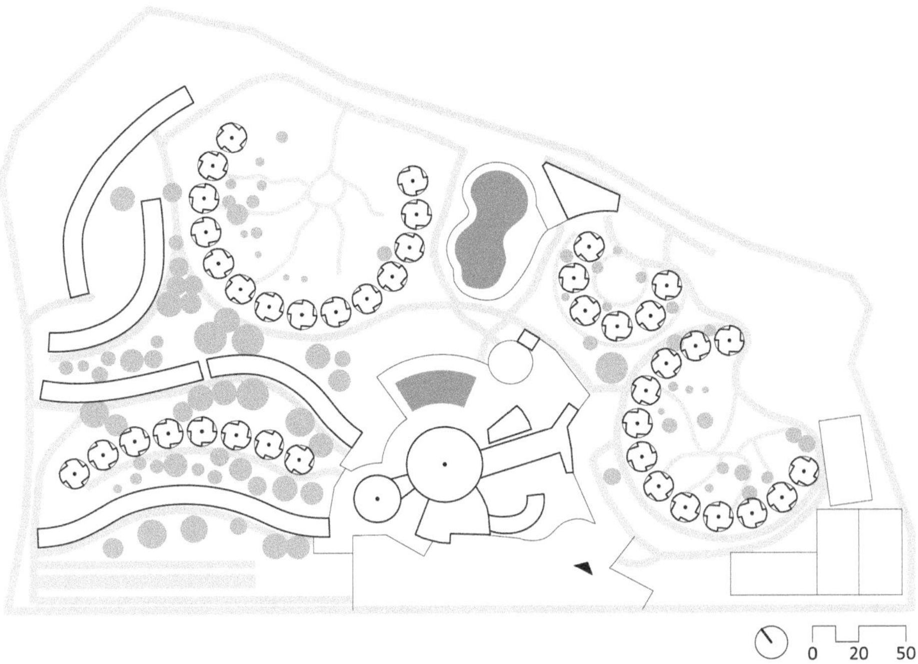

Figura 5.7 *Binishells S.p.A.*, villaggio turistico Torre Cintola, Monopoli, anni Settanta. Planimetria (AP)

L'articolo su *Grazia* rafforza l'idea che i concetti di modularità e prefabbricazione in ambito residenziale abbiano successo solo se il risultato soddisfa le aspettative dei potenziali acquirenti, pur mantenendo un costo inferiore rispetto ai sistemi costruttivi tradizionali. Non è dunque la forma a cupola a costituire l'elemento di vendita, né l'innovazione tecnica in sé, se non quando è associata al contenimento dei costi. La questione si gioca soprattutto sul piano funzionale e sugli stilemi formali che contribuiscono a definire lo status sociale.

È forse impossibile stabilire oggi quante Case Cupolette siano state effettivamente costruite in Italia. Sappiamo però che un progetto simile, anch'esso risalente agli anni Settanta, viene utilizzato per realizzare piccole Binishell nel villaggio turistico di Torre Cintola a Monopoli (Fig. 5.6). Il complesso comprende quaranta abitazioni unifamiliari a cupola, tutte identiche, disposte in pianta in gruppi circolari di otto, dodici e quattordici unità. Nonostante la loro vicinanza, le Binishell non si toccano né s'intersecano: restano edifici autonomi che funzionano sostanzialmente come villette a schiera. Due Binishell più grandi, di diametro differente, ospitano invece la reception e i servizi del

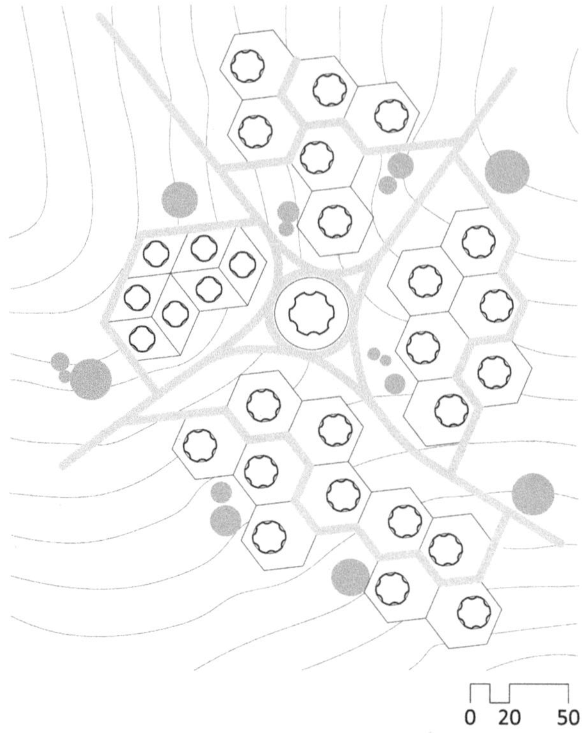

Figura 5.8 Alexandre Jeleff, progetto di casa vacanze, Guadalupa, 1969. Planimetria (AP)

villaggio. Anche in questo caso, le cupole non s'intersecano, ma sono semplicemente collegate e, sul piano funzionale, ampliate da volumi edilizi più convenzionali (Fig. 5.7).

Come nel caso della Casa Cupoletta, anche qui la campagna pubblicitaria enfatizza la vicinanza con la natura, la funzionalità, l'indipendenza dalle altre famiglie di turisti e, in misura minore, il lusso degli interni. Riutilizzare la stessa cassaforma pneumatica quaranta volte riduce significativamente i costi di costruzione, ma solleva una questione critica: quella dell'identità abitativa. Questo aspetto viene affrontato, almeno in parte, disponendo le cupole in gruppi circolari con orientamenti differenti, così da garantire un minimo grado di individualità e riconoscibilità.

Il progetto di Torre Cintola rappresenta anche un caso studio utile per evidenziare alcuni limiti del sistema Binishell originario in ambito residenziale. In particolare, si nota come la pianta circolare sia stata "squadrata" per quanto possibile, in modo analogo a quanto avviene nella Casa Cupoletta. In alcuni progetti successivi di case vacanze, tuttavia, questo vincolo geometrico viene reinterpretato come un'opportunità progettuale. È il caso, ad esempio, del villaggio turistico progettato da Alexandre Jeleff, dove il rapporto tra la pianta e il disegno dell'attacco a terra della cupola risulta più coerente e integrato (Fig. 5.8).

5.2.2 Un campo di Binishell

Trascorrere alcuni giorni a Torre Cintola significa vivere un'esperienza indimenticabile. Il complesso, immerso nella natura, sorge in una delle località costiere più suggestive del Sud Italia. Pur essendo gli spazi esterni il risultato di un'attenta modellazione artificiale volta a riprodurre un ambiente naturale, l'impressione che si prova visitando il villaggio è quella di trovarsi in un paesaggio incontaminato, interrotto soltanto dalla presenza delle quarantadue Binishell, che richiamano l'immagine di una base lunare. Il netto contrasto tra le linee morbide della natura e le geometrie artificiali delle cupole in calcestruzzo armato diventa così l'elemento distintivo e la vera forza del progetto.

Per contro, il piccolo villaggio turistico che Bini progetta nel 1970 sull'isola dei Cappuccini, in Sardegna, rivela un approccio decisamente più attento alle relazioni col contesto rispetto a quello adottato per Torre Cintola. Dopo aver completato Villa Antonioni, Bini riesce infatti ad acquisire nuovi clienti sull'isola, e questo incarico nasce proprio dai contatti ottenuti grazie alle conoscenze di Michelangelo Antonioni.

Il progetto prevede un piccolo insediamento composto da otto Binishell concepite come abitazioni per vacanze, ciascuna visivamente e fisicamente autonoma rispetto alle altre. A differenza di Torre Cintola, qui il contrasto tra elementi naturali e artificiali risulta attenuato. Le otto cupole, infatti, non sono semplicemente posizionate su un terreno pianeggiante, ma seguono l'andamento del paesaggio, adattandosi alle diverse quote del sito. Alla base sono inoltre rivestite in pietra, dettaglio che contribuisce a integrarle meglio nel contesto. Entrambi questi aspetti sono significativi, poiché il villaggio è visibile dal mare lungo il percorso in barca verso l'isola: un punto di vista inusuale, assente nei progetti non costieri, ma che Bini considera cruciale già nel corso della fase preliminare di sistematizzazione dei suoi impulsi creativi.

L'aspetto più rilevante del progetto, che avrebbe dovuto renderlo più avanzato sul piano tecnologico e architettonico rispetto a Torre Cintola, non viene però realizzato. In origine, Bini immagina una tensostruttura per connettere visivamente le otto Binishell e coprire i percorsi esterni tra le abitazioni. La forma di questa struttura è definita da due grandi piloni centrali, dalla geometria

Figura 5.9 Dante Bini, villaggio turistico, Isola dei Cappuccini, 1970. Schizzo (DB)

stessa delle cupole e da una serie di punti di ancoraggio al suolo disposti lungo il perimetro del villaggio. Secondo Bini, la tensostruttura non viene costruita per una combinazione di motivi economici: l'ingegnerizzazione affidata a Frei Otto e i costi di costruzione superano infatti le risorse disponibili. Sono tuttavia rimasti schizzi e modelli di quell'idea, che mostrano con chiarezza come le due tipologie di strutture leggere – le Binishell e la tensostruttura – possano coesistere in una composizione armoniosa di curve, sia in pianta che in prospetto, fondendo in un unico linguaggio il paesaggio naturale e l'intervento umano (Figg. 5.9 e 5.10).

Questo progetto, sviluppato dopo Villa Antonioni, costituisce un'ulteriore dimostrazione di quanto il contesto e la specificità del sito siano stati centrali nell'opera di Bini. Pur essendo il sistema Binishell concepito per favorire modularità e produzione seriale, e nonostante il suo profilo atipico di architetto-imprenditore avrebbe potuto indirizzarlo verso le case a catalogo, con un percorso più semplice e remunerativo, Bini continua a privilegiare la ricerca architettonica.

Il villaggio sull'isola dei Cappuccini rappresenta un'esplorazione progettuale unica sull'integrazione di tipologie strutturali sottili ma fondamentalmente

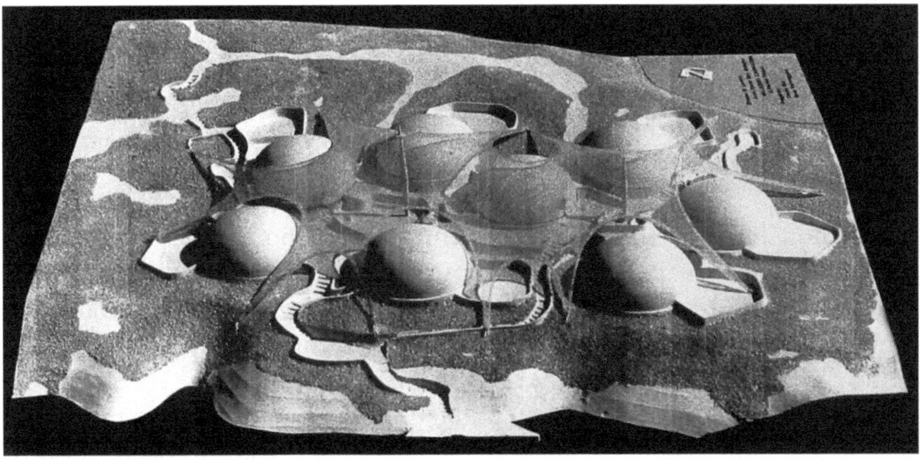

Figura 5.10 Dante Bini, villaggio turistico, Isola dei Cappuccini, 1970. Modello (DB)

differenti: tale accostamento diventa per Bini il mezzo per fondere le forme delle sue cupole con il paesaggio incontaminato dell'isola.

Sebbene Frei Otto abbia in alcuni progetti combinato tensostrutture molto articolate con volumi edilizi più tradizionali, come nel Padiglione della Germania all'Expo di Montréal del 1967 e nel Parco Olimpico di Monaco del 1972, non ha mai integrato nella stessa opera strutture a guscio e membrane (Otto 2005). Il progetto di Bini risulta quindi particolarmente significativo, benché poco noto, poiché mostra come una piccola aggregazione di Binishell identiche possa trasformarsi in un sistema organico e unitario grazie all'inserimento di un'altra struttura leggera a supporto della progettazione degli spazi aperti e dei percorsi di connessione tra le cupole.

5.3 Le Binishell crescono come funghi

Come già visto in precedenza, i primissimi prototipi di Binishell vengono realizzati su un terreno di proprietà di Bini, la cosiddetta "fungaia" a San Cesario sul Panaro, nei pressi di Castelfranco Emilia. L'origine di questo soprannome è facilmente comprensibile: il sistema costruttivo pneumatico inventato da Bini è talmente rapido che le cupole in calcestruzzo armato sembrano letteralmente "spuntare" come funghi. Come illustrato nel Capitolo 1, la costruzione di gusci in calcestruzzo tramite cassaforma pneumatica rimane tuttora più rapida di qualsiasi altra tecnica per strutture di questo tipo. Una Binishell può essere gettata in piano, direttamente sul terreno, e poi sollevata e modellata nella sua forma definitiva nel giro di poche ore. Non si tratta quindi di giorni, ma di una procedura completata nell'arco di una sola giornata. Doveva essere davvero sorprendente tornare a casa la sera e vedere, lungo la strada, una nuova cupola là dove la mattina non c'era ancora nulla.

Il riutilizzo della membrana pneumatica è fondamentale per rendere l'intero processo economicamente sostenibile. I costi di costruzione di una singola cupola non rendono infatti questa tecnica più economica rispetto ad altre metodologie convenzionali; tuttavia, costruendo più cupole e sfruttando nuovamente la stessa membrana, la stazione di pompaggio e le attrezzature di cantiere, l'operazione diventa non solo più rapida, ma anche più efficiente dal punto di vista economico. La strategia più efficace per contenere i costi consiste dunque nella moltiplicazione del modulo di base, spiegando così perché molti dei progetti Binishell analizzati in precedenza siano costituiti da aggregazioni di più cupole. Persino le abitazioni unifamiliari vengono spesso concepite secondo una logica "da catalogo", con l'intento di riadattare lo stesso schema progettuale a committenti e contesti diversi.

In quest'ottica, ogni Binishell non va considerata come un singolo edificio, ma come l'elemento generativo di un approccio progettuale fondato sui concetti di modularità, produzione seriale e prefabbricazione. Attraverso processi di ripetizione, aggregazione e intersezione di cupole, è possibile dar forma a insiemi di Binishell più articolati e complessi rispetto alla singola unità: dunque, una vera e propria "fungaia".

5.3.1 I percorsi esterni

Quando due o più Binishell non s'intersecano e non sono concepite per funzionare come edifici autonomi, vengono spesso collegate mediante l'aggiunta di corpi edilizi di connessione. Il parco acquatico di Arezzo, pubblicato in diversi cataloghi promozionali e materiali pubblicitari della *Binishells S.p.A.*, e tuttora in attività con il nome di "River Piper Aquapark", rappresenta un esempio di tale approccio (Figg. 5.11 e 5.12).

L'idea progettuale è piuttosto semplice e prevede due cupole di 15 e 20 metri di diametro, entrambe sezionate da piani verticali orientati in modo quasi perpendicolare tra loro, in modo da creare due ampie aperture ad arco che dialogano e si affacciano su una piscina. Il rapporto tra le due strutture è ulteriormente enfatizzato da un volume vetrato di collegamento, più ampio di un corridoio ma secondario rispetto alle due aperture ad arco per altezza e matericità.

Figura 5.11 *Binishells S.p.A.*, River Piper Aquapark, Arezzo, 1968–1969. Vista esterna (DB)

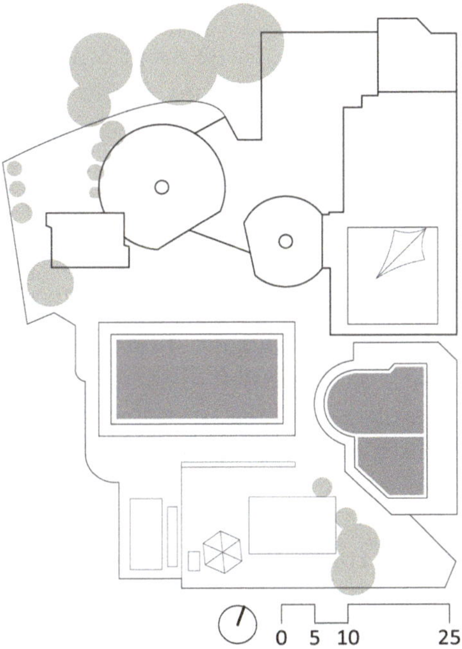

Figura 5.12 *Binishells S.p.A.*, River Piper Aquapark, Arezzo, 1968–1969. Planimetria (AP)

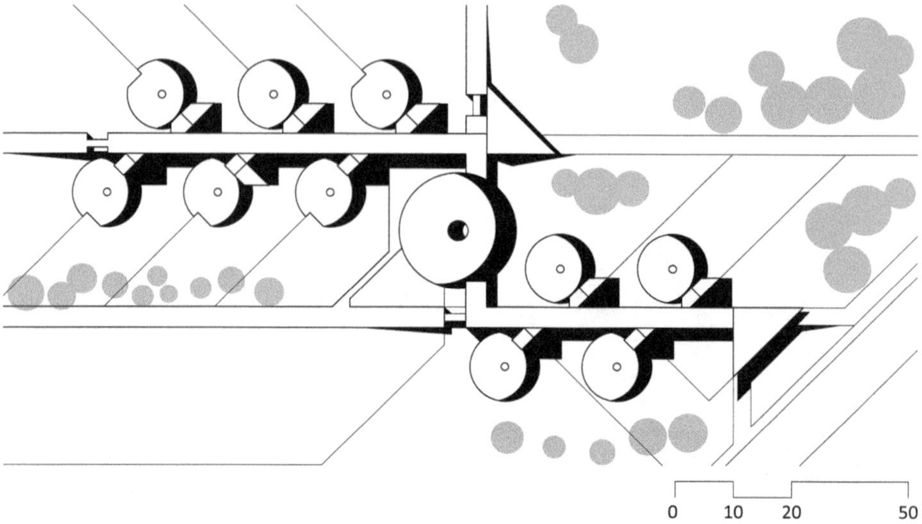

Figura 5.13 Riccardo Merlo, progetto di complesso scolastico Binishell, Bologna, 1969. Planimetria (AP)

L'aspetto originale del progetto risiede proprio nei due grandi varchi verticali che, insieme al corpo di collegamento vetrato, trasmettono un senso di apertura e accessibilità, annullando la consueta percezione di barriera associata alla monoliticità di una cupola in calcestruzzo armato chiusa. Questi vuoti consentono inoltre di mettere in evidenza lo spessore del guscio, accentuando la percezione di leggerezza strutturale delle cupole.

Un esempio più complesso di Binishell non intersecate, ma collegate tramite l'aggiunta di percorsi esterni coperti, è rappresentato dalla scuola progettata dall'architetto Riccardo Merlo a Bologna. Il progetto prevede ben undici cupole: una grande struttura di 30 metri di diametro, destinata a palestra e uffici amministrativi, e altre dieci cupole da 20 metri, adibite a aule e a mensa. La cupola di 30 metri costituisce il fulcro del complesso, mentre le aule si sviluppano linearmente in direzioni opposte a partire da questo nodo centrale, collegate da percorsi esterni coperti (Fig. 5.13). Nella realizzazione finale, tuttavia, viene costruita soltanto la cupola principale, mentre le più piccole vengono sostituite da corpi edilizi più convenzionali, con struttura a telaio. Analizzando il progetto originario, emerge che l'idea cardine consiste nella ripetizione del modulo Binishell, accompagnata dai concetti di crescita e flessibilità della planimetria del complesso scolastico: il tracciato dei percorsi esterni suggerisce infatti una possibile espansione futura, ottenibile semplicemente prolungando le due maniche della scuola e aggiungendo nuove Binishell.

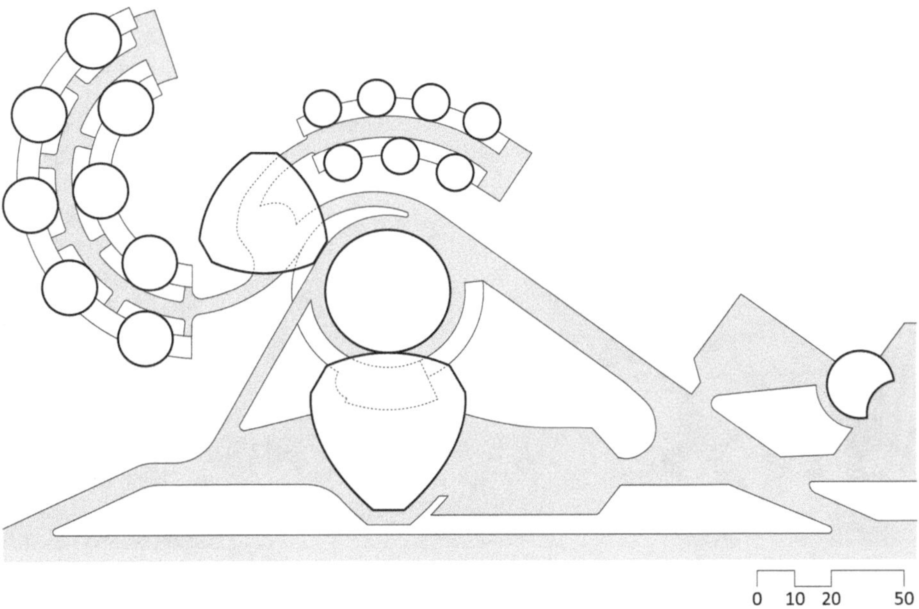

Figura 5.14 Anna d'Alessandris Pazzi e Angelo Berardi, progetto di motel e stazione di servizio, novembre 1970. Planimetria (AP)

Gli stessi principi si ritrovano in un progetto firmato dall'architetta Anna d'Alessandris Pazzi e dall'ingegnere Angelo Berardi per un motel con stazione di servizio. Un catalogo promozionale della *Binishells S.p.A.* del 1969 mostra una planimetria che prevede due grandi cupole di 30 e 40 metri di diametro, destinate rispettivamente alla reception e al ristorante, affiancate da quindici cupole più piccole, di 10 e 15 metri, destinate alle camere del motel (Figg. 5.14 e 5.15). L'impianto si struttura attorno alle Binishell più grandi, che fungono da fulcro del progetto, mentre le cupole più piccole, autonome, si dispongono lungo fasce che seguono l'orografia del terreno. Anche in questo caso, i percorsi di collegamento esterni lasciano intravedere possibili espansioni future. Le cupole più piccole contribuiscono a contenere i costi di costruzione grazie alla modularità del sistema, mentre le due maggiori vengono presentate nel catalogo come elementi distintivi del progetto.

Analizzando questi progetti Binishell, tornano alla mente numerosi riferimenti progettuali dello stesso periodo, risalenti alla fine degli anni Sessanta. Le Escuelas Nacionales de Arte a Cuba – progettate e costruite tra il 1961 e il 1965 da Ricardo Porro, Vittorio Garatti e Roberto Gottardi – si fondano su principi analoghi di organizzazione spaziale, seppur con differenze di scala e un livello di sofisticazione architettonica notevolmente diverso. In questo

Figura 5.15 Anna d'Alessandris Pazzi e Angelo Berardi, progetto di motel e stazione di servizio, novembre 1970. Vista interna del ristorante (DB)

complesso cubano, gli spazi scolastici sono coperti da gusci e volte in muratura, tipologicamente indipendenti l'uno dall'altro, e collegati da percorsi sinuosi anch'essi coperti da strutture leggere (Fig. 5.16).

5.3.2 Corti e cortili

Il progetto per l'asilo nido di Rezzato, in provincia di Brescia, si basa su concetti di ripetizione e aggregazione analoghi a quelli dei precedenti esempi. Il complesso è costituito da sei Binishell di 15 metri di diametro, disposte in due gruppi da tre e collegate da uno spazio intermedio realizzato con tecniche costruttive convenzionali. In pianta, i centri delle cupole si trovano ai vertici di due triangoli equilateri. A differenza dei progetti precedenti, questa configurazione fa sì che le cupole si compenetrino: le Binishell ospitano le aule gioco, mentre gli spazi intermedi sono destinati ad attività ricreative e alla ristorazione (Fig. 5.17).

Si potrebbe ipotizzare che l'asilo di Rezzato rappresenti un'evoluzione morfologica del progetto della scuola di Bologna, in quanto l'aggregazione delle cupole Binishell non si limita alla semplice ripetizione, ma arriva anche all'intersezione. Tuttavia, questa interpretazione non è né concettualmente né storicamente corretta. La maggior parte dei progetti discussi in questo capi-

Figura 5.16 Ricardo Porro, Vittorio Garatti e Roberto Gottardi, Scuole Nazionali d'Arte, L'Avana, 1961–1965. La Scuola di Balletto (VG)

tolo non può infatti essere letta come una sequenza cronologica lineare in cui ogni caso costituisca un'evoluzione diretta del sistema, soprattutto perché alla progettazione e costruzione delle Binishell partecipano diversi architetti e imprese, non soltanto il loro inventore, Dante Bini. I progetti qui presentati, raggruppati secondo criteri tematici, sono stati sviluppati indipendentemente l'uno dall'altro, da autori diversi e in momenti distinti. La struttura narrativa del capitolo si fonda dunque su confronti e analogie tra approcci progettuali e compositivi, senza alcuna pretesa di ricostruire la sequenza storica degli eventi. L'obiettivo è mettere in evidenza alcuni progetti chiave che, per ragioni differenti, si distinguono tra le centinaia di Binishell progettate e costruite negli ultimi decenni, mettendo in luce tendenze, potenzialità e limiti del brevetto Binishell, al di là delle specificità dei singoli casi.

Su questa premessa, il villaggio turistico di Torre Cintola rappresenta il progetto che meglio incarna il principio di modularità del sistema Binishell, fondato sulla ripetizione seriale di cupole funzionalmente autonome che costituiscono un unico complesso. Il successivo villaggio turistico all'isola dei Cappuccini sviluppa ulteriormente questo concetto, introducendo una tensostruttura che connette visivamente e funzionalmente otto cupole, in una configurazione spaziale mai sperimentata in altri progetti della *Binishells S.p.A.*

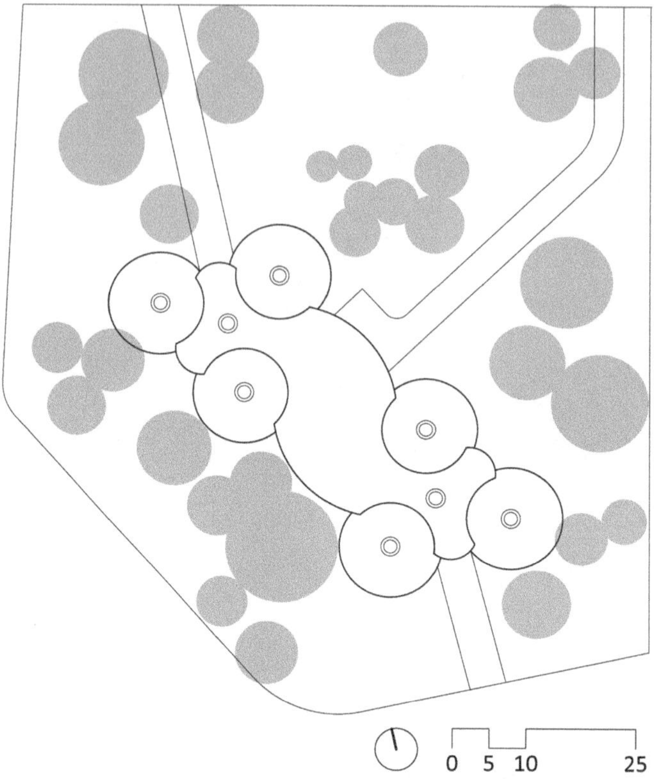

Figura 5.17 *Binishells S.p.A.*, Asilo nido Binishell, Rezzato, 1969. Planimetria (AP)

Nell'ambito dell'edilizia scolastica si osservano invece soluzioni più convenzionali per la connessione di strutture Binishell autonome, come nella scuola di Bologna o nell'asilo di Rezzato, dove le cupole sono unite da percorsi coperti esterni e la loro disposizione lineare suggerisce una possibile espansione futura del complesso. Quando invece la disposizione planimetrica non è lineare, ma organizzata per gruppi – ad esempio con cupole posizionate ai vertici di un triangolo – l'intersezione tra i gusci diventa possibile, aprendo nuove opportunità per la definizione di spazi coperti a grande luce.

5.4 L'intersezione di Binishell

Analizzare separatamente le strategie di ripetizione seriale e di intersezione nello sviluppo dei progetti Binishell non è sempre possibile. Risulta inoltre complesso stabilire se abbia senso escludere dall'analisi le numerose operazioni di taglio della cupola discusse nel Capitolo 4. Un grande taglio alla base, ad esempio, può modificare in modo significativo la forma del guscio, variando o addirittura moltiplicando le possibilità di aggregazione delle singole strutture Binishell per coprire luci maggiori. Poiché questo paragrafo si concentra sui progetti che conservano – integralmente o quasi – la circolarità della pianta, gli esempi che prevedono modifiche radicali al perimetro della cupola saranno trattati più avanti.

Un catalogo promozionale della *Binishells S.p.A.* del 1969, che include anche il progetto della scuola di Rezzato, presenta il sistema Binishell come soluzione costruttiva per scuole dell'infanzia di varie dimensioni, illustrandolo attraverso schemi funzionali e diagrammi. In questi schemi, le cupole sono disposte in modo da intersecarsi tra loro (Fig. 5.18). Sebbene si tratti di ipotesi distributive per complessi scolastici composti da una, due o tre cupole, le due strategie progettuali principali illustrate coincidono con quelle ricorrenti in numerosi altri progetti, in ambito scolastico e non. Nel primo caso, due cupole adiacenti generano un'intersezione geometrica più o meno pronunciata. Nel secondo, tre o più cupole vengono affiancate, con un'intersezione strutturale minima, creando una corte interna: uno spazio condiviso che collega ed estende la funzionalità delle singole unità. Quest'ultimo approccio è adottato nell'asilo di Rezzato, così come in altri progetti rimasti sulla carta e documentati nei vari cataloghi promozionali della *Binishells S.p.A.*

L'idea di raggruppare più Binishell disponendole in cerchio viene ripresa anche nel progetto di Bini per l'Esposizione Universale di Osaka del 1970. Un disegno preliminare prevede dodici cupole, parzialmente intersecate e organizzate in gruppi di tre, quattro e cinque. Le fotografie dell'epoca mostrano però che il progetto viene realizzato in maniera diversa, con la costruzione di sole sette cupole, disposte in due gruppi di tre e quattro, senza intersezioni, per semplificare le operazioni di cantiere. Le cupole dell'Esposizione Universale risultano quindi strutture indipendenti, collegate da corridoi ad arco molto stretti, mentre gli spazi esterni non sembrano essere stati oggetto di una progettazione specifica (Figg. 5.19 e 5.20).

Una simile indifferenza nei confronti del sito di progetto non è però inusuale e si riscontra in diversi altri esperimenti architettonici e tecnologici dello stesso periodo, come *La Maison Pneumatique*, presentata da Jean Aubert, Jean-Paul Jungmann, Auguste Pace, Biagio Pancino e Antoine Stinco alla Biennale di Parigi del 1967[1]. Si tratta di un progetto concettuale per rifugi a guscio sottile, collegati da stretti passaggi, in cui la struttura centrale è destinata agli

[1] Si veda: http://www.urbain-trop-urbain.fr/wp-content/uploads/2011/05/Habiter-pneumatique.pdf. Consultato il 24 novembre 2025.

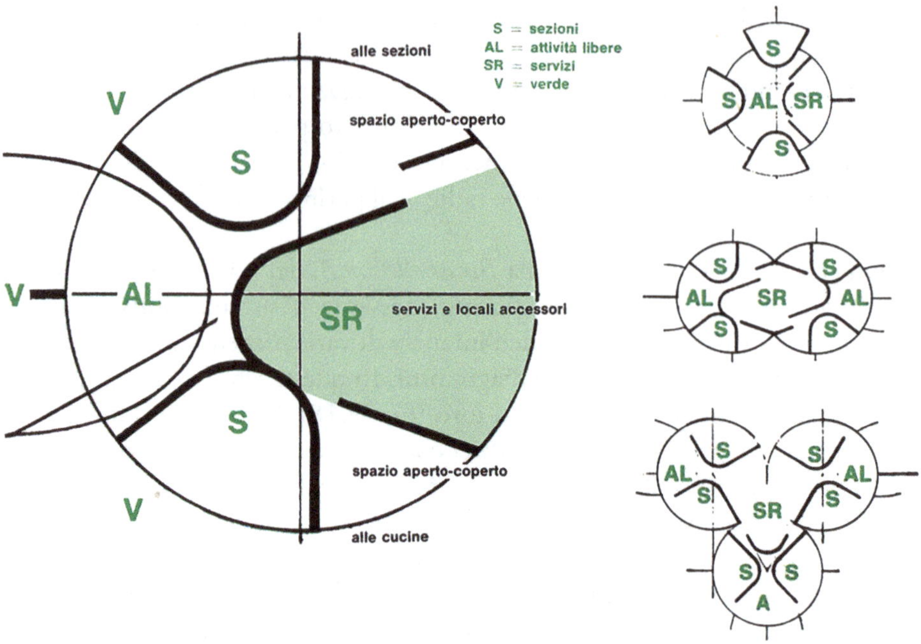

Figura 5.18 *Binishells S.p.A.*, schemi funzionali per edifici scolastici Binishell tratti da un catalogo promozionale, 1969–1970 (DB)

ambienti principali, mentre due volumi minori ospitano, rispettivamente, il garage e l'area ricreativa.

Nonostante l'iconicità delle Binishell all'Esposizione Universale di Osaka, che costituiscono un complemento scenografico al padiglione pneumatico del Gruppo Fuji progettato da Mamoru Kawaguchi, è un peccato che l'idea originaria di intersecare le cupole non sia stata realizzata, poiché avrebbe rappresentato un esempio unico di tre Binishell che s'intersecano formando una pianta a trifoglio. In tutti gli altri progetti, inclusa un'ambiziosa proposta di Furio Nordio per un grande ristorante, pubblicata in un catalogo della *Binishells S.p.A.* del 1969, solo due delle cinque cupole previste attorno a una corte circolare s'intersecano tra loro. Sebbene il catalogo non riporti disegni in sezione o in prospetto, dalla pianta risulta evidente che i gusci sono distanziati per evitare che tre o più cupole s'intersechino simultaneamente (Fig. 5.21).

Non è raro trovare progetti in cui due Binishell s'intersecano. Un primo esempio è offerto dal catalogo promozionale del 1969, citato in precedenza, che presenta un progetto per una palestra lunga 50 metri, coperta da due grandi cupole sezionate da un piano verticale e intersecate tra loro. Questa configurazione consente di coprire un intero campo da pallavolo o da pallaca-

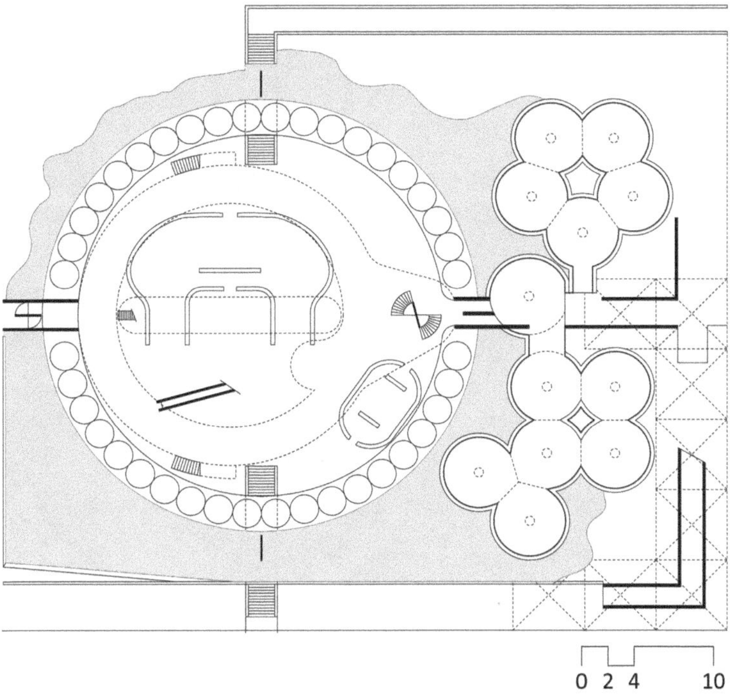

Figura 5.19 Esposizione Universale, Osaka, 1970. Planimetria del padiglione del Gruppo Fuji con Binishell annesse (AP)

nestro e di ricavare le tribune dietro i canestri. Il progetto prevede inoltre ampie finestrature lungo le facciate longitudinali, mentre gli ingressi, collocati sui lati corti, sono ottenuti mediante un taglio alla base delle cupole (Fig. 1.29).

Il progetto più noto a includere due Binishell intersecate è quello della Narrabeen North Public School nel New South Wales, l'unico esempio costruito ancora esistente in Australia. Un secondo caso è rappresentato dallo Space City Shopping Centre a Kallangur, vicino a Brisbane, che tuttavia non ha avuto successo economico: il centro commerciale viene abbandonato nel 1990 e demolito l'anno successivo. Le Binishell di Narrabeen sono opera di Dante Bini, mentre lo Space City è stato realizzato dalla Jennings Industries Ltd su progetto di un architetto locale.

L'intervento di Narrabeen si compone di tre cupole identiche, di cui una autonoma e due intersecate tra loro. Come evidenziato nel Capitolo 4, l'ingresso della biblioteca è realizzato mediante un taglio scultoreo che rivela un volume sferico all'interno della struttura – la cosiddetta "perla della conoscenza". La forte iconicità di questo dettaglio, ampiamente pubblicato, ha in parte

Figura 5.20 Esposizione Universale, Osaka, 1970. Fotografia aerea del padiglione del Gruppo Fuji con Binishell annesse (KE)

oscurato altri aspetti originali del progetto. In relazione al tema del capitolo, il progetto sfrutta sia la ripetizione seriale del sistema Binishell sia l'intersezione geometrica per coprire spazi di luce superiori al diametro della singola cupola. Il risultato è sofisticato, pur senza ricorrere a complessità geometriche eccessive. Per apprezzare appieno le qualità spaziali dell'intervento da diverse prospettive, è fondamentale visitare la scuola e camminare attorno alle tre Binishell. Fino al 2025, le cupole erano immerse in un'area alberata al centro del campus, circondata da edifici più convenzionali, disposti secondo una maglia ortogonale (Fig. 5.22). Il complesso scolastico è stato recentemente ampliato e modernizzato grazie alla visione di un preside che ha riconosciuto l'importanza storica dell'intervento di Bini, integrando le tre cupole in un nuovo sistema che le rende più visibili e prevede quindici nuove aule e una zona studio all'aperto coperta. Originariamente, la prima cupola che il visitatore scorgeva entrando nel complesso scolastico era quella isolata, situata dietro alcuni grandi eucalipti. Le altre due cupole intersecate comparivano solo sullo sfondo, e la loro connessione fisica diventava evidente soltanto addentrandosi nell'area verde centrale. Con il recente intervento di modernizzazione del campus, la

Figura 5.21 Furio Nordio, progetto Binishell per un grande ristorante, 1969. Pianta (AP)

scoperta dell'intersezione geometrica resta sostanzialmente invariata, ma sia la Binishell isolata sia la cupola della biblioteca risultano ora chiaramente visibili fin dall'ingresso.

Gran parte della sofisticazione volumetrica di questo progetto deriva dal fatto che le tre Binishell si celano a vicenda per effetto della loro forma e della loro disposizione planimetrica. Risulta quindi difficile percepire se le tre cupole appartengano a un unico complesso o funzionino come unità indipendenti, una sensazione che cambia sensibilmente a seconda del punto di osservazione. Dall'ingresso, ad esempio, le cupole appaiono come navicelle spaziali isolate che poggiano su una superficie pianeggiante, un contrasto che ne accentua ulteriormente il valore iconico. Addentrandosi invece nel campus, nella zona verde centrale, si ha la sensazione che quelle stesse navicelle siano atterrate

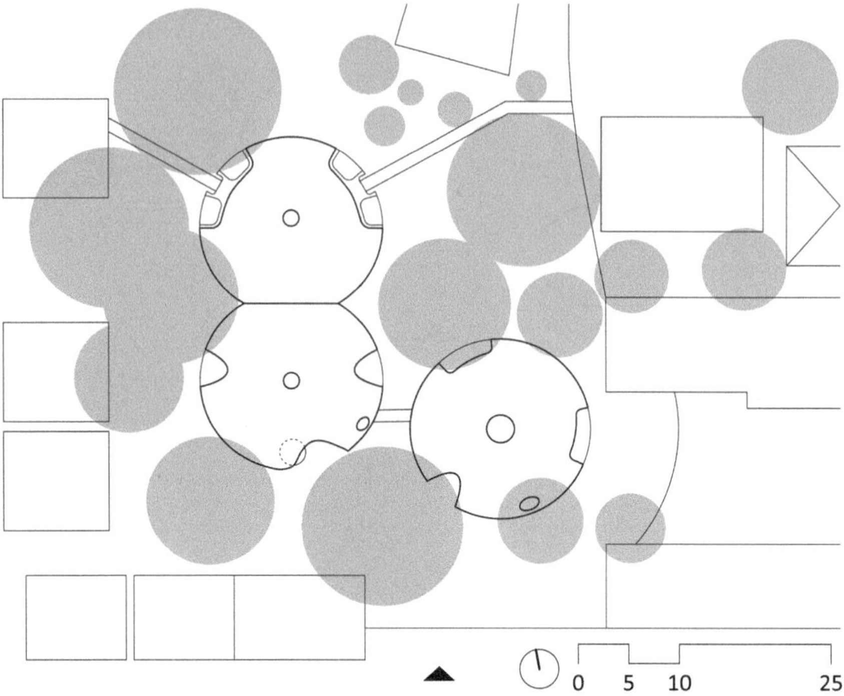

Figura 5.22 Dante Bini, Narrabeen North Public School, New South Wales, 1974. Planimetria (AP)

secoli fa e che ora si siano trasformate in rovine integrate con gli elementi naturali cresciuti intorno.

Le fotografie non possono sostituire l'esperienza diretta di una visita, ma offrono comunque una rappresentazione visiva di come le tre Binishell di Narrabeen siano percepite da diverse angolazioni e, nel caso della prima immagine, di come apparivano prima del recente intervento del 2025 (Figg. 5.23, 5.24 e 5.25). Le qualità spaziali del progetto risultano infatti molto più complesse di quanto la planimetria e le immagini comunemente pubblicate in cataloghi e riviste possano suggerire.

Sebbene la Narrabeen North Public School e lo Space City Shopping Centre non siano progetti confrontabili per scala, entrambi prevedono l'intersezione di cupole, ma al massimo due per volta. Lo Space City comprende quattro grandi Binishell – di cui solo tre effettivamente interconnesse – e tre più piccole. Uno schizzo preliminare del progetto lascia intuire che, nell'idea originaria, le Binishell non dovessero nemmeno toccarsi: erano collegate da una piattaforma ondulata sopraelevata di un piano, che copriva gli spazi tra le cupole creando aree di ingresso, percorsi e corti interne (Fig. 5.26).

Figura 5.23 Dante Bini, Narrabeen North Public School, New South Wales, 1974. Fotografia dall'ingresso del campus, 9 maggio 2014 (AP)

Figura 5.24 Dante Bini, Narrabeen North Public School, New South Wales, 1974. Fotografia dall'area verde centrale, 9 maggio 2014 (AP)

Questo è probabilmente il progetto Binishell che richiama in maniera più evidente l'iconografia della base lunare: una serie di cupole artificiali collocate in un sito incontaminato e collegate da stretti passaggi. In questo caso è plausibile pensare che l'analogia fosse voluta, anche perché il centro commerciale portava il nome di Space City. È altrettanto verosimile che il richiamo allo spazio intendesse simboleggiare l'avanzamento tecnico e tecnologico del metodo costruttivo di Bini, considerato talmente innovativo da evocare le sperimentazioni dell'ingegneria aerospaziale (Figg. 5.27 e 5.28).

Nelle molteplici esplorazioni progettuali di Bini e di altri architetti con il sistema Binishell, in particolare sui temi della ripetizione seriale e dell'interse-

Figura 5.25 Dante Bini, Narrabeen North Public School, New South Wales, 1974. Fotografia delle due Binishell che s'intersecano, 9 maggio 2014 (AP)

Figura 5.26 *Jennings Industries Ltd*, Space City Shopping Centre, Kallangur, Queensland, 1978. Schizzo preliminare (DB)

zione di cupole, la base circolare e, di conseguenza, la forma complessiva del guscio strutturale non vengono mai considerate come variabili progettuali, poiché modificarle avrebbe implicato interventi sul brevetto e sulla tecnica costruttiva. Il Capitolo 3 affronta questo tema introducendo il sistema Minishell, caratterizzato da una pianta quasi quadrata.

Il catalogo promozionale della *Binishells S.p.A.* del 1969, pubblicato circa un decennio prima dello sviluppo di questo sistema, presenta già uno schizzo prospettico di un progetto formalmente analogo – di sito e autore ignoti – composto da quattro gusci giustapposti e non intersecati. Ciascuna struttura presenta ampie aperture ad arco e una pianta quasi quadrata (Fig. 5.29). Sebbene la proposta sembri non essere mai stata realizzata, i vantaggi appaiono evidenti: le aperture risultano meglio integrate e l'articolazione dei volumi non richiede complesse intersezioni geometriche, poiché alla base non vi sono curvature significative.

Figura 5.27 *Jennings Industries Ltd*, Space City Shopping Centre, Kallangur, Queensland, 1978. Vista aerea (DB)

Figura 5.28 *Jennings Industries Ltd*, Space City Shopping Centre, Kallangur, Queensland, 1978. Pianta del piano terra (AP)

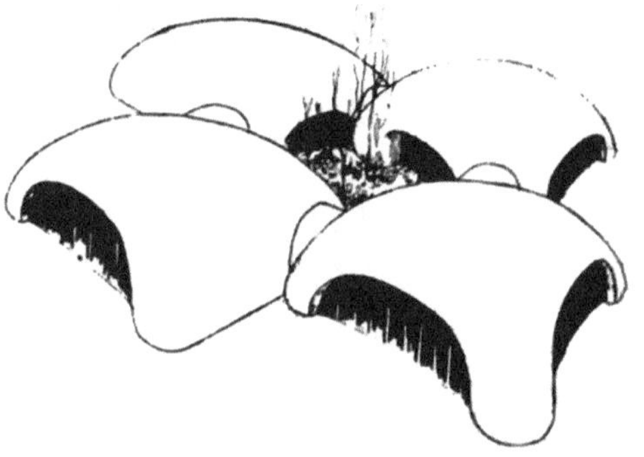

Figura 5.29 *Binishells S.p.A.*, Idea progettuale, 1969. Schizzo (DB)

È naturale percepire una Binishell a pianta circolare come una struttura completa e autonoma, anziché come un elemento di un sistema modulare più ampio. Si può tuttavia sostenere che il concetto originario di Bini rimanga valido finché la struttura viene costruita al suolo e modellata nella sua forma definitiva mediante una cassaforma pneumatica. Modificare la pianta del brevetto originale Binishell non significa quindi allontanarsi dalle idee fondative di questa tecnica costruttiva; al contrario, può rappresentarne un'evoluzione, soprattutto se la nuova morfologia favorisce una migliore aggregazione modulare.

Un esperimento, illustrato nel dettaglio in un catalogo promozionale della *Binishells S.p.A.*, segue proprio questa logica. Si tratta di una copertura industriale modulare e prefabbricata, già citata nel Capitolo 1, decisamente unica e radicale tra le invenzioni di Bini, poiché concettualmente più vicina a un solaio voltato in calcestruzzo che a un guscio sottile per grandi luci (Figg. 1.19 e 5.30). Non vi è dubbio che un elemento voltato e prefabbricato in opera come questo, supportato da una griglia di pilastri e capace di consentire la ripetizione seriale senza tagli, risolva molte delle problematiche architettoniche generate dall'uso del sistema Binishell.

5.5 Automazione in cantiere e progettazione digitale

Nel corso degli anni, Bini sviluppa numerose tecniche costruttive basate sull'impiego dell'aria. In alcuni casi, l'idea rappresenta un'evoluzione diretta di un sistema precedente, come nella Minishell, che supera alcuni limiti specifici della Binishell. In altri, invece, Bini si allontana dal calcestruzzo armato come

Figura 5.30 Dante Bini, Prototipo di un sistema costruttivo pneumatico modulare per applicazioni industriali alla "fungaia", San Cesario sul Panaro, 1969. A sinistra: costruzione di un modulo a terra; a destra: il prototipo costruito (DB)

materiale principale, cercando di ampliare il campo di applicazione delle sue membrane pneumatiche: tra queste rientrano *gridshell* in acciaio preassemblate a terra, case a catalogo realizzate con componenti prefabbricati e persino strutture pieghevoli ispirate agli origami.

In una presentazione tenuta all'Architectural Association di Londra il 15 ottobre 2015, in occasione del lancio del libro *Building with Air* (Dante Bini 2014a), Nicolò Bini cita la definizione di "architettura" dell'Oxford Dictionary per sostenere che fare architettura non dovrebbe limitarsi al progetto: questa fase rappresenta infatti solo il 50 % del lavoro, mentre il restante 50 % dovrebbe essere dedicato alla costruzione. Nicolò sviluppa quindi una narrativa a sostegno dei sistemi costruttivi pneumatici ideati dal padre, iniziando con l'illustrazione delle criticità dei metodi tradizionali e proseguendo con un confronto tra i progressi, a suo giudizio marginali, dell'industria delle costruzioni negli ultimi due secoli e quelli, ben più significativi, di altri due settori industriali di dimensioni comparabili: trasporti e telecomunicazioni. A sostegno della sua tesi – e per evidenziare quanto siamo ancora lontani da un equilibrio ideale tra innovazione progettuale e costruttiva – Nicolò osserva che il modo in cui costruiamo oggi non si discosta sostanzialmente dai metodi pionieristici già utilizzati oltre un secolo fa per edifici emblematici come il Crystal Palace (Londra, 1851) o l'Empire State Building (New York, 1931). Secondo lui, la maggior parte delle innovazioni recenti si è concentrata sulla fase di progetto, mentre l'industria delle costruzioni è rimasta in gran parte stagnante.

Sebbene lo scenario delineato da Nicolò Bini sia una semplificazione, il concetto di fondo risulta sostanzialmente condivisibile. La sua narrazione si rivela inoltre efficace per introdurre la ricerca sui sistemi costruttivi pneumatici nell'ambito della rinnovata *Binishells Inc.*, società statunitense impegnata nello sviluppo di tecniche costruttive automatizzate ed energeticamente efficienti. Ciò che Nicolò, però, non menziona è che gli sviluppi della progettazione digitale negli ultimi decenni hanno aperto nuove opportunità per architetti e ingegneri impegnati nella razionalizzazione dei processi di cantiere, lui compreso. Oggi è possibile concepire forme libere attraverso software CAD basati su curve e superfici parametriche – le *Non-Uniform Rational B-Splines* (NURBS) – facilmente manipolabili tramite punti di controllo e implementate nei principali programmi di modellazione tridimensionale, come Rhinoceros®. A differenza del padre, Nicolò Bini può quindi simulare digitalmente il processo di *form-finding* pneumatico e analizzare forme strutturali complesse tramite modelli a elementi finiti. Una tale libertà formale potrebbe far ritenere superati i principi di modularità, ripetizione e intersezione geometrica; la questione, però, è più articolata: in alcuni progetti questi principi vengono effettivamente rielaborati, mentre in altri Nicolò Bini continua a esplorare e reinterpretare le stesse tematiche del padre.

La villa di Malibù, progettata per l'attore Robert Downey Jr., rappresenta un esempio del primo caso. Questa Binishell, analizzata in dettaglio nel Capitolo 6, consiste in una grande copertura dalla forma sinuosa, priva di elementi modulari o punti di discontinuità. Dal punto di vista del *form-finding* strutturale, è con ogni probabilità progettata attraverso una simulazione digitale del metodo *inflated hill*; dal punto di vista figurativo, invece, la superficie in calcestruzzo armato sembra quasi plasmata lasciando cadere un telo sugli spazi sottostanti. La membrana utilizzata per sollevare e modellare questa moderna Binishell – denominata System A – è concepita ad hoc per la villa, eliminando di fatto la possibilità di riutilizzo in progetti futuri con caratteristiche morfologiche diverse (Fig. 1.32).

In pianta, la villa di Malibù presenta alcune affinità con la scuola di Rezzato e con lo Space City Shopping Centre, pur con evidenti differenze di scala. La forma strutturale, tuttavia, non rende altrettanto chiara la disposizione degli spazi di circolazione interni, come avviene nei progetti precedenti. Mentre nella scuola di Rezzato e nello Space City le funzioni principali si collocano sotto le cupole e i percorsi sono definiti negli spazi intermedi tramite volumi aggiuntivi, qui tutto è racchiuso sotto un unico guscio a forma libera.

Nicolò Bini riutilizza lo stesso System A in altri progetti concettuali di varia destinazione d'uso, dai villaggi turistici alle grandi residenze unifamiliari, diffondendo le immagini di tali lavori attraverso il proprio sito web e i canali social. Sebbene in molti di questi progetti non trovino più applicazione le regole compositive della ripetizione seriale e dell'intersezione geometrica di cupole, diverse opere riprendono le qualità spaziali esplorate dal padre e da altri architetti grazie al brevetto Binishell originario. Un esempio è un proget-

Figura 5.31 Nicolò Bini, progetto di casa sperimentale, 2009. Vista dall'alto (NB)

to di abitazione sperimentale (Fig. 5.31), pubblicato in copertina al volume *A cavallo di un soffio d'aria. L'Architettura Autoformante* (Dante Bini, 2009a), che richiama il grande ristorante progettato da Nordio menzionato in precedenza, con cinque cupole disposte in cerchio attorno a una corte centrale (Fig. 5.21). Una logica planimetrica analoga ricorre anche in un progetto di centro benessere nelle Azzorre (Fig. 5.32). Invece, un progetto concettuale per un villaggio vacanze propone gruppi di Binishell integrati nel paesaggio (Fig. 5.33), evocando l'immagine di una base lunare e, in parte, quella del progetto per la Narrabeen North Public School (Figg. 5.24, 5.25 e 5.26).

Oltre al System A, Nicolò Bini promuove tre ulteriori sistemi – denominati B, D ed E – tutti basati sulla modularità dell'invenzione originaria del padre. Il System B rappresenta una versione aggiornata della Minishell del 1979, con pianta quadrata e concepita come unità indipendente. I sistemi D ed E sono invece più recenti: presentano curvature anticlastiche e operano come unità autonome, adatte, ad esempio, alla realizzazione di case a schiera o di villaggi turistici.

Negli ultimi decenni, il concetto di efficienza costruttiva si è evoluto a tal punto che i primi brevetti Binishell non possono più essere considerati innovativi rispetto alle esigenze e ai quadri normativi contemporanei. Se il

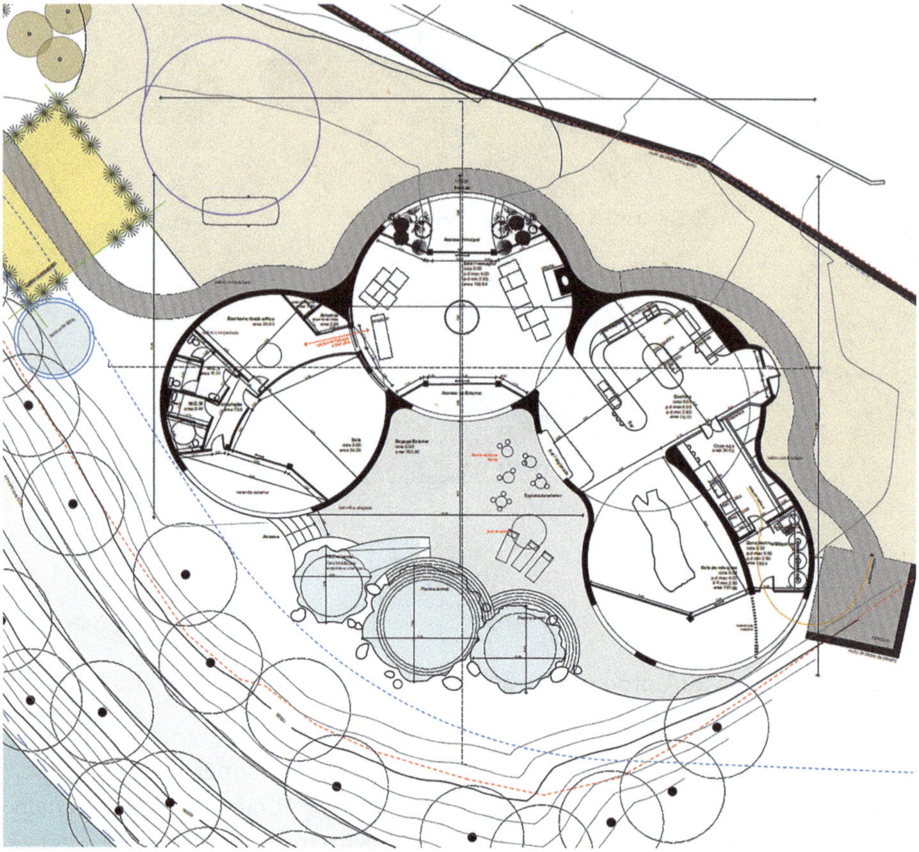

Figura 5.32 Nicolò Bini, progetto di centro benessere, Azzorre, novembre 2022. Planimetria (NB)

termine "efficienza" continua a indicare la rapidità di costruzione e l'impiego di elementi modulari standardizzati, la sua definizione oggi si amplia fino a includere criteri di sostenibilità ambientale e strategie di riduzione dei materiali. Per questo motivo, un confronto diretto tra i progetti di Nicolò e quelli del padre risulta poco significativo, se non per l'interesse condiviso verso l'automazione nel settore delle costruzioni di gusci sottili, che ha continuato a influenzare entrambi.

Il sistema Binishell originale rappresenta un esempio unico della fusione tra metodo di *form-finding* strutturale e tecnica costruttiva. Il processo progettuale era parzialmente vincolato dalle condizioni al contorno del problema di ricerca di forma: il diametro del guscio e la geometria della membrana ne determinavano la configurazione finale, imponendo al contempo le regole compositive

Figura 5.33 Nicolò Bini, progetto di villaggio vacanze in Grecia, 2014. Vista dall'alto (NB)

del sistema. Da tali vincoli derivavano le opportunità progettuali, basate sulla ripetizione seriale e sull'intersezione dei moduli. Oggi, invece, Nicolò Bini può adottare un processo molto più flessibile, adattando la forma della membrana pneumatica praticamente a qualsiasi configurazione desideri realizzare, con limiti dettati unicamente dai requisiti strutturali dei gusci sottili.

Se la libertà progettuale illimitata rischia di tradursi in una proliferazione di forme libere e in complessità strutturali e costruttive prive di giustificazione tecnica, i vincoli del brevetto Binishell originale possono invece essere letti come un principio regolatore, in grado di orientare la sperimentazione contemporanea verso un equilibrio più efficace tra progetto e costruzione nell'architettura contemporanea.

6

Oltre la cupola: l'eredità di Dante Bini

6.1 L'innovazione costruttiva nell'architettura a forma libera

Progettare ricorrendo a tipologie strutturali resistenti per forma, come quella cui appartiene la Binishell in calcestruzzo armato, comporta la creazione di spazi caratterizzati da geometrie non ortogonali, che travalicano la verticalità canonica di pilastri e setti e superano l'orizzontalità dei sistemi tradizionali di solai e coperture. Indagare l'evoluzione formale e gli aspetti compositivi di tali spazi rappresenta oggi un tema architettonico di grande attualità, soprattutto in un contesto in cui la progettazione computazionale, i software di analisi strutturale agli elementi finiti e le tecniche di fabbricazione digitale hanno eliminato diversi vincoli teorici e pratici, aprendo ai progettisti possibilità espressive pressoché illimitate. Rispetto al 1964, anno del primo brevetto Binishell, il panorama contemporaneo in questi ambiti di sperimentazione progettuale si presenta con una complessità e una articolazione ben maggiori; oggi, infatti, è assai più difficile individuare ricorrenze tipologiche all'interno della cosiddetta "architettura a forma libera" (*free-form architecture*) degli ultimi trent'anni, rispetto alla relativa chiarezza con cui, nella prima metà del Novecento, si poteva classificare la vasta produzione di gusci sottili e tensostrutture. Tradizionalmente, tali strutture venivano progettate a partire da forme geometriche o mediante una delle poche tecniche di ricerca di forma disponibili all'epoca, con l'obiettivo, in generale, di ottenere una configurazione strutturale ottimale o di garantire una certa efficienza costruttiva. Lo sviluppo degli strumenti digitali ha trasformato radicalmente questa condizione: oggi gli architetti si spingono costantemente oltre i confini dei processi

A. Pugnale, A. Bologna, *Oltre la cupola*, https://doi.org/10.1007/978-3-032-19785-6_6

progettuali noti, delle tecniche e dei metodi costruttivi tradizionali, alla ricerca di nuovi modi di concepire e costruire lo spazio architettonico. In uno scenario tanto complesso, risulta fondamentale analizzare come la risposta costruttiva alle esigenze formali e funzionali venga calibrata, caso per caso, rispetto alle possibilità offerte dalla locale industria delle costruzioni. Aspetti puramente tecnici, come la preparazione delle casseforme, la disposizione delle armature o le tecniche di getto del calcestruzzo, possono influenzare in modo significativo la qualità tettonica dell'opera finale, indipendentemente dal progresso tecnologico della progettazione e della fabbricazione digitale.

Negli ultimi vent'anni, il numero di progetti di ricerca dedicati allo sviluppo e alla sperimentazione di nuove tecniche costruttive è aumentato sensibilmente. In particolare, alcuni ricercatori nel campo delle costruzioni in calcestruzzo hanno sperimentato l'impiego di casseforme in tessuto per realizzare componenti dalla geometria complessa. Ad esempio, Alan Chandler e Remo Pedreschi – due accademici del Regno Unito – hanno concentrato le loro ricerche su colonne prefabbricate e componenti murari, ponendo particolare attenzione alla texture e alla qualità superficiale nei prototipi realizzati dai rispettivi gruppi di lavoro (West 2017: 161, 189). Il Block Research Group (BRG) del Politecnico di Zurigo (ETH) ha sviluppato casseforme a perdere in tessuto intrecciato per la realizzazione di gusci sottili in calcestruzzo. In collaborazione con Zaha Hadid Architects, il BRG ha realizzato tra il 2018 e il 2019 il prototipo KnitCandela, un guscio a doppia curvatura anticlastica che rende omaggio a Félix Candela e dimostra la fattibilità dell'impiego di tessuti intrecciati come casseforme a perdere (Popescu et al. 2021). Lo studio Form Found Design di Los Angeles ha sperimentato casseforme tessili a forma di Y, controllate da robot, per la realizzazione di *gridshell* a forma libera e strutture spaziali in calcestruzzo, come nel padiglione MARS del 2017 e nel prototipo Cytocast del 2018 (Stelsel 2018). Altri ricercatori e aziende hanno messo a punto casseforme dinamiche per agevolare la realizzazione di facciate a doppia curvatura. È il caso, ad esempio, dell'azienda danese *Adapa*, fondata nel 2010 come spin-off dell'Università di Aalborg da due giovani laureati, oggi affermata a livello internazionale nella progettazione e nella produzione di elementi di rivestimento dalla geometria complessa (Raun et al. 2011).

Tuttavia, si può osservare che l'impiego di casseforme pneumatiche, volto a velocizzare, semplificare o addirittura automatizzare la costruzione di gusci in calcestruzzo, risulta ancora molto sporadico, anche nei casi in cui la qualità formale del progetto ne suggerirebbe chiaramente l'uso. Due progetti recenti, realizzati in contesti geografici e culturali molto differenti – Svizzera e Cina – dimostrano che, anche per geometrie altamente complesse, si continua a ricorrere a tecniche convenzionali basate sull'impiego di casseforme in legno.

Il primo progetto è il Centro Ovale a Chiasso, nel Canton Ticino, completato nel 2011 su progetto dell'architetto Elio Ostinelli e degli ingegneri Aurelio Muttoni, Franco Lurati e Miguel Fernández Ruiz; il secondo è l'UCCA Dune Art Museum a Qinhuangdao, in Cina, terminato nel 2018 da OPEN Architecture, in collaborazione con il Design Institute CABR Technology Co.

Le scale e le finalità di questi due progetti sono radicalmente diverse, ma entrambi hanno richiesto l'impiego di tecniche di modellazione e fabbricazione digitale avanzate per la realizzazione delle casseforme delle superfici strutturali in calcestruzzo a doppia curvatura. Sebbene l'impiego di membrane pneumatiche non avrebbe risolto tutti i problemi legati allo smaltimento e al riuso delle casseforme lignee tradizionali, e avrebbe probabilmente richiesto una manodopera ancora più specializzata, è comunque utile discutere questi due progetti in questo capitolo dedicato all'eredità del pensiero progettuale e costruttivo di Bini. L'obiettivo è valutare le sue invenzioni nel più ampio contesto dei processi e delle tecniche costruttive contemporanee, in particolare quelle impiegate per la realizzazione di strutture in calcestruzzo ad alta complessità geometrica.

Come suggerisce il suo nome, il Centro Ovale di Chiasso consiste essenzialmente in un grande guscio ellittico, con gli assi principali di 92,8 metri di lunghezza, 51,5 metri di larghezza e un'altezza di 27 metri. Lo spessore del guscio varia da 10 a 12 centimetri, con quattro strati di armatura. La sezione centrale, spessa 12 centimetri, è precompressa e ulteriormente rinforzata con fibre d'acciaio. La cassaforma in legno è stata progettata per essere utilizzata – e successivamente rimossa – in due fasi, iniziando dalla parte inferiore del guscio (Figg. 6.1, 6.2 e 6.3), realizzato spruzzando il calcestruzzo direttamente sulla cassaforma. La parte superiore, con pendenza inferiore a 15 gradi, è stata invece realizzata mediante un tradizionale getto in opera. Per questa sezione è stato predisposto un complesso sistema di centine in travi in legno lamellare, distanziate di circa 2 metri l'una dall'altra, alle quali sono fissati elementi strutturali secondari a sostegno dei pannelli in compensato della cassaforma (Muttoni et al. 2013). Per via della sua forma, la parte superiore del guscio avrebbe potuto, almeno in teoria, essere realizzata mediante una grande membrana pneumatica.

Li Hu e Huang Wenjing, fondatori dello studio OPEN Architecture a Pechino, hanno adottato un approccio costruttivo simile per la realizzazione dell'UCCA Dune Art Museum a Qinhuangdao. L'edificio riflette una cultura del progetto tipicamente cinese capace di svincolare con disinvoltura la generazione delle forme strutturali dai principi tradizionali della logica geometrica, dell'efficienza costruttiva e delle proprietà dei materiali. Con questo metodo, la struttura non nasce come risposta ad una forma ottimale, ma come sistema spaziale puro, che può derivare, ad esempio, unicamente dagli

Figura 6.1 Elio Ostinelli, Aurelio Muttoni, Franco Lurati e Miguel Fernández Ruiz, Centro Ovale di Chiasso, Canton Ticino, 2011. Cassaforma in legno (LMP)

effetti percettivi e sensoriali desiderati dall'architetto. Costruito tra le dune di una spiaggia affacciata sul Mar Giallo, il museo è costituito da una sequenza di ambienti ipogei dalla geometria amorfa, che a prima vista ricordano conchiglie estratte dalla roccia. La progettazione strutturale è stata sviluppata attraverso un costante dialogo tra architetti e ingegneri, impegnati in un processo sinergico di revisione progressiva, in cui le esigenze strutturali e le scelte architettoniche s'influenzano reciprocamente e si adattano l'una all'altra. Il processo ha alternato strumenti analogici, come modelli fisici (Fig. 6.4), e software di modellazione parametrica e di analisi agli elementi finiti. La struttura finale presenta una sezione variabile, di 40 centimetri alla base e un minimo di 25–30 centimetri nella parte superiore, determinata dai notevoli carichi di terra, acqua e vegetazione che i gusci in calcestruzzo armato devono sopportare.

La geometria a forma libera di ciascun ambiente ipogeo è stata realizzata mediante casseforme in legno, sebbene l'architetto Li Hu avesse inizialmente avanzato l'ipotesi, più fantasiosa che pratica, di gettare il calcestruzzo su una massa di ghiaccio (Fig. 6.5). Questa soluzione si è rivelata la più economica, poiché sono stati impiegati operai locali con precedenti esperienze in cantieri navali per la costruzione di barche in legno. Componenti elastiche sono state

Figura 6.2 Elio Ostinelli, Aurelio Muttoni, Franco Lurati e Miguel Fernández Ruiz, Centro Ovale di Chiasso, Canton Ticino, 2011. Fotografia della fase di spruzzo del calcestruzzo (LMP)

Figura 6.3 Elio Ostinelli, Aurelio Muttoni, Franco Lurati e Miguel Fernández Ruiz, Centro Ovale di Chiasso, Canton Ticino, 2011. Veduta esterna (SM, LMP)

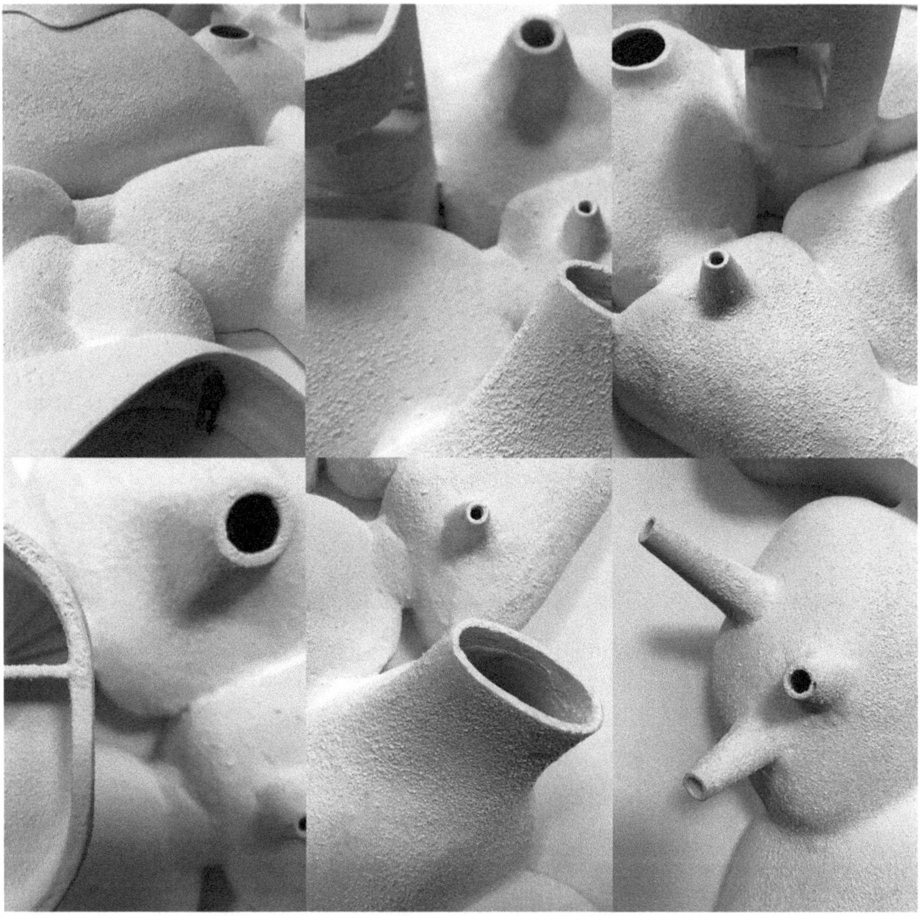

Figura 6.4 OPEN Architecture, UCCA Dune Art Museum, Qinhuangdao, 2018. Modelli della struttura prodotti con stampante 3D (OA)

utilizzate in combinazione a strette assi in legno per il montaggio delle casseforme, soprattutto nelle zone a curvatura più accentuata. È interessante notare che gli architetti hanno scelto consapevolmente di mantenere la texture irregolare e grezza lasciata dalle casseforme sulle superfici in calcestruzzo, consentendo così alla tecnica costruttiva di mostrarsi in maniera esplicita nell'opera realizzata e di fungere da vero e proprio elemento ornamentale dell'intera struttura museale (Fig. 6.6). Si tratta dunque di un processo costruttivo schietto e sincero, ulteriormente valorizzato dall'uso della vernice bianca, impiegata sia per diffondere al meglio la luce naturale, sia per enfatizzare la complessità formale degli spazi interni (Bologna 2020).

Figura 6.5 OPEN Architecture, UCCA Dune Art Museum, Qinhuangdao, 2018. Veduta della cassaforma in legno (OA)

Figura 6.6 OPEN Architecture, UCCA Dune Art Museum, Qinhuangdao, 2018. Veduta interna della struttura in calcestruzzo armato al rustico (OA)

L'impiego di casseforme tradizionali, siano esse in legno o in profilati prefabbricati in acciaio, offre senz'altro maggiori garanzie a progettisti e costruttori rispetto all'uso di membrane pneumatiche. Tali garanzie derivano dall'impiego di tecniche consolidate, utilizzate da oltre un secolo per la realizzazione di strutture in calcestruzzo armato in tutto il mondo, e dalla stabilità che queste casseforme assicurano alla struttura durante tutte le fasi di costruzione. Al contrario, l'uso dell'aria e delle pompe di gonfiaggio necessarie per gestire la pressione interna delle membrane possono comportare frequentemente variazioni – anche minime – nella forma e nelle dimensioni della struttura nel corso delle fasi di getto.

Nonostante quasi mezzo secolo di sforzi da parte di Bini per convincere committenti, progettisti e costruttori del valore dei suoi brevetti e sistemi – sia per la qualità degli spazi sia per la praticità ed economicità delle tecniche – l'impiego delle casseforme pneumatiche non è mai riuscito a sostituire i metodi tradizionali nella realizzazione di gusci in calcestruzzo armato. Le centinaia di cupole costruite con il sistema Binishell continuano a essere considerate il frutto di un'imprenditoria audace e di un marcato spirito sperimentale, più che di una tecnica consolidata, anche in quei cantieri non gestiti direttamente da Bini né dalle sue aziende.

Anche il report dell'American Concrete Institute (ACI) del settembre 2005, intitolato *Construction of Concrete Shells Using Inflated Forms*, presenta l'invenzione di Bini ancora come un metodo singolare e unico, dando invece maggior spazio ad altre applicazioni della cassaforma pneumatica nell'industria delle costruzioni in calcestruzzo. Il documento descrive tecniche derivate dal brevetto di Wallace Neff del 1941, nelle quali la membrana viene gonfiata prima del posizionamento delle armature e del getto del calcestruzzo, fungendo da surrogato della cassaforma in legno. Il report dell'ACI afferma che: "la costruzione di gusci sottili mediante gunite su casseforme gonfiabili è diventata uno dei metodi più comuni e diffusi per la realizzazione di cupole", tanto che "il Monolithic Dome Institute stima che oltre 2000 gusci sottili siano stati costruiti negli ultimi trent'anni con l'impiego di una membrana di natura tessile, mentre quelli realizzati con casseforme convenzionali sono pochi". Tuttavia, lo stesso documento sottolinea pure che "fino a poco tempo fa, solo pochi appaltatori disponevano delle competenze e dell'attrezzatura necessarie per affrontare questo tipo di costruzione", ma "con l'aumentare della consapevolezza tra architetti e ingegneri dei vantaggi del metodo a cassaforma gonfiabile, e con il suo uso crescente, è necessario sviluppare standard industriali per la progettazione e la costruzione" (American Concrete Institute 2005: 334.3R-3).

Nicolò Bini è uno dei progettisti che, con lo sviluppo di progetti sperimentali, dimostra la validità dell'impiego della cassaforma pneumatica per la costruzione di gusci in calcestruzzo armato. Il suo lavoro risulta fondamentale per valutare fino a che punto l'evoluzione e l'aggiornamento della tecnica inventata da suo padre Dante possano rispondere alle esigenze e ai requisiti dell'industria delle costruzioni contemporanea.

Il Centro Ovale di Chiasso e l'UCCA Dune Art Museum di Qinhuangdao rappresentano, dunque, casi di studio significativi che dimostrano come gli architetti continuino ancor oggi a esplorare le relazioni tra forma architettonica, forma strutturale e tecniche costruttive, in particolare quando sono chiamati a progettare coperture in calcestruzzo armato. Tuttavia, i limiti del sistema Binishell originario, così come concepito da Dante Bini negli anni Sessanta, si accentuano proprio quando i progettisti spingono la forma architettonica oltre le geometrie convenzionali della cupola o oltre le configurazioni funicolari ottenute con le tecniche tradizionali di ricerca di forma, come il *reverse hanging method*.

L'odierna applicazione del sistema Binishell originario solleva, oltretutto, alcune questioni pratiche: i regolamenti edilizi in continua evoluzione, pur non mettendo in discussione la validità del brevetto dal punto di vista della razionalità costruttiva, ne interrogano l'efficacia alla luce dei nuovi requisiti che oggi gli edifici devono soddisfare. Ad esempio, come si adatta il sistema Binishell alle normative odierne in materia di efficienza energetica e sicurezza sismica? Fino a che punto le casseforme pneumatiche modulari possono sostenere le esplorazioni formali e i linguaggi architettonici generati oggi da superfici NURBS a forma libera? Si tratta di aspetti progettuali fondamentali, che inevitabilmente mettono in discussione l'intera concezione dei sistemi di Dante Bini. Tuttavia, in maniera proattiva, è importante interrogarsi anche sui punti di forza di tali sistemi, per comprendere fino a che punto un ulteriore sviluppo di queste conoscenze e tecnologie possa rispondere alle sfide progettuali più recenti. Ad esempio, l'ottimizzazione dell'energia e delle risorse necessarie alla costruzione di un edificio rappresenta ormai un parametro cruciale nella valutazione complessiva della sostenibilità – sia ambientale che economica – di un'opera architettonica.

6.2 I BLOB di Nicolò Bini

La villa progettata da Nicolò Bini per l'attore Robert Downey Jr. tra il 2012 e il 2013, e costruita tra il 2015 e il 2017, assume un significato particolarmente rilevante alla luce delle considerazioni precedenti. L'edificio è stato realizzato a Malibù, in California, su un lotto compreso tra Morning View Drive ed Ebbtide Way, dalla società statunitense *Binishells Inc.*, di cui Nicolò è amministratore delegato e presidente, mentre il padre Dante ricopre il ruolo di responsabile del settore ricerca e sviluppo. L'importanza di questo progetto risiede non solo nel valore architettonico dell'edificio, generato attraverso un processo di ricerca di forma pneumatica (*inflated hill*) a partire da una geometria libera che definisce il perimetro della pianta, ma anche nello sviluppo di un sistema costruttivo compatibile con le prassi edilizie oggi in uso nell'area di Los Angeles, in California.

Così come la cupola in calcestruzzo realizzata in Sardegna per Michelangelo Antonioni, anche la Binishell di Malibù nasce su richiesta di una celebrità: l'attore e produttore Robert Downey Jr. Non è dunque un progetto qualunque, ma un'opera speciale, pensata per un luogo preciso e sviluppata in dialogo diretto con il suo committente. In questo senso può essere vista come l'ultimo capitolo della lunga storia delle Binishell, quasi una pronipote della prima cupola sperimentale costruita da Dante Bini a Crespellano nel 1964.

Nicolò completa i suoi studi in architettura presso l'Università della California a Berkeley, dove ha sviluppato un interesse per i sistemi abitativi a basso costo destinati ai paesi in via di sviluppo. Ha successivamente perfezionato la sua formazione presso la University of London e a Sapienza Università di Roma, lavorando tra gli anni Ottanta e Novanta in diversi studi di architettura a Londra, Roma, Firenze e San Francisco, prima di fondare nel 2005 il proprio studio, Line Architecture, negli Stati Uniti. Nicolò affianca il padre come progettista, supportandolo anche nella preparazione delle presentazioni per le conferenze internazionali da lui tenute. Il suo percorso formativo gli ha così consentito di integrare solide basi teoriche con le competenze pratiche acquisite seguendo la progettazione e costruzione delle Binishell. Negli anni, Nicolò ha sviluppato una metodologia progettuale che, seguendo l'esempio del padre, lo ha condotto a esplorare l'architettura delle strutture a guscio in calcestruzzo mediante lo sviluppo di tecniche costruttive non tradizionali, sperimentate attraverso prototipi in scala reale. Tuttavia, Nicolò dimostra una spiccata sensibilità per la modellazione plastica dello spazio architettonico, concepita in modo da non essere del tutto vincolata né alla ricerca di forma strutturale né all'adozione di specifiche tecnologie costruttive. Il suo approccio progettuale integra innanzitutto principi costruttivi e di razionalità, orientandoli verso soluzioni architettoniche in grado di soddisfare gli odierni requisiti prestazionali, siano essi strutturali che ambientali. "Il lavoro di mio padre ci mostra come un concetto semplice, ma incredibilmente radicale, possa ribaltare molte delle nozioni contemporanee di costruzione e progetto", ha scritto Nicolò, rivelando che "la lezione più potente che ho tratto da una vita passata ad osservare il lavoro e il pensiero di mio padre è l'esempio elegante e coraggioso che ci ha dato nel mettere in discussione e reinventare il modo in cui usiamo le risorse per progettare il nostro ambiente e costruire comunità in modo più efficiente" (2014b: 146).

Nicolò ha rilanciato l'azienda di famiglia, fondando negli Stati Uniti nel 2010 la *Binishells Inc.*, dedicandosi principalmente al perfezionamento e all'affinamento delle tecnologie per la costruzione di gusci sottili in calcestruzzo mediante casseforme pneumatiche. Nel 2016 ha illustrato come i sistemi da lui rivisitati e ottimizzati, partendo da quelli sviluppati dal padre, presentino vantaggi significativi rispetto alle cupole Binishell tradizionali, ai brevetti originari e ad altre tecnologie basate sull'impiego dell'aria: "Questi vantaggi comprendono tempi di costruzione ridotti, costi più contenuti, minore complessità e impatti ambientali inferiori, unitamente a una maggiore flessibilità e appetibilità sul piano architettonico. Per quanto riguarda quest'ultima, i nostri sistemi consentono piante quadrate, rettangolari e asimmetriche, oltre a tipologie a più piani, rispettando le normative edilizie internazionali" (Bini 2016). L'obiettivo di Nicolò è rendere i sistemi costruttivi della sua azienda competitivi nel settore delle costruzioni residenziali moderne, promuovendoli soprattutto in termini di efficienza energetica ed economica: "I nostri nuovi sistemi sono più accessibili, sicuri e sostenibili rispetto alle tecnologie concorrenti e danno vita a strutture pienamente conformi alle normative. In sintesi, i nostri sistemi sono più economici perché richiedono meno manodopera e materiali, più sicuri perché strutturalmente più efficienti, e più ecologici perché garantiscono involucri edilizi privi di ponti termici" (Bini 2016). Tuttavia, dai suoi progetti emerge chiaramente che la linea d'azione di Nicolò punta anche a ridefinire le espressioni formali e i linguaggi architettonici dei progetti realizzati con i suoi sistemi Binishell, ispirandosi verosimilmente a molte delle più recenti architetture a forma libera.

La villa di Malibù, se analizzata da un punto di vista puramente formale – dalla sua pianta ameboide alla qualità delle superfici in calcestruzzo a doppia curvatura che definiscono gli spazi interni – può essere considerata a pieno titolo come parte della tendenza ai cosiddetti progetti di *architettura non-standard* che, negli ultimi decenni, ha riscosso grande successo mediatico, favorita dalla diffusione di immagini suggestive attraverso mostre internazionali, social media e siti web. Basti pensare allo straordinario successo ottenuto dallo studio MAD Architects con la Wormhole Library, situata all'interno del Century Park di Haikou, in Cina, completata alla fine del 2021. Le forme sinuose dell'edificio e i vuoti ameboidi che caratterizzano gli interni sono stati realizzati in calcestruzzo bianco, gettato in casseforme tradizionali – seppur dalle geometrie molto complesse – le cui componenti sono state fabbricate con fresatrici

Figura 6.7 MAD Architects, Wormhole Library, Haikou, 2021. Veduta della cassaforma in legno (A, MA)

a controllo numerico (CNC) e integrate con elementi stampati in 3D, al fine di ottenere superfici il più possibile continue e levigate (Figg. 6.7 e 6.8).

È importante sottolineare che gli impulsi creativi di Nicolò nella concezione di abitazioni unifamiliari, i cui spazi sono modellati da strutture a guscio in calcestruzzo, risultano per molti versi comparabili alla ricerca che, già negli anni Cinquanta, aveva portato allo sviluppo di progetti sperimentali di rilievo, come la *Spray Concrete House #2* di John M. Johansen, costruita nel 1955 (Fig. 6.9), e l'*Endless House* di Frederick J. Kiesler, progettata nel 1958 (Fig. 6.10). Quest'ultima, pur non essendo mai stata realizzata, divenne celebre sia per l'idea suggestiva di creare uno spazio domestico all'interno di un guscio in calcestruzzo sospeso nell'aria, sia grazie all'esposizione di otto diversi modelli realizzati a partire dal 1949 e presentati al MoMA nel 1960 in occasione della mostra *Visionary Architecture*, curata da Arthur Drexler. Questo progetto rappresenta una sorta di architettura-manifesto, che "sviluppa la superficie dell'edificio come un nastro tortile e curvo avvolto su sé stesso" (Drexler 1960: 1). Il "trattamento della superficie muraria avrebbe prodotto un edificio più simile a una scultura che a un'architettura" (Drexler 1960: 8), richiamando in tal mondo il cosiddetto *new sensualism*: una corrente, come definita da Thomas H. Creighton su *Progressive Architecture* alla fine degli anni Cinquanta,

Figura 6.8 MAD Architects, Wormhole Library, Haikou, 2021. Veduta dell'edificio completato (AE, MA)

capace di affermarsi come antitesi alla *box architecture* dell'*International Style* (Rosa 2001: 8). Alcuni esempi meno noti, progettati sugli stessi presupposti, risultano particolarmente rilevanti in questa discussione perché non si tratta solo di progetti sperimentali, ma di opere effettivamente costruite. Tra queste, si ricordano le case a guscio in calcestruzzo realizzate in Francia all'inizio degli anni Sessanta da Pascal Häusermann[1], o quelle di Jacques Couëlle[2], le cui qualità spaziali appaiono sorprendentemente attuali, soprattutto se confrontate con la villa di Nicolò a Malibù, gli spazi dell'UCCA Dune Art Museum o della Wormhole Library.

I piccoli edifici domestici di Johansen, Kiesler, Häusermann e Couëlle testimoniano un approccio manierista all'esplorazione della forma architettonica. Negli ultimi settant'anni, questo approccio ha mostrato una sorprendente

[1] Il progetto trova riferimenti in numerosi edifici, tra i quali la Egg-Shaped House, progettata da Pascal Häusermann (con Bruno Camoletti e Eric Hoechel) a Pougny, presso Ain, in Francia, costruita nel 1962, oppure l'Hotel Thierry a Raon-Stem, sempre in Francia, completato nel 1967.

[2] Un esempio che vale la pena menzionare è la sua casa-scultura a Mouans-Sartoux, in Francia, costruita nel 1962.

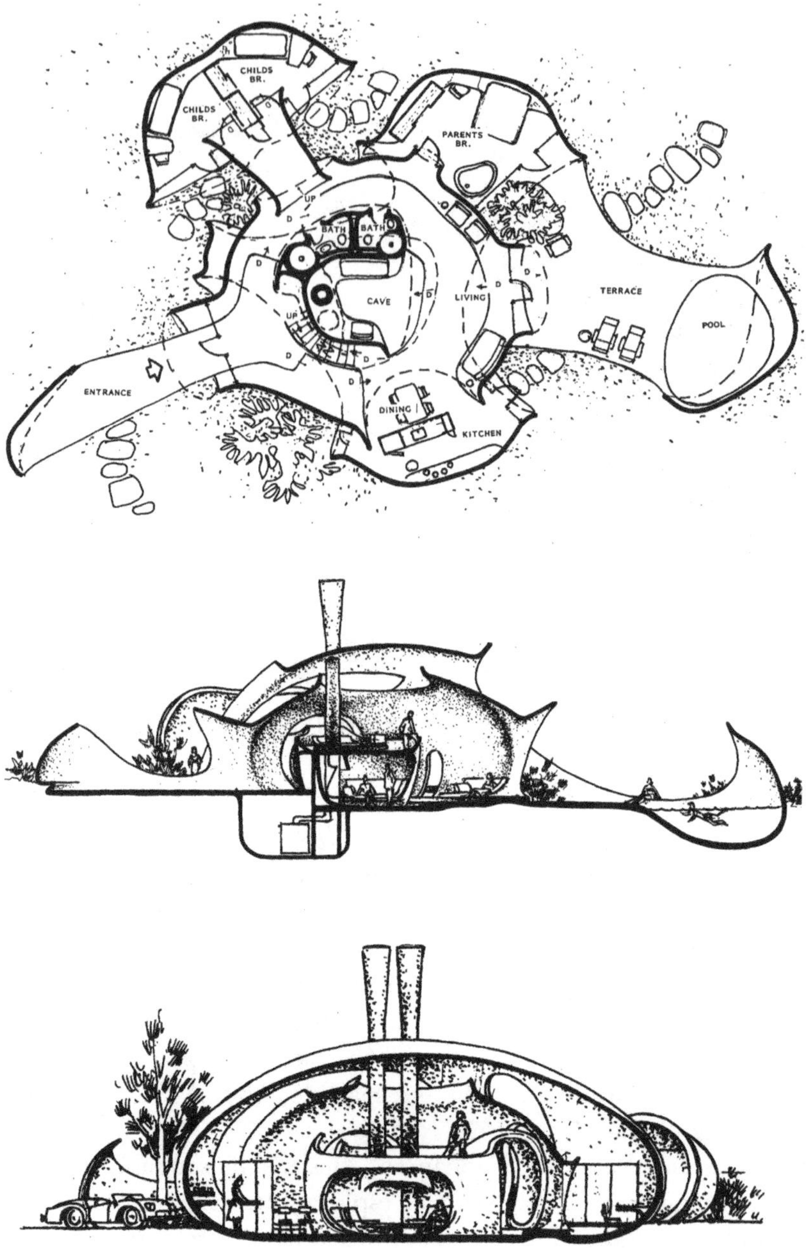

Figura 6.9 John M. Johansen, *Spray Concrete House #2*, 1955. Pianta e sezioni (JMJ)

Figura 6.10 Frederick J. Kiesler, *Endless House*, 1958. Fotografia del modello (MoMA)

continuità, sia dal punto di vista temporale sia sotto il profilo costruttivo e tecnologico, e ha conosciuto una diffusione globale, sviluppandosi sia attraverso progetti sperimentali sia tramite sistematizzazioni teoriche della disciplina progettuale. Questa ricerca formale ha portato alla definizione del termine *architettura non-standard*. L'espressione è stata coniata in occasione dell'omonima mostra, tenutasi al Centre Pompidou di Parigi tra dicembre 2003 e marzo 2004, che si proponeva di raccogliere un ampio e variegato insieme di sperimentazioni nel campo della progettazione e della fabbricazione digitale. Come ha osservato Zeynep Mennan: "la non standard s'inscrive nel campo della sperimentazione architettonica contemporanea, facendo ampio uso delle più recenti tecnologie di progettazione computazionale, e il suo catalogo formale è caratterizzato da forme dinamiche altamente complesse che indicano un ritorno alla tradizione organica" (2008: 171). La mostra *Architectures non standard* presentava una gamma di approcci molto diversificati: dalle esplorazioni puramente virtuali di Marcos Novak – svincolate da principi tettonici o costruttivi – fino ai lavori che collegavano la progettazione a forma libera a nuovi metodi di fabbricazione digitale, in un processo continuo generalmente definito *file-to-factory*.

In questo contesto, segnato dalla continua trasformazione di processi e tecniche progettuali dovuta alla rapida evoluzione degli strumenti digitali per la progettazione e la costruzione, Nicolò rilancia la società *Binishells Inc.* Affrancandosi dai vincoli più rigidi del *form-finding* classico e dal processo costruttivo del sistema Binishell originario, Nicolò orienta il proprio lavoro verso una filosofia progettuale fondata sugli assunti teorici elaborati a partire dalle posizioni di Greg Lynn alla fine degli anni Novanta. Pertanto, per la sinuosità delle sue forme, e per la necessità di reinventare le tecniche costruttive in funzione di tali forme, la villa realizzata a Malibù può essere ricondotta alla famiglia delle architetture BLOB (*Binary Large Object*). Spinto dal desiderio di utilizzare e, al tempo stesso, aggiornare le tecniche costruttive originariamente sviluppate dal padre, Nicolò elabora un proprio approccio alla progettazione delle Binishell, affermandosi come nuovo interprete di un identificativo manierismo architettonico contemporaneo. Il suo percorso si svolge tuttavia in un contesto progettuale molto distante, anche per ragioni prettamente generazionali, da quello di Dante Bini.

Nicolò definisce le sue esplorazioni formali, basate su miglioramenti tecnologici e su di un'evoluzione complessiva del sistema Binishell, con il termine *bio-metricism*, che descrive come una "filosofia progettuale contemporanea fondata su un ritorno alla tradizione di guardare alla natura come ispirazione estetica e funzionale" (Bini 2016). La sua nuova idea di Binishell "rappresenta un concetto costruttivo radicale, ma semplice, in cui principi e forze naturali possono essere sfruttati per realizzare strutture sinuose e curvilinee in modo facile, veloce ed ecologico" (Bini 2016). Si tratta di un approccio progettuale che fonde i BLOB di Lynn con l'"architettura della necessità" di Frei Otto (Otto e Rasch 1995).

Partendo dagli sviluppi tecnologici e dalle innovazioni nel campo delle costruzioni, Nicolò ambisce a dare vita a un linguaggio architettonico distintivo, ed è convinto che "introducendo questa nuova estetica tramite figure influenti nella sfera della progettazione, le Binishell potrebbero riuscire a imporsi in tutti i segmenti del mercato" (Bini 2016). Si tratta di un approccio pensato per attrarre una clientela sofisticata con progetti personalizzati, come ha già dimostrato la Villa Antonioni di Dante, senza però trascurare il potenziale di standardizzazione e di produzione seriale che ha caratterizzato lo sviluppo dei vari sistemi Binishell fin dagli anni Sessanta.

6.3 Una villa a Malibù

La villa progettata da Nicolò Bini per Robert Downey Jr. a Malibù sembra ispirarsi ai raffinati formalismi e alle qualità spaziali del Teshima Art Museum, realizzato nel 2010 da Ryue Nishizawa e Rei Nato. Con una superficie di circa

Figura 6.11 Nicolò Bini, villa a Malibù, 2012–2017. Veduta aerea dell'edificio completato (NB)

558 metri quadrati, la villa si configura come un oggetto scultoreo inserito al centro di un piccolo parco privato, volutamente nascosto dalla strada di accesso pubblico e orientato verso la spiaggia a sud-ovest.

Il processo di ricerca di forma e la costruzione di questa Binishell seguono un percorso certamente non convenzionale. Si possono riconoscere, allo stesso tempo, tracce di creatività pura, derivata da un approccio empirico al progetto, un solido grado di razionalità costruttiva legata ai vincoli pragmatici imposti dal processo di costruzione e una chiara comprensione del comportamento strutturale dei gusci in calcestruzzo. È altresì importante sottolineare l'iniziativa e il coraggio di Nicolò, che segue il progetto dalla fase preliminare fino al completamento del cantiere. Oltretutto, Nicolò non concepisce questo edificio nel contesto italiano del secondo dopoguerra, come avvenne per suo padre, quando l'industria delle costruzioni, connessa all'impiego del calcestruzzo armato, viveva un periodo florido, caratterizzato da sperimentazione progettuale, innovazione tecnica e basso costo della manodopera. Il risultato finale è un guscio sottile in calcestruzzo dalla forma sinuosa, che evidenzia una notevole coerenza tra espressione architettonica e concezione strutturale, così come tra il metodo impiegato per la ricerca di forma e la tecnica costruttiva utilizzata (Fig. 6.11).

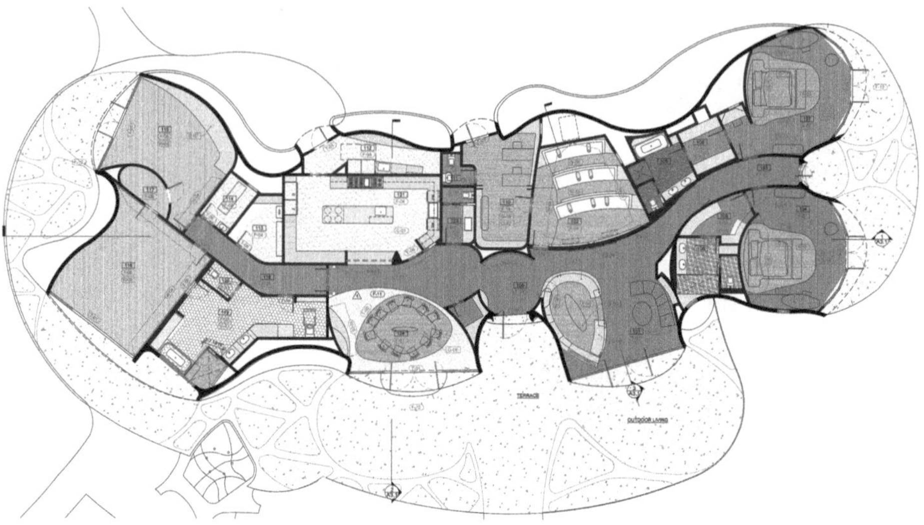

Figura 6.12 Nicolò Bini, villa a Malibù, 2012–2017. Pianta (NB)

È interessante notare che Nicolò avvia il progetto della villa di Malibù partendo dalla pianta, esplorando con attenzione forma, dimensioni, distribuzione e flusso degli utenti all'interno dei diversi ambienti. Pur impiegando strumenti di progettazione relativamente convenzionali, tiene sempre presenti le potenzialità spaziali offerte dalla tridimensionalità della copertura adottata. Grazie a questo approccio, riesce a trasformare le curve in spazi dalle geometrie irregolari e non ortogonali, conferendo all'edificio un suo carattere distintivo (Figg. 6.12 e 6.13). Dal punto di vista tecnico, tracciando la pianta Nicolò definisce le condizioni al contorno necessarie per applicare un metodo di ricerca di forma strutturale basato sulla pressurizzazione di una membrana pneumatica, ideato da Heinz Isler nel 1954 con il nome *inflated hill* (Isler 1994) e più volte sperimentato da Frei Otto (Vrachliotis et al. 2017).

L'*inflated hill* è un metodo di ricerca di forma strutturale affascinante, ma anche piuttosto vincolante: la variabile più rilevante sul piano architettonico è infatti la pianta del guscio. Il perimetro dell'edificio determina quasi automaticamente la forma tridimensionale, risultante dal gonfiaggio di una membrana vincolata lungo il perimetro stesso (Figg. 6.14 e 6.15). Si tratta di un processo che avviene per fasi progressive, basato sul *trial and error*, in cui il progettista sviluppa simultaneamente piante e sezioni, cercando d'intuire le qualità spaziali degli interni a partire da un disegno bidimensionale.

Sebbene il processo progettuale di Nicolò si ispiri, per certi aspetti, al metodo del padre, i due architetti operano secondo principi radicalmente differenti.

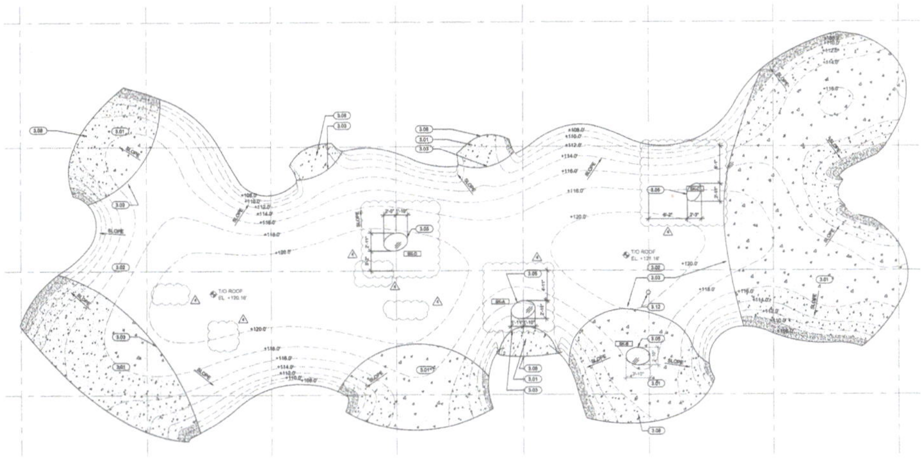

Figura 6.13 Nicolò Bini, villa a Malibù, 2012–2017. Pianta della copertura e della membrana pneumatica (NB)

Figura 6.14 Frei Otto, modello sperimentale di ricerca di forma pneumatica, agosto 1960 (FO)

Figura 6.15 Frei Otto, modello sperimentale di ricerca di forma pneumatica, agosto 1960 (FO)

Dante Bini concepiva i suoi progetti seguendo regole di modularità ed efficienza costruttiva, adottando schemi compositivi ben definiti per le sue Binishell circolari e per altri sistemi a pianta quadrata, rettangolare o esagonale. Nicolò, invece, da circa quindici anni sviluppa sistemi costruttivi propri, alcuni dei quali capaci di generare strutture BLOB adattabili a configurazioni planimetriche non modulari né ripetibili. Nicolò si affranca dalla forma della cupola, rinunciando anche al principale vantaggio del vecchio sistema Binishell: la possibilità di posare le armature e gettare il calcestruzzo su un piano orizzontale prima del gonfiaggio della cassaforma. Tuttavia, questo non costituisce un problema, poiché l'originario sistema di assemblaggio delle armature non risponde più alle normative vigenti e non può pertanto più essere impiegato come previsto da Dante, aprendo la strada a nuove soluzioni progettuali e costruttive.

La forma architettonica e strutturale della villa di Malibù è stata definita da Nicolò utilizzando il software di modellazione tridimensionale parametrica Rhinoceros®. A partire da un perimetro curvilineo e sinuoso tracciato in pianta, Nicolò simula il gonfiaggio di una membrana pneumatica mediante un motore di simulazione fisica, descrivendo la sua superficie come una *mesh* triangolata. L'architetto può modificare e perfezionare la forma complessiva

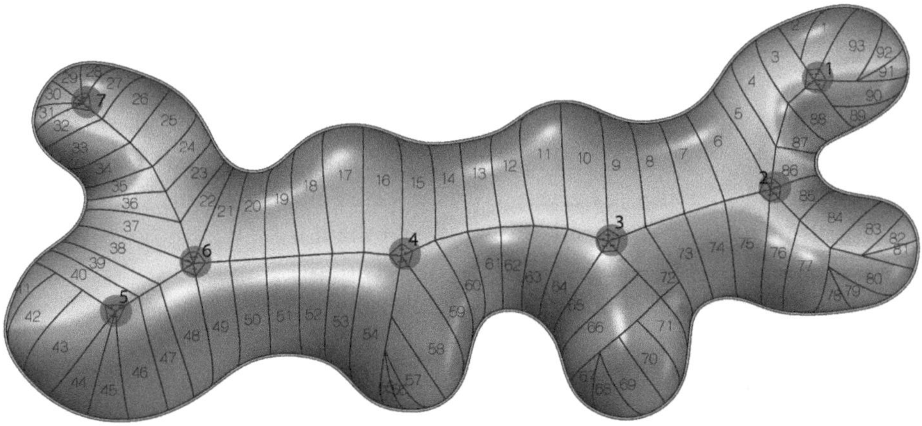

Figura 6.16 Nicolò Bini, villa a Malibù, 2012–2017. Discretizzazione della membrana utilizzata come cassaforma pneumatica, pianta (NB)

della struttura direttamente nel dominio digitale intervenendo su un numero limitato di variabili progettuali, come i punti di controllo delle curve parametriche che definiscono il perimetro dell'edificio. La geometria finale della *mesh* viene poi esportata in un software FEM, dove si eseguono l'analisi strutturale e il dimensionamento del guscio in calcestruzzo. Parallelamente, la *mesh* è utilizzata come base per creare una superficie NURBS che serve per costruire la cassaforma pneumatica in tessuto di poliestere rivestito in PVC. Questa superficie è stata discretizzata in 93 porzioni, cioè strette strisce che possono essere sviluppate e adagiate su di un piano. Sette punti critici, corrispondenti alle zone di contatto tra più settori della cassaforma pneumatica, sono stati rinforzati con toppe speciali realizzate mediante geometrie poligonali irregolari (Fig. 6.16). Le varie porzioni della membrana sono state quindi saldate tra loro: tutte queste operazioni sono state eseguite direttamente dal produttore della cassaforma pneumatica.

Nel corso dello sviluppo di questo e di altri progetti residenziali caratterizzati da piante curvilinee particolarmente complesse, Nicolò realizza anche modelli fisici, utilizzando plastica trasparente termoformata sottovuoto e stampanti 3D. Tuttavia, questi modelli non possono essere considerati veri strumenti per la ricerca di forma, anche se esistono casi in cui modelli fisici in scala vengono ancora impiegati nello studio di determinate strutture (Addis 2013). Ormai la definizione delle forme strutturali ottimali o sub-ottimali avviene principalmente tramite simulazioni digitali, poiché realizzare modelli fisici accurati, in grado di riprodurre con precisione le proprietà dei materiali, è complesso e costoso. Nei progetti con geometrie complesse che comportano un elevato grado di prefabbricazione e automazione in cantiere, è più comune produrre gli elementi costruttivi direttamente dai file CAD. I piccoli gusci termoformati o stampati in 3D realizzati da Nicolò sono stati probabilmente utilizzati come modelli architettonici di lavoro per sviluppare il progetto degli interni e comprenderne appieno le qualità spaziali. Realizzati in plastica trasparente, consentono infatti di osservare contemporaneamente la forma del guscio e la distribuzione interna degli ambienti, stampata sulla base. Questi modelli possono inoltre essere mostrati al committente per illustrare con maggiore chiarezza e incisività le idee progettuali preliminari (Fig. 1.32).

La fattibilità strutturale e costruttiva del modello digitale del guscio della villa di Malibù è stata valutata in collaborazione con l'ingegnere Ignacio Barandiaran, dell'ufficio Arup di San Francisco. Successivamente, il perfezionamento del progetto è stato discusso insieme a Joe Hoffmayer, ingegnere con lunga esperienza nell'area di Los Angeles, il quale ha assicurato che l'edificio realizzato rispettasse pienamente i regolamenti edilizi locali.

Pur richiamando, con il suo perimetro, un colpo di frusta ispirato a forme naturali, questa curva sinuosa è stata pragmaticamente razionalizzata per la sua effettiva costruzione, riconducendone la geometria in 53 archi di cerchio con raggi differenti. Le aree pranzo e soggiorno della villa affacciano sul parco privato e sulla piscina, orientate verso sud-ovest. Questi sono i due ambienti principali e sono tra loro collegati, visivamente e fisicamente, da uno spazio d'ingresso a doppia curvatura. Le aperture più ampie e significative si trovano proprio in corrispondenza di questi spazi, così come all'estremità sud-est dell'edificio, dove sono collocate le due camere padronali. All'estremità opposta della villa si trovano invece una palestra e una sala danza, che fungono da cuscinetto tra gli spazi interni e l'esterno.

Un'analisi puramente compositiva di questo edificio rischierebbe di ridursi al mero esercizio accademico: la presenza di una Binishell – in questo caso una struttura in calcestruzzo sinuosa e a doppia curvatura – mette in discussione la semantica dei tradizionali elementi architettonici, come facciata e finestra, così come i concetti di scala, ritmo e proporzione nei prospetti. Per comprendere appieno le qualità architettoniche e funzionali di questo progetto, è più utile considerare il guscio in calcestruzzo come un unico involucro continuo che, grazie alla sua curvatura e forma, genera gli spazi interni e determina le aperture che regolano la luce naturale e le relazioni visive tra interno ed esterno. Alastair Gordon sintetizza efficacemente le caratteristiche formali della struttura con un'immagine suggestiva: "vista dall'alto, la Binishell somiglia a un carapace di tartaruga a tre teste scolorito dal sole", probabilmente perché "non c'è una sola linea retta o un angolo retto in vista" (2021: 131).

La logica costruttiva, predominante nel lavoro di Dante Bini, qui deriva invece direttamente da un progetto sviluppato principalmente in pianta. La risposta di Nicolò ai requisiti imposti dal programma funzionale dell'edificio ha determinato le caratteristiche architettoniche e strutturali di questa Binishell, tenendo conto anche di importanti aspetti ambientali, come la riduzione dell'uso di risorse e materiali, la minimizzazione degli sprechi e l'ottimizzazione dell'impatto complessivo sull'ambiente. Come ha dichiarato Nicolò, "le strutture a cupola in calcestruzzo possono quindi offrire edifici più resistenti e sicuri, con un minor contenuto di carbonio incorporato e un impatto ambientale più basso lungo l'intero ciclo di vita". Negli ultimi decenni, "la sfida delle cupole è stata quella di capire come costruirle in modo rapido, semplice ed economico, e come renderle più efficaci e desiderabili dal punto di vista architettonico"; i sistemi Binishell recentemente sviluppati da Nicolò, sulla base delle invenzioni paterne, "forniscono il doppio dell'efficienza energetica, con metà dell'impronta di carbonio, possono essere costruiti fino a tre volte più velocemente, sono più sicuri ed economici degli edifici tradizionali", e "possono anche essere realizzati utilizzando manodopera e materiali locali, risultando altamente flessibili e dinamici dal punto di vista architettonico" (2016). Nicolò sottolinea che i principali fattori di riduzione dell'impatto ambientale di una Binishell di nuova generazione, come quella impiegata per la villa a Malibù, possono essere ricondotti a quattro semplici principi. Innanzitutto, l'efficienza energetica, garantita dal guscio in calcestruzzo, ovvero un involucro continuo e isolato che riduce i ponti termici, limitati alla posizione e dimensione delle aperture. In secondo luogo, la riduzione complessiva dei materiali da costruzione, resa possibile dalla forma e dalle elevate prestazioni strutturali del guscio. Il terzo principio riguarda la minimizzazione degli scarti in cantiere, grazie al getto in opera su membrana pneumatica, che elimina la necessità di complesse casseforme in legno, non riutilizzabili. Infine, l'assenza di partizioni portanti all'interno della Binishell consente una grande flessibilità nella configurazione e nel riadattamento degli ambienti lungo tutto il ciclo di vita dell'edificio.

È importante sottolineare che il lavoro di Nicolò per la villa di Malibù è stato agevolato dalla presenza di un committente già predisposto ad apprezzare questo tipo di architettura e soluzioni progettuali non convenzionali (Gordon 2021). Infatti, Robert Downey Jr. rivela di essere stato profondamente incuriosito dagli spazi descritti da Gordon nel suo libro *Spaced Out. Radical Environments of the Psychedelic Sixties* (2008). Meno semplice è stato invece convincere le autorità locali ad approvare la costruzione della Binishell: a Malibù vigono infatti regolamenti strutturali e antisismici estremamente restrittivi, oltre a norme mirate a garantire elevati standard di sostenibilità ambientale.

Nicolò presenta una serie di elaborati tecnici che affrontavano in modo puntuale tutti questi aspetti; tuttavia, a convincere definitivamente i funzionari della municipalità responsabili dell'edilizia locale della validità del sistema Binishell da lui sviluppato è stata la realizzazione di un prototipo in scala 1:1 (Fig. 6.17). Realizza a sue spese questo prototipo a forma di Minishell di circa 90 metri quadrati su di un terreno della sua famiglia a Joshua Tree, a circa 200 chilometri da Los Angeles. In questo modo, riesce anche a mostrare all'impresa come il suo System A dovesse essere realizzato. Una volta ottenuto il permesso di costruire, Nicolò propone al costruttore di realizzare un secondo prototipo, più grande e di forma più complessa, più vicino al progetto definitivo della villa, per testare ulteriormente il sistema costruttivo. Questo prototipo, tuttavia, non viene mai realizzato, poiché l'impresa si dichiara sufficientemente sicura da procedere direttamente con la costruzione dell'edificio.

Nicolò e il suo team di progetto eseguono una simulazione virtuale completa dell'intero processo di messa in opera del calcestruzzo prima di avviare le operazioni in cantiere. Spruzzare tonnellate di calcestruzzo su una cassaforma pneumatica dalla forma complessa a doppia curvatura potrebbe infatti deformarne leggermente la superficie durante il getto, o addirittura provocare fessurazioni nel guscio. Sebbene queste fessurazioni non compromettano la stabilità strutturale, potrebbero comunque allarmare il committente, l'impresa e i funzionari della municipalità. Per ridurre il numero e l'entità di tali piccoli difetti, la sequenza di getto viene dapprima simulata al computer e poi seguita scrupolosamente in cantiere.

La definizione delle fasi costruttive di questa villa deriva probabilmente dall'esperienza che Nicolò matura lavorando con il padre Dante. Sebbene il progetto mostri un'evoluzione tecnica del sistema Binishell, anche in risposta ai cambiamenti normativi, resta evidente l'obiettivo di realizzare un guscio sottile, pur essendo ormai distante dall'archetipo della cupola concepita da Dante. In questo caso, la complessità formale rappresenta un'ulteriore opportunità per sperimentare e perfezionare il processo di costruzione di un guscio in calcestruzzo mediante una cassaforma pneumatica. Come nelle Binishell di Dante, la prima fase prevede il getto di una platea e di una trave perimetrale di fondazione in calcestruzzo, che riproduce la pianta ameboide dell'edificio. Da quest'ultima sporgono ferri di ripresa, ai quali si connettono le barre d'armatura destinate al guscio. In corrispondenza di ciascun ferro di ripresa a uncino, sono presenti piastre metalliche a L, imbullonate alla fondazione tramite una barra filettata annegata nel getto. Sul lato rivolto all'interno dell'edificio, presentano un'asola a cui è ancorata la cassaforma pneumatica (Figg. 6.18 e 6.19).

Figura 6.17 Nicolò Bini, prototipo a forma di Minishell, Joshua Tree, California, agosto 2014. Sequenza costruttiva (NB)

Figura 6.18 Nicolò Bini, villa a Malibù, 2012–2017. Veduta aerea della platea e della trave perimetrale di fondazione dal profilo sinuoso (NB)

Figura 6.19 Nicolò Bini, villa a Malibù, 2012–2017. Dettaglio della trave perimetrale di fondazione (NB)

Figura 6.20 Nicolò Bini, villa a Malibù, 2012–2017. Veduta aerea della cassaforma pneumatica gonfiata (NB)

Una volta gonfiata la cassaforma pneumatica, la pressione interna viene mantenuta costante sin dalla fase di montaggio dell'armatura, in modo da garantire il corretto posizionamento delle barre e dei distanziatori, che le mantengano sollevate rispetto alla membrana. Le barre d'acciaio vengono disposte a formare un reticolato complesso, con una densità maggiore in corrispondenza dei vertici del guscio e delle cinque grandi aperture collocate ai margini della copertura BLOB (Figg. 6.20, 6.21, 6.22, 6.23 e 6.24).

Le molle metalliche che caratterizzano il sistema autoformante Binishell, brevettato nel 1964 da Dante Bini, non vengono più impiegate. La disposizione delle armature nella villa di Malibù deriva da un preciso calcolo strutturale e non più da un approccio empirico, come avveniva nelle prime cupole Binishell costruite in Italia, probabilmente ispirata alla geometria delle nervature della cupola del Palazzetto dello Sport di Pier Luigi Nervi. Inoltre, a differenza delle Binishell di Dante, dove era necessario tagliare il guscio per realizzare le aperture, nella villa di Malibù questa operazione è quasi del tutto superflua: nelle zone in cui sono previsti i grandi varchi che collegano gli spazi interni al giardino, l'armatura non viene ricoperta di calcestruzzo e viene recisa solo dopo l'indurimento del getto. I tagli effettivamente realizzati si riducono a tre

Figura 6.21 Nicolò Bini, villa a Malibù, 2012–2017. Veduta dall'interno della cassaforma pneumatica gonfiata (NB)

Figura 6.22 Nicolò Bini, villa a Malibù, 2012–2017. Posa dell'armatura e dei distanziatori (NB)

Figura 6.23 Nicolò Bini, villa a Malibù, 2012–2017. Posa dell'armatura e dei distanziatori (NB)

Figura 6.24 Nicolò Bini, villa a Malibù, 2012–2017. Posa dell'armatura e dei distanziatori (NB)

Figura 6.25 Nicolò Bini, villa a Malibù, 2012–2017. Fase di spruzzo del calcestruzzo (NB)

piccoli lucernari ovoidali sulla sommità dell'edificio e a un oblò circolare sulla facciata sud-ovest, in corrispondenza di un bagno: questa scelta sottolinea l'ulteriore innovazione del processo costruttivo rispetto alle prime esperienze del sistema Binishell.

Le fotografie e i video realizzati nel 2015 durante la costruzione del guscio in calcestruzzo mostrano un apparente disordine di distanziatori e barre intrecciate, che contrastano con il candore della cassaforma pneumatica gonfiata. Questo apparente caos segue in realtà una logica basata su rigorosi calcoli strutturali, che garantiscono la conformità alle normative vigenti nell'area di Los Angeles. Tale conformità viene controllata sul posto da un funzionario della municipalità prima dell'avvio delle operazioni di spruzzatura del calcestruzzo. Il conglomerato, confezionato aggiungendo cenere volante al cemento Portland, è stato spruzzato il 10 giugno 2015 (Figg. 6.25 e 6.26). A differenza del sistema originale, il getto non avviene più su di un piano orizzontale: il calcestruzzo viene ora spruzzato su una superficie inclinata, con l'operatore posizionato su un cestello elevatore. Inoltre, il metodo impiegato non prevede l'uso di una seconda membrana esterna né di vibratori superficiali per compattare il calcestruzzo, come invece nel sistema originario di Dante. I 550 metri quadrati del guscio, spesso 18 centimetri, sono stati realizzati in un solo giorno, in otto ore di lavoro: un'operazione estremamente complessa, portata

Figura 6.26 Nicolò Bini, villa a Malibù, 2012–2017. Fase di spruzzo del calcestruzzo (NB)

a termine anche grazie all'esperienza dell'impresa. A lavori ultimati, il committente Robert Downey Jr. ha dichiarato: "è stata la visione complessiva di Bini che abbiamo sostenuto. Mike Grosswendt (All Coast Construction) è un altro eroe di questa storia: ha completato l'esterno del guscio, tutti gli interni, rispettando il budget e ottenendo tutte le autorizzazioni necessarie da parte della città e della *Coastal Commission*. Non si è mai tirato indietro di fronte all'idea di costruire in un regno privo di angoli retti" (Gordon 2021: 132).

Per consentire al calcestruzzo di fare presa, la cassaforma pneumatica viene mantenuta in pressione per quattro giorni, sotto la supervisione diretta di Nicolò Bini. Le fotografie scattate dopo lo sgonfiaggio e la rimozione della membrana mostrano un'inedita forma di brutalismo, visibile all'intradosso del guscio lasciato al rustico: una superficie liscia, ma al contempo "tatuata" da straordinarie imperfezioni generate durante il processo costruttivo (Fig. 6.27)[3]. In questa fase, la qualità spaziale interna del guscio – chiaramente visibile nei video già citati e percepibile immediatamente anche grazie all'assenza di partizioni interne – viene accentuata dalle imperfezioni dell'intradosso. L'impronta lasciata dai distanziatori circolari, il reticolo delle barre d'acciaio visibile in alcune zone e le varie sfumature di grigio assunte dalla

[3] Si veda, per esempio: https://www.youtube.com/watch?v=1kYqSEt8Yug e https://www.youtube.com/watch?v=BzxdKNbKHdk consultati il 28 ottobre 2025.

Figura 6.27 Nicolò Bini, villa a Malibù, 2012–2017. Veduta dell'intradosso del guscio al rustico dopo lo sgonfiaggio della cassaforma (NB)

Figura 6.28 Nicolò Bini, villa a Malibù, 2012–2017. Veduta delle imperfezioni sulla superficie al rustico dell'intradosso del guscio (NB)

Figura 6.29 Nicolò Bini, villa a Malibù, 2012–2017. Completamento dei cordoli perimetrali alle aperture (NB)

Figura 6.30 Nicolò Bini, villa a Malibù, 2012–2017. Il guscio in calcestruzzo completato (NB)

superficie cementizia contribuiscono a un'esperienza visiva e tattile certamente singolare (Fig. 6.28). Queste immagini costituiscono documenti d'archivio di particolare rilievo, poiché illustrano un aspetto raro e singolare delle teorie sulla tettonica applicata all'architettura BLOB in calcestruzzo (Figg. 6.29 e 6.30). Tuttavia, la villa viene consegnata al cliente con l'intradosso del guscio rivestito da uno strato di intonaco: il carattere grezzo del calcestruzzo lasciato al rustico resta visibile solo in una piccola porzione dell'edificio, in una delle stanze, a memoria della tecnica costruttiva impiegata. Per motivi di efficienza energetica, sull'estradosso della copertura viene applicato uno strato isolante, successivamente ricoperto da una finitura di colore grigio chiaro tendente al bianco, conferendo alla superficie un aspetto uniforme e levigato.

6.4 La tettonica dei BLOB

Le immagini dell'intradosso del guscio in calcestruzzo lasciato al rustico della villa di Malibù, scattate subito dopo la rimozione della cassaforma pneumatica, aprono una riflessione teorica sul significato contemporaneo di tettonica nella progettazione e costruzione di gusci in calcestruzzo sottile caratterizzati da forme ameboidi complesse. Questo BLOB assume un rilievo particolare nel quadro critico di una cultura del progetto del nostro tempo che si fonda nell'esplorazione del rapporto tra forma architettonica e costruzione. Si tratta infatti di un raro caso recente in cui una tecnica costruttiva – una versione aggiornata del sistema Binishell – non solo rende possibile la realizzazione di una geometria complessa, ma viene sviluppata in modo specifico e pragmatico proprio per costruire questo edificio.

Basta ricordare che già nel 1996 Lynn scrive che "la costruzione di forme BLOB, va riconosciuto, è ancora nelle fasi iniziali di sviluppo nella cultura architettonica attuale" e che "con poche eccezioni, i progetti recenti che utilizzano superfici topologiche lo fanno per sviluppare geometrie complesse per coperture, e le coperture, per quanto complesse dal punto di vista funzionale, restano comunque in fondo solo coperture". In linea con questa osservazione, la villa di Malibù rientra tra i "molti esperimenti in architettura che iniziano con il problema della copertura a grande luce, proprio perché è lì che forma, struttura e tettonica sono così strettamente intrecciate" (1998: 176). Ed è secondo questa stessa logica che il guscio strutturale progettato da Nicolò Bini diventa al contempo involucro, facciata, spazio architettonico e abitazione.

La maggior parte dei progettisti di architetture BLOB tende a non andare oltre la fase di sviluppo concettuale tramite strumenti digitali o la realizzazione di prototipi in scala, mentre Nicolò sviluppa e implementa una tecnologia che gli consente di trasformare una rappresentazione virtuale di un'idea stravagante in uno spazio materiale, percepibile sensorialmente dai suoi abitanti. Secondo Lynn, "i BLOB costituiscono un intervento formale nelle discussioni contemporanee sulla tettonica", perché "promettono di penetrare quegli spazi vuoti nella rappresentazione in cui il particolare e il generale sono stati costretti a riconciliarsi" (1998: 169). I BLOB hanno la capacità di mostrare, in modo chiaro e inequivocabile, il complesso e delicato processo costruttivo che dà origine a uno spazio *non standard* specifico, in un determinato tempo e in un determinato luogo. Tuttavia, la villa di Malibù, una volta completata, rifiuta l'ostentazione del processo costruttivo, privilegiando invece una qualità architettonica ottenuta grazie agli effetti della luce naturale su un intradosso reso liscio e levigato dall'intonaco.

Questo è un aspetto cruciale per comprendere i due approcci progettuali messi in campo da Dante e Nicolò, riferiti a due generazioni diverse di Binishell: le priorità iniziali di Dante sono l'efficienza strutturale e la razionalità costruttiva. Pertanto – come discusso nel Capitolo 2 e nel Capitolo 3 – le qualità tettoniche delle sue prime cupole in calcestruzzo dipendono anche dal grado in cui l'intradosso del guscio riesce a comunicare visivamente il processo costruttivo. Al contrario, Nicolò privilegia un'idea lecorbusiana di qualità architettonica di uno spazio *non standard*, in cui il processo costruttivo funge semplicemente da mezzo più appropriato per ottenere "il gioco sapiente, rigoroso e magnifico dei volumi sotto la luce".

Nonostante questa differenza, la villa di Malibù può essere considerata una vera e propria architettura-manifesto. La sua idea nasce infatti dalla lunga tradizione delle Binishell autoformanti: per questo motivo, progettazione e tecnica costruttiva non vanno intese né analizzate come un episodio estemporaneo o fortuito, come invece accade per molti degli edifici BLOB più recenti, concepiti per diventare icone uniche, in cui l'unicità formale rappresenta la loro principale caratteristica. La villa di Malibù incarna quanto affermato da Zeynep Mennan sull'avvento del *non standard*, che "pone una sfida provocatoria alla standardizzazione modernista". Secondo Mennan, "la non standardizzazione legittima il singolare, così come la standardizzazione legittimava l'ordinario" e "l'attuale ritorno all'organico s'inserisce nel punto nevralgico delle trasformazioni che riguardano la produzione materiale e industriale" (2008: 180). Questo principio si è fuso con le capacità imprenditoriali di Nicolò Bini con l'obiettivo di trasformare l'esperienza maturata con il progetto di Malibù in una prassi per la costruzione automatizzata su larga scala di architetture sia seriali che *non-standard*, gestita dalla società *Binishells Inc.*

Negli ultimi dieci anni, Nicolò sviluppa numerosi progetti e prototipi, destinati sia alla realizzazione di abitazioni di lusso e edifici ad alta efficienza energetica, sia a soluzioni per l'edilizia sociale, le emergenze post-catastrofi e applicazioni militari. Questa ricerca progettuale lo sta portando a definire nuovi sistemi costruttivi in grado di ridurre ulteriormente le risorse necessarie per realizzare casseforme per gusci in calcestruzzo, comprese quelle pneumatiche. Nel 2022, anno in cui è stato redatto il testo definitivo per la prima edizione di questo volume, Nicolò stava studiando l'impiego di materiali plastici capaci di indurirsi rapidamente su una cassaforma pneumatica, così da sostituirla e ridurre in tal modo il consumo complessivo di energia necessario per alimentare l'unità meccanica di gonfiaggio per l'intero periodo di presa del calcestruzzo. Le forme e gli spazi architettonici che questa ricerca può produrre potrebbero delineare una terza generazione di sistemi Binishell, rafforzando ulteriormente il legame tra forma e arte dell'assemblaggio, ovvero la tettonica. Dalla fine del 2021, la sua ricerca progettuale inizia a guardare oltre l'uso delle casseforme pneumatiche. Nei suoi ultimi prototipi, esplora infatti il potenziale formale del paraboloide iperbolico per la realizzazione di una speciale armatura per superfici rigate in calcestruzzo, con l'obiettivo di realizzare un'abitazione a pianta rettangolare e a basso costo, quintessenza contemporanea del rifugio primitivo teorizzato da Laugier – "si passa così dal concetto di bolla di sapone a quello di ragnatela".

È dunque possibile che questa nuova forma di architettura BLOB, strettamente legata all'invenzione di nuovi sistemi costruttivi, rafforzi ulteriormente il rapporto tra forma architettonica e costruzione secondo nuovi paradigmi, espandendo così la posizione teorica di Lynn, secondo cui: "i Blob arricchiscono il discorso sulla tettonica confondendo i termini stessi di tale discorso. I Blob non possono essere ridotti a un'essenza tipologica: non esistono due Blob identici, e la forma e l'organizzazione di ciascun Blob sono intensamente contestuali e quindi dipendenti dalle condizioni imposte per la loro organizzazione interna. Ancora più importante, i Blob sono al contempo estranei e distaccati da qualsiasi luogo, pur essendo capaci di fondersi con i contesti in cui si inseriscono. In qualsiasi definizione di architettura, vi è l'implicazione che l'**archè** rappresenti una singolarità globale ideale, mentre la **tettonica** comporta una specifica identità locale. Per queste ragioni, i Blob offrono la possibilità di aprire nuovi spazi strategici nel dibattito sulla tettonica, proprio in quegli ambiti in cui il particolare, il molteplice e il contingente si mescolano con la singolarità globale" (Lynn 1998: 170).

Riferimenti bibliografici[1]

1941. Balloon Houses Designed for Defense Workers Bloom Under Virginia Trees. *Life*, 1 December: 34–35.
1941. Ballyhooed Balloon. *The Architectural Forum*, December: 421.
1947. Airform House is improved for U.S. market, also going overseas. *The Architectural Forum*, July: 15.
1950. The Endless House. *The Architectural Forum*, November: 63–64.
1954. Semitropical Igloo. 'Bubble House' is the new version of a practical cement dwelling for $ 6,500. *Life*, February 22: 75–76.
1954. Air-formed concrete domes. House Hobe Sound, Florida. *Progressive Architecture*, June: 116–119.
1959. Sculpting with Sprayed Concrete. *The Architectural Forum*, October: 167–168.
1964. *Twentieth Century Engineering.* New York: The Museum of Modern Art.
1964. *Proceedings. World Conference on Shell Structures.* Washington, D.C.: National Academy of Sciences—National Research Council.
1967. Bubble-Building. *The Architectural Forum*, June: 85.
Addis, Bill. 2013. 'Toys that save millions': a history of using physical models in structural design. *The Structural Engineer* 91: 11–27.
Adriaenssens, Sigrid, Stefan Devoldere, Laurent Ney, Iwan Strauwen. 2010. *Laurent Ney—Shaping Forces*. Brussels: A+ Publishers.
Alini, Luigi. 2016. *Fabrizio Caròla: opere e progetti 1954–2016.* Napoli: CLEAN.
American Concrete Institute. 2005. *ACI 334.3 R-05. Construction of Concrete Shells Using Inflated Forms. Reported by Joint ACI-ASCE Committee 334.* Farmington Hills: American Concrete Institute.
Docomomo. 2021. *Save it: La Cupola. Dante Bini, Costa Paradiso, Sardinia, Italy, 1970s.* https://www.docomomo.pt/heritage/save-it-la-cupola. Consultato il 24 novembre 2025.
Bailey, Anthony. 1967. The Talk of the Town. Bini Shell. *The New Yorker*, June 3: 28.

[1] All'interno del volume, le citazioni originariamente in lingua inglese sono state tradotte in italiano dagli autori.

A. Pugnale, A. Bologna, *Oltre la cupola*, https://doi.org/10.1007/978-3-032-19785-6

Billington, David P. 1983. *The Tower and the Bridge: The New Art of Structural Engineering*. New York: Basics Books.

Bini, Dante. 1966a. *Méthode pour l'érection de bâtiments constitués principalement d'une structure portante en une seule pièce, équipement pour réaliser cette méthode, et bâtiment ainsi obtenu*. Brevetto FR 1489329. 9 agosto.

Bini, Dante. 1966b. *Method for erecting structures*. Brevetto US 3,462,521. 12 dicembre.

Bini, Dante. 1967. A New Pneumatic Technique for the Construction of Thin Shells. In *Proceedings of the 1st International Colloquium on Pneumatic Structures, International association for shell structures*, Arend M. Haas (a cura di), 52–55. Stuttgart: University of Stuttgart.

Bini, Dante. 1968. *Un metodo per l'erezione di edifici e strutture a membrana perfezionato nel complesso dell'armatura estensibile, nonché nella compattazione del materiale*. Brevetto IT 853736. 21 novembre.

Bini, Dante. 1984. 1500 Buildings Shaped by Air. In *Save Proceedings. International Conference. May 6–9, 1984, Sacramento, California*, O. James Vogl (a cura di), 187–192. Sacramento: Society of American Value Engineers.

Bini, Dante, Stefano Pietrogrande. 1989. Self-Shaping Space Structures. *International Journal of Space Structures* 2: 67–80. https://doi.org/10.1177/026635118900400201.

Bini, Dante, 1993. Automation in Construction of Shells, Space, Multi-Storey, Super High-Rise and Extra-Terrestrial Structures. In *Fourth International Conference on Space Structures, Space Structure Research Center 4, Vol. 2, University of Surrey, Guildford, UK*, Gerard A.R. Parke, C.M. Howard (a cura di), 1526–1536. London: Thomas Telford.

Bini, Dante. 2008. Progettista delle stazioni lunari. In *I leoni della Silicon Valley. Storie geniali di italiani all'estero*, Fiorella Kostoris, Gianfranco Rossi (a cura di), 119–129. Milano: Guerini e Associati.

Bini, Dante. 2009a. *A cavallo di un soffio d'aria. L'Architettura Autoformante*. Milano: Guerini e Associati.

Bini, Dante. 2014a. *Building with Air*. London: Bibliotheque McLean.

Bini, Nicolò. 2009b. Conclusioni. In *A cavallo di un soffio d'aria. L'Architettura Autoformante*, Dante Bini, 129–136. Milano: Guerini e Associati.

Bini, Nicolò. 2014b. Conclusions. In *Building with Air*, Dante Bini, 144–146. London: Bibliotheque McLean.

Bini, Nicolò. 2016. Binishells, a suite of new building Systems designed to address major areas of need and growth in construction. In *Proceedings of the Fourth International Conference on Sustainable Construction Materials and Technologies (SCMT4), Las Vegas, Nevada, USA 7–11 August 2016* (Non pubblicato, preparato per una presentazione presso la SCMT4 Conference).

Binishells S.p.A. 1965. *Verfahren zum Errichten von Gebäuden*. Brevetto DE 1684163. 10 agosto.

Boller, Giulia, Matthias Beckh. 2019. Building with air: Heinz Isler's bubble houses and the use of pneumatic construction techniques. In *Water, doors and buildings: the proceedings of the sixth conference of the Construction History Society*, James W. P. Campbell, Nina Baker, Michael Driver, Michael Heaton, Sabine Kuban, Michael Tutton, David Yeomans (a cura di), 494–506. Cambridge: Construction History Society.

Bologna, Alberto. 2013. *Pier Luigi Nervi negli Stati Uniti. 1952–1979. Master Builder of the Modern Age.* Firenze: Firenze University Press.

Bologna, Alberto. 2015. "Structural art" in Nervi & Bartoli's Industrial Architecture (1949–1971). In *Space of Production. Projects and essays on rationality, atmosphere, and expression in the industrial building*, Jeannette Kuo (a cura di), 90–97. Zürich: Park Books.

Bologna, Alberto. 2019. *The resistance of Laugier. The classicism of Murcutt / La resistenza di Laugier. Il classicismo di Murcutt.* Siracusa: LetteraVentidue.

Bologna, Alberto. 2020. OPEN Architecture. Museo di arte contemporanea a Beidaihe, Qinhuangdao. UCCA Dune Art Museum, Beidaihe, Qinhuangdao. *L'industria delle costruzioni. Rivista bimestrale di architettura*, 471: 58–65.

Boullée, Étienne-Louis. 2005. *Architettura. Saggio sull'arte* (a cura di Alberto Ferlenga). Torino: Einaudi.

Buchanan, Peter. 1993. *Renzo Piano Building Workshop. Complete Works, I.* London: Phaidon.

Carter, Peter. 1974. *Mies van der Rohe at work*. London: Pall Mall Press.

Chilton, John. 2000. *Heinz Isler. The Engineer's Contribution to Contemporary Architecture*. London: Thomas Telford.

Creighton, Thomas H. 1959a. The New Sensualism. *Progressive Architecture 40*, September: 141–147.

Creighton, Thomas H. 1959b. The New Sensualism II. *Progressive Architecture 40*, October: 180–187.

Dal Co, Francesco. 2016. *Centre Pompidou. Renzo Piano, Richard Rogers and the Making of a Modern Monument.* New Haven-London: Yale University Press.

Draper, Powell, Maria E. Moreyra Garlock, David P. Billington. 2008. Chapel Lomas de Cuernavaca. In *Félix Candela. Engineer, Builder, Structural Artist*, Maria E. Moreyra Garlock, David P. Billington, 128–141. New Haven-London: Yale University Press.

Drexler, Arthur. 1960. *Visionary Architecture. Press Release no. 326200.* New York: The Museum of Modern Art. https://www.moma.org/calendar/exhibitions/2554. Consultato il 24 novembre 2025.

Engel, Heino. 1997 (Prima edizione: 1967). *Tragsysteme, Structure Systems*. Ostfildern-Ruit: Verlag Gerd Hatje.

Fontana, Lucio. 2014. Epilogue. Michelangelo Antonioni's villa in Sardinia. A magnificent Leopardian concrete moon—abandoned on the steep rocks of Costa Paradiso. In *Building with Air*, Dante Bini, 147–159. London: Bibliotheque McLean.

Foxe, David. 2010. Saarinen's Shell Game: Tensions, Structures, and Sounds at MIT. *Nexus Network Journal. Architecture and Mathematics* 2: 191–211. https://doi.org/10.1007/s00004-010-0027-3.

Gargiani, Roberto, Alberto Bologna. 2016. *The Rhetoric of Pier Luigi Nervi. Concrete and Ferrocement Forms*. Lausanne: EPFL Press; Oxford-New York: Routledge.

Garlock, Maria E. Moreyra, David P. Billington. 2008. *Félix Candela. Engineer, Builder, Structural Artist*. New Haven-London: Yale University Press.

Godwin, Michael. 1978. Malvern sports centre—An architect's adventure story. *Concrete* 4: 20–25.

Gordon, Alastair. 2008. *Spaced Out. Radical Environments of the Psychedelic Sixties*. New York: Rizzoli.

Gordon, Alastair. 2021. Back to the Future. *The Purist* 23: 126–141.

Head, Jeffrey. 2011. *No Nails, No Lumber: The Bubble Houses of Wallace Neff*. New York: Princeton Architectural Press.

Herzog, Thomas. 1976, *Pneumatic Structures. A Handbook for the Architect and Engineer*. London: Crosby Lockwood.

Holgate, Alan. 1997. *The Art of Structural Engineering: The Work of Jörg Schlaich and his Team*. Stuttgart-London: Axel Menges.

Howard, Herbert Seymour Jr. 1966. *Structure: an architect's approach*. New York, St. Louis, San Francisco-Toronto-London-Sydney: McGraw-Hill.

Huxtable, Ada Louise. 1960. *Pier Luigi Nervi*. Milano: Il Saggiatore.

Isler, Heinz. 1967. Pneumatic Shape for Concrete Shells. In *Proceedings of the 1 st International Colloquium on Pneumatic Structures, International association for shell structures*, Arend M. Haas (a cura di), 50–51. Stuttgart: University of Stuttgart.

Isler, Heinz. 1994. Concrete Shells Derived from Experimental Shapes. *Structural Engineering International* 3: 142–147. https://doi.org/10.2749/101686694780601935.

Kurokawa, Kishō. 1977. *Kishō Kurokawa: Metabolism in Architecture*. London: Studio Vista.

Laugier, Marc-Antoine. 2023. *Saggio sull'architettura* (a cura di Vittorio Ugo). Sesto San Giovanni: Aesthetica Edizioni. Prima edizione: 1755. *Essai sur l'architecture*. Paris: Duchesne.

Legault, Réjean. 2021. The making of Habitat 67: A Tense Pas de Deux between Moshe Safdie and August Komendant. *Journal of the Society for the Study of Architecture in Canada / Le Journal de la Société pour l'étude de l'architecture au Canada* 1: 30–50. https://doi.org/10.7202/1082359ar.

Liddell, Ian. 2015. Frei Otto and the development of gridshells. *Case Studies in Structural Engineering* 4: 39–49. https://doi.org/10.1016/j.csse.2015.08.001.

Lynn, Greg. 1998. Blobs, or Why Tectonics Is Square and Topology Is Groovy. In *Folds, Bodies & Blobs. Collected Essays*, Greg Lynn, 169–182. Bruxelles: La lettre volée. Prima edizione: 1996. Why Tectonics Is Square and Topology Is Groovy. *ANY: Architecture New York* 14: 58–61.

Marsh, James H. III. 1964. Construction of Thin Shell Structures by The "Lift-Shape" Process. In *Proceedings. World Conference on Shell Structures. October 1–4, 1962. San Francisco California*, 447–452. Washington, D.C.: National Academy of Sciences—National Research Council.

Meninato, Pablo. 2018. *Unexpected Affinities. The History of Type in Architectural Project from Laugier to Duchamp*. New York: Routledge.

Mennan, Zeynep. 2008. The question of non standard form. *METU Journal of the Faculty of Architecture* 2: 171–183.

Mohr, Normand W. 1916. *Combined aeroplane and dirigible balloon*. Brevetto US 1,064,240. 16 aprile.

Mohr, Normand W. 1927. The City of Saint Francis Idealized. *The Architect and Engineer* 2: 83–84.

Mohr, Normand W. 1933. Thumb Tacks and T-Square. *The Architect and Engineer* 8: 4.

Muntz, Jan Furey. 1989. Bubbles for Defense. In *Wallace Neff, 1895–1982: The Romance of Regional Architecture*, Andrea P.A. Belloli (a cura di), 69–89. San Marino, CA: Huntington Library.

Muttoni, Aurelio. 2006. *L'arte delle strutture. Introduzione al funzionamento delle strutture in architettura*. Mendrisio: Mendrisio Academy Press.

Muttoni, Aurelio, Franco Lurati, Miguel Fernández Ruiz. 2013. Concrete shells—towards efficient structures: construction of an ellipsoidal concrete shell in Switzerland. *Structural Concrete* 1: 43–50. https://doi.org/10.1002/suco.201200058.

Neff, Wallace. 1941a. *Building construction*. Brevetto US 2,270,229. 3 aprile.

Neff, Wallace. 1941b. *Building construction*. Brevetto US 2,335,300. 25 novembre.

Neff, Wallace. 1942. *Method and apparatus for constructing sheel-form* [sic] *structures*. Brevetto US 2,388,701. 15 luglio.

Neff, Wallace. 1952. *Improved method of erecting shell-form concrete structures*. Brevetto US 2,892,239. 19 giugno.

Neff, Wallace Jr, Alson Clark. 1986. *Wallace Neff. Architect of California's Golden Age*. Santa Barbara: Capra Press.

Nervi, Pier Luigi. 1950. *Procedimento di costruzione per la realizzazione di superfici resistenti piane o curve costituite da reticolati di nervature in cemento armato, completate o meno da solette di collegamento tra le nervature*. Brevetto IT 465636. 19 maggio.

Nervi, Pier Luigi. 1965. *Aesthetics and Technology in Building. The Charles Eliot Norton Lectures, 1961–1962*. Cambridge, MA: Harvard University Press.

Oechslin, Werner. 2002. *Otto Wagner, Adolf Loos, and the Road to Modern Architecture*. Cambridge, UK-New York: Cambridge University Press.

Olivieri, Luigi C. 1975. Bellissima la Casa Cupoletta. *Grazia* 1790, 15 giugno: 26–33.

Otto, Frei, Bodo Rasch. 1995. *Finding Form. Towards an Architecture of the Minimal*. Stuttgart: Axel Menges.

Otto, Frei. 2005. *Frei Otto Complete Works. Lightweight Construction Natural Design*. Basel-Boston: Birkhäuser.

Peters, Brady. 2007. The Smithsonian Courtyard Enclosure: A Case-Study of Digital Design Processes. In *Expanding Bodies: Art—Cities—Environment: Proceedings of the 27th Annual Conference of the Association for Computer Aided Design in Architecture (ACADIA)*, 74–83. Halifax: ACADIA.

Piegl, Les, Wayne Tiller. 1997 (Prima edizione: 1966). *The NURBS Book. 2nd Edition.* Berlin: Springer-Verlag.

Pilz, W.K. 1978. Foreword. In *New South Wales. Dept. of Public Works, Construction of Binishell Reinforced Concrete Domes*, 5. Sydney: New South Wales, Australia. Dept. of Public Works.

Popescu, Mariana, Matthias Rippmann, Andrew Liew, Lex Reiter, Robert J. Flatt, Tom Van Mele, Philippe Block. 2021. Structural design, digital fabrication and construction of the cable-net and knitted formwork of the KnitCandela concrete shell. *Structures* 31: 1287–1299. https://doi.org/10.1016/j.istruc.2020.02.013.

Pfeiffer, Bruce Brooks, Peter Goessel. 2015. *Frank Lloyd Wright.* Köln: Taschen.

Pugnale, Alberto, Alberto Bologna. 2014. Dante Bini's air structures (1964–1979). From early Italian prototypes to the Australian experience. In *Proceedings of the First Construction History Society Conference. Queen's College, University of Cambridge, 11–12 th April 2014*, James W.P. Campbell, Wendy Andrews, Nicholas Bill, Karey Draper, Patrick Fleming, Yiting Pan (a cura di), 355–365. Cambridge UK: Construction History Society-Short Run Press.

Pugnale, Alberto, Alberto Bologna. 2015. Dante Bini's "New Architectural Formulae": Construction, Collapse and Demolition of Binishells in Australia 1974–2015. In *Architecture. Institutions and Change. Proceedings of the Society of Architectural Historians Australia and New Zealand Vol. 32*, Paul Hogben, Judith O'Callaghan (a cura di), 488–499. Sydney: SAHANZ.

Pugnale, Alberto, Alberto Bologna. 2017. Dante Bini's Form-Resistant Binishells. *Nexus Network Journal. Architecture and Mathematics* 3: 681–699. https://doi.org/10.1007/s00004-016-0323-7.

Pugnale, Alberto. 2018. Integrating Form, Structure and Acoustics: a Computational Reinterpretation of Frei Otto's Design Method and Vision. *Journal of the International Association for Shell and Spatial Structures* 1:75–86. https://doi.org/10.20898/j.iass.2018.195.901.

Raun, Christian, Mathias K. Kristensen, Poul Henning Kirkegaard. 2011. Dynamic Double Curvature Mould System. In *Computational Design Modeling. Proceedings of the Design Modeling Symposium Berlin 2011*, Christoph Gengnagel, Axel Kilian, Norbert Palz, Fabian Scheurer (a cura di), 291–300. Berlin-Heidelberg: Springer. https://doi.org/10.1007/978-3-642-23435-4_33.

Ricci, Giulia. 2016. La cupola. In *Dante Bini. Mechatronics*, Antonio Pennacchio, Giulia Ricci, 131–143. Milano: Postmedia Books.

Rosa, Joseph. 2001. *Folds Blobs + Boxes. Architecture in the Digital Era.* Pittsburgh: The Heinz Architectural Center-Carnegie Museum of Art.

Rudolph, Paul. 1970. *The Architecture of Paul Rudolph.* London: Thames & Hudson.

Salvadori, Mario. 1995. *Perché gli edifici stanno in piedi.* Milano: Bompiani. Prima edizione: 1980. *Why Buildings Stand Up. The Strength of Architecture.* New York-London: WW Norton & Company.

Sandaker, Bjørn Normann, Arne Petter Eggen, Mark Cruvellier. 2011 (Prima edizione: 1992). *The Structural Basis of Architecture.* London-New York: Routledge.

Schittich, Christian. 2015. Roof and Space. *Detail* 1: 6–14.

Scipio, Louis Albert. 1967. *Structural Design Concepts. Some NASA Contributions.* Washington DC: Technology Utilization Division, National Aeronautics and Space Administration.

Steadman, Philip. 2006. Why are most buildings rectangular? *Architectural Research Quarterly* 2: 119–130. https://doi.org/10.1017/S1359135506000200.

Steadman, Philip. 2015. Architectural Doughnuts: Circular-Plan Buildings, with and without Courtyards. *Nexus Network Journal. Architecture and Mathematics* 3:759–783. https://doi.org/10.1007/s00004-015-0270-8.

Stelsel, Kirk. 2018. Finding Form. *Precast Solutions* 2: 16–22.

Styles, Ross. 1975. *Binishells.* BArch Thesis. The University of New South Wales.

Szczegielniak, Anna. 2019. Circular Plans in Contemporary Housing Architecture. In *IOP Conference Series. Materials Science and Engineering* 471: 1–9. https://doi.org/10.1088/1757-899X/471/7/072025.

Todisco, Leonardo, Giuseppe Sanitate, Giuseppe Lacorte. 2017. Geometry and Proportions of the Traditional Trulli of Alberobello. *Nexus Network Journal. Architecture and Mathematics* 3: 701–721. https://doi.org/10.1007/s00004-016-0326-4.

Torroja, Eduardo. 1958. *The Structures Of Eduardo Torroja: An Autobiography Of Engineering Accomplishment.* New York: Dodge.

Turner, Lloyd. 1986. The shape of things to come. *Concrete International* 1: 18–22.

Viollet-le-Duc, Eugène Emmanuel. 1875. *Histoire de l'habitation humaine depuis les temps préhistoriques jusqu'à nos jours.* Paris: Hetzel.

Vrachliotis, Georg, Joachim Kleinmanns, Martin Kunz, Philip Kurz (a cura di). 2017. *Frei Otto. Thinking by Modeling.* Leipzig: Spector Books.

Whitehouse, Franklin. 1967. Architectural Happening at Columbia University: To Blow a Bubble That Won't Burst, Make It of Concrete; Concrete shell inflated in test Dome-Shaped Building Here Was Developed in Italy. *The New York Times,* May 17: 49.

West, Mark. 2017. *The Fabric Formwork Book. Methods for Building New Architectural and Structural Forms in Concrete.* London-New York: Routledge.

Williams, Christopher J. K. 2001. The analytic and numerical definition of the geometry of the British Museum Great Court Roof. In *Mathematics & Design 2001,* Mark Burry, Sambit Datta, Anthony Dawson, John Rollo (a cura di), 434–440. Geelong: Deakin University.

Zorgno, Anna Maria. 1992. Oltre la prigione cubica. *Rassegna,* 49: 74–83.

Indice dei nomi

A. Pugnale, A. Bologna, *Oltre la cupola*, https://doi.org/10.1007/978-3-032-19785-6

Indice dei luoghi

A. Pugnale, A. Bologna, *Oltre la cupola*, https://doi.org/10.1007/978-3-032-19785-6

FSC
www.fsc.org
MIX
Papier | Fördert gute Waldnutzung
FSC® C083411

Kolibri 360 GmbH
Ferdinand-Jühlke-Straße 7
99095 Erfurt, Deutschland
produktsicherheit@kolibri360.de